王子舟 ◎ 主编
张 歌 ◎ 副主编

学术规范手册

Handbook of
Academic Norms

北京大学出版社
PEKING UNIVERSITY PRESS

图书在版编目(CIP)数据

学术规范手册/王子舟主编. —北京:北京大学出版社,2021.4
ISBN 978-7-301-32162-1

Ⅰ.①学… Ⅱ.①王… Ⅲ.①学术研究–规范–手册 Ⅳ.①G30–65

中国版本图书馆 CIP 数据核字(2021)第 074258 号

书　　名	学术规范手册 XUESHU GUIFAN SHOUCE
著作责任者	王子舟　主编　张　歌　副主编
责任编辑	王　华
标准书号	ISBN 978-7-301-32162-1
出版发行	北京大学出版社
地　　址	北京市海淀区成府路 205 号　100871
网　　址	http://www.pup.cn　新浪微博:@北京大学出版社
电子信箱	zyjy@pup.cn
电　　话	邮购部 010-62752015　发行部 010-62750672　编辑部 010-62765014
印刷者	大厂回族自治县彩虹印刷有限公司
经销者	新华书店
	650 毫米×980 毫米　16 开本　25.5 印张　402 千字 2021 年 4 月第 1 版　2023 年 3 月第 2 次印刷
定　　价	68.00 元

未经许可,不得以任何方式复制或抄袭本书之部分或全部内容。
版权所有,侵权必究
举报电话: 010-62752024　电子信箱: fd@pup.pku.edu.cn
图书如有印装质量问题,请与出版部联系,电话: 010-62756370

本书编委会

主　　　任：张久珍
委　　　员：王子舟　向其霖　王继民　谭　涛
　　　　　　徐　扬　张　歌　谢运萍　张晓芳

本 书 主 编：王子舟
本书副主编：张　歌
参 编 人 员：王子舟　张　歌　谢运萍　张晓芳
　　　　　　王昕阳　付　强　保　雯　朱恩泽
　　　　　　王明朕

序　言

学术规范是学术创新的前提。梁启超尝云:"孟子说'能与人规矩,不能使人巧。'文章做得好不好,属于巧拙问题;巧拙关乎天才,不是可以教得来的。如何才能做成一篇文章,这是规矩范围内事;规矩是可以教可以学的。我不敢说,懂了规矩之后便会巧;然而敢说懂了规矩之后,便有巧的可能性。又敢说不懂规矩的人,绝对不会巧;无规矩的,绝对不算巧。"[①]只有在恪守学术规范条件下做学术研究,才能保障学术创新的严肃性与公信力。恪守学术规范首先要知道学术规范的内容与要求。造成学术研究失范的因素很多,但对学术规范缺乏了解,这也是导致学术失范的一个重要原因。

为了提高学术研究者的学术规范素养,国外出版了诸多学术规范方面的参考工具书,如美国有《芝加哥手册:写作、编辑和出版指南》(*The Chicago Manual of Style: The Essential Guide for Writers, Editors and Publishers*)、《韦伯美国标准写作手册》(*Webster's Standard American Style Manual*),以及专门针对人文科学使用的《MLA格式指南及学术出版准则》(*MLA Style Manual and Guide to Scholarly Publishing*)、专门针对社会科学使用的《APA格式:国际社会科学学术写作规范手册》(*Publication Manual of the American Psychological Association*)、专门针对生物医学使用的《AMA格式:作者与编辑指南》(*AMA Manual of Style: A Guide for Authors and Editors*)等等。英国与欧洲一些国家,也都有类似的手册,如《牛津基础写作指南》(*The Oxford Essential Guide to Writing*)等。在近百年前,许多学术规范手册,起初只是几页纸,但后经十几次修订,越来越完善、细密,页数增至百千页。

我们国内学术规范的著作、教材颇多,但鲜有广为学子查考翻检的工具书。有识之士曾呼吁编辑一本中国学术界通用的、像美国那样

---

① 梁启超.作文教学法[M]//饮冰室合集:专集之七十.北京:中华书局,1989:专集第9册,3.

的《芝加哥手册》[①]。然而20年过去了，这个愿望仍未实现。在学术腐败现象屡禁不止、学术规范亟待建设的当下，如果有一部方便查考的学术规范手册问世，这是人们都很期待的。2017年10月，重庆泛语科技有限公司委托我们承担"高校防止和预防学术不端"的横向合作项目，在那时我们就有编写一部学术规范手册的想法。本书在编委会主任张久珍的领导下进行编写，是"北大-维普学术大数据应用实验室"的科研成果，重庆泛语科技有限公司为本书的写作给予了大力支持，提供了大量应用数据与案例的帮助。几经寒暑，我们终于完成了这部工具书的编制任务。

本书尝试能给学术研究者，尤其是在校生撰写学位论文，提供一个查考工具。本书性质上虽是一种指南类工具书手册，但也可以作为教学参考书使用。工具书（reference book）是具有特定适用性、明确规范性、必要知识性、较高权威性的专门供人查考的知识信息集合[②]。主要有字典、词典、手册、百科全书、年鉴、名录等。手册（manual）是汇集某一领域或某一学科需要经常查考的基本知识、资料或数据，能便捷使用的资料性工具书。手册具有主题明确、资料翔实、内容集中、文字精炼、数据稳定、携带方便、使用灵活、信息量大、查检率高等一系列特点[③]，也称指南、便览、大全等。

作为一部学术规范手册，其内容应该表现出客观性、可靠性、权威性。为了实现这一目标，编者尽量采用权威来源内容，并提供引用出处。如许多规范要求有国家标准的，就按国家标准来表述，没有国家标准的，就按照行业规范或类似的要求来表述；在权威学术著作或相关文件、工具书中找不到合适的释义，则选择其他学术著述中相对准确的表述；或参照众说，编拟出合理、清晰的表述。凡是所述有出处的，都注明了详细的来源。尽管如此，本手册也会有疏漏，还有诸多规范细节未能探及。此外，有些尚未取得定论的规范，随着学术的发展，也会出现相应的完善。正如美国的《APA格式》第四版序言所云："手册永远是一个过渡性的文件，手册中的体例要求是建立在现存科学文献基础之上，而不是凌驾于现存科学文献之上。"[④]

---

① 王笛.学术规范与学术批评：谈中国问题与西方经验[J].开放时代，2001(12)：56-65.

② 王子舟.图书馆学是什么[M].北京：北京大学出版社，2008：82.

③ 全国出版专业职业资格考试办公室，编.出版专业基础知识：初级·中级[M].北京：中国大百科全书出版社，2002：375.

④ 美国心理协会，编.APA格式：国际社会科学学术写作规范手册[M].席仲恩，译.重庆：重庆大学出版社，2011：导言，3.

序　言

　　本书内容的编排,是从理论(概念)到应用(规范方法)。读者通过阅读本书的上篇"术语"内容,了解有关学术理念、学术建制、学术伦理、学术失范、学术研究、学术成果的概念、定义内涵,以及理论意义;通过下篇"规范"内容掌握研究规范、论文格式、写作规范、引用规范、参考文献著录规范等具体操作要求与方法;通过"附录"熟悉规范领域里主要的国家政策文件、国家标准文件、高校学位论文写作要求等。不过,每一章节都是相对独立的,读者可以从头读起,也可以随便从中选取部分内容仔细阅读。因为工具书的查考作用就是通过选取阅读来实现的。期待读者通过使用本书,能够一点一滴地积累学术规范知识,逐步养成较好的学术伦理素养。教育部在近年出台的文件中,鼓励高校面向全体学生开设诚信教育相关课程,并纳入学分管理①;建议将学术规范和学术诚信教育,作为教师培训和学生教育的必要内容,以多种形式开展教育、培训②。本书即可作为开展学术规范和学术诚信教育的教学参考书。

　　本书的主要特点是,将概念理解与操作方法打通,尽量做到理论与实践相融合;借鉴了《芝加哥手册》《牛津基础写作指南》等为写作提供具体可操作性规范指引的长处。希望能成为在校本科生、研究生,以及其他学术研究者们案头常用的工具书。

　　借助本书的出版,编者顺便谈一下对工具书的看法。工具书的发展,实际上也是学术发展的一种表征。现在有用的工具书越来越少,原因很多,其中之一是在以往的学术评价制度里,工具书不作重要的学术成果对待。这是错误的观念。2019 年 10 月,教育部在回复政协委员提出的《关于将辞书编纂成果纳入学术科研考评体系的提案》时指出,教育部将积极推动将辞书编纂成果纳入学术科研考评体系,表示今后的学术成果评价,成果形式包括但不限于论文、著作、咨询报告、软件、数据库、专利等,课程建设、教材编写、学术报告、咨询服务及其实际效果和社会影响等也应综合考虑;教育部支持有条件的高校依法自主设置辞书学、词典学相关专业,引导高校建设辞书学、词典学一

---

①　关于政协十三届全国委员会第一次会议第 2373 号(政治法律类 237 号)提案答复的函:教提案〔2018〕第 310 号[EB/OL].中华人民共和国教育部,(2018-09-20)[2020-05-20]. http://www.moe.gov.cn/jyb_xxgk/xxgk_jyta/jyta_gaojiaosi/201901/t20190129_368435.html.

②　高等学校预防与处理学术不端行为办法:中华人民共和国教育部令第 40 号[EB/OL].中华人民共和国教育部,(2016-06-16)[2020-05-20]. http://www.moe.gov.cn/srcsite/A02/s5911/moe_621/201607/t20160718_272156.html.

流课程,大力培养相关专业人才;要在国家、部级科研项目立项中将"学术价值较高的资料汇编和学术含量较高的工具书"列入资助范围①。这是一个关乎学术发展方向的积极信号。从某种程度说,工具书带给人的知识,应该比教科书还要多。这也是编者以工具书形式推出本书的初衷。

本书的出版是众人拾薪的结果。首先是编委会大力支持,由我发凡起例;其次研究生张歌、张晓芳、王昕阳、付强、保雯、朱恩泽、王明朕等帮助收集资料,张歌、谢运萍等又将收集到的资料连缀一起;最后由我对现有资料进行研读,并继续发掘相关参考文献,在此基础上进行全书的编写。从2019年10月至今,特别在2020年上半年疫情汹汹期间,除了外出购物,我连月闭户,朝夕伏案。我的大姐、夫人先后承担了所有家务。书稿形成后,烦劳张歌、谢运萍,帮助核实个别文献、校改文字,张歌还为本书编制了索引。还有,北京大学教务部教材办公室的于瑞霞、北京大学出版社的编辑王华,为本书的出版尽心尽力。在此特向为本书做出贡献的亲友、同学以及编辑一一拱谢。"创始者难工,踵事者易密"②,期待更好的学术规范手册问世。

王子舟

2020年6月10日于五道口

---

① 关于政协十三届全国委员会第二次会议第2960号(教育类307号)提案答复的函:教提案〔2019〕第72号[EB/OL].中华人民共和国教育部,(2019-10-11)[2020-03-05]. http://www.moe.gov.cn/jyb_xxgk/xxgk_jyta/jyta_sks/201912/t20191206_411144.html.

② [清]永瑢,等.四库全书总目:集部·总集·成都文类[M].影印浙本.北京:中华书局,1965.1699.

目　　次

上篇　术　语

01　学术理念 ……………………………………………………（3）
- 01.1　学术(academic) ……………………………………（3）
- 01.2　科学(science) ………………………………………（3）
- 01.3　理论(theory) …………………………………………（4）
- 01.4　学者(scholar) …………………………………………（4）
- 01.5　学术共同体(academic community) …………………（4）
- 01.6　学术生态(academic ecology) ………………………（5）
- 01.7　学术传统(academic tradition) ………………………（5）
- 01.8　科学精神(scientific spirit, spirit of science) ………（5）
- 01.9　人文精神(humanistic spirit, humanism) …………（6）
- 01.10　学术独立(academic independence) ………………（6）
- 01.11　学术自由(academic freedom) ………………………（6）
- 01.12　学术平等(academic equality) ………………………（6）
- 01.13　学术民主(academic democracy) ……………………（7）
- 01.14　学术权益(academic rights and interests) …………（7）
- 01.15　学术权利(academic right) ……………………………（7）
- 01.16　学术权力(academic power) …………………………（7）
- 01.17　学术思想(academic thought) ………………………（8）
- 01.18　学术积累(academic accumulation) …………………（8）
- 01.19　学术创新(academic innovation) ……………………（8）
- 01.20　价值中立(value neutrality) …………………………（8）
- 01.21　学风(academic atmosphere) …………………………（8）

02　学术建制 ……………………………………………………（9）
- 02.1　学术制度(academic system) …………………………（9）
- 02.2　科学分类(scientific classification) ……………………（9）
- 02.3　自然科学(natural science) ……………………………（9）

1

02.4	人文科学(humanities) ……………………………… (9)
02.5	社会科学(social science) ………………………… (10)
02.6	交叉科学(interdisciplinary sciences) …………… (10)
02.7	比较学科(comparative discipline) ……………… (10)
02.8	边缘学科/边缘科学(interdisciplinary subject, boundary science) …………………………………… (10)
02.9	软学科/软科学(soft science) …………………… (11)
02.10	综合学科/综合科学(integrated science) ……… (11)
02.11	横断学科/横断科学(cross discipline) ………… (11)
02.12	超学科/元学科(superdiscipline, meta-discipline) ……………………………………………… (11)
02.13	文献分类(literature classification) …………… (12)
02.14	杜威十进分类法(Dewey Decimal Classification) …………………………………………… (12)
02.15	中国图书馆分类法(Chinese Library Classification, Classification for Chinese Libraries) ……………… (12)
02.16	学术活动(academic activity) …………………… (13)
02.17	学术交流(academic exchange) ………………… (13)
02.18	无形学院(invisible college) …………………… (13)
02.19	学术会议(academic conference) ……………… (14)
02.20	学术报告(academic report) …………………… (14)
02.21	学术合作(academic cooperation) ……………… (14)
02.22	学术责任(academic responsibility) …………… (14)
02.23	学术问责制(academic accountability) ………… (15)
02.24	伦理审查(ethical review) ……………………… (15)
02.25	伦理审查委员会(Ethics Review Committee, Institutional Review Board) ……………………… (15)
02.26	学术绩效(academic performance) ……………… (16)
02.27	学术奖励制度(academic reward system) …… (16)
02.28	学术监督(academic supervision) ……………… (16)
02.29	学术管理(academic management) ……………… (16)
02.30	学术标准(academic standards) ………………… (16)
02.31	学术评价(academic evaluation) ………………… (17)
02.32	学术评价制度(academic evaluation system) …… (17)

目　次

02.33　同行评议(peer review) ……………………………(17)
02.34　盲审(anonymous evaluation) ………………………(18)
02.35　学术水平(academic level) …………………………(18)
02.36　学术争鸣(academic contending) ……………………(18)
02.37　学术批评(academic criticism) ………………………(18)
02.38　开放存取(open access) ……………………………(19)
02.39　机构知识库(institutional repository) ………………(19)
02.40　科学引文索引(Science Citation Index, SCI) ………(19)
02.41　核心期刊(core journal) ……………………………(20)
02.42　影响因子(impact factor) ……………………………(20)
02.43　H 指数(Hirsch Index) ………………………………(20)
02.44　高被引论文(highly cited papers) ……………………(21)
02.45　高访问论文(highly accessed article) …………………(21)
02.46　论文相似性检测(paper similarity detection) ………(22)
02.47　信度(reliability) ……………………………………(22)
02.48　效度(validity) ………………………………………(22)

03　学术研究 ……………………………………………(23)
03.1　科学研究(scientific research) ………………………(23)
03.2　基础研究(basic research) ……………………………(23)
03.3　应用研究(application research) ………………………(23)
03.4　选题(topic selection) …………………………………(24)
03.5　研究设计(research design) ……………………………(24)
03.6　研究对象(object of study) ……………………………(24)
03.7　研究问题(research questions) …………………………(25)
03.8　研究综述(research review) ……………………………(25)
03.9　开题报告(research proposal) …………………………(25)
03.10　概念(concept) ………………………………………(26)
03.11　定义(definition) ……………………………………(26)
03.12　术语(term) …………………………………………(26)
03.13　假设(hypothesis) ……………………………………(27)
03.14　查新(novelty search) ………………………………(27)
03.15　科学数据(scientific data) ……………………………(27)
03.16　文献(document) ……………………………………(28)
03.17　原始文献/一次文献(primary document) ……………(28)

3

03.18 灰色文献(grey literature) …………………… (28)
03.19 二次文献(secondary document) ……………… (29)
03.20 三次文献(tertiary document) ………………… (29)
03.21 文献综述(literature review) …………………… (29)
03.22 科学方法(scientific method) ………………… (29)
03.23 研究方法(research method) ………………… (30)
03.24 方法论(methodology) ………………………… (30)
03.25 推论(inference) ……………………………… (30)
03.26 演绎法(deduction,deductive method) ………… (30)
03.27 归纳法(induction,inductive method) ………… (31)
03.28 文献研究法(literature research method) ……… (31)
03.29 历史研究法(historical method,historical research method) ……………………………………… (31)
03.30 比较分析法(comparative analysis) …………… (32)
03.31 社会调查法(social survey) …………………… (32)
03.32 质性研究(qualitative research) ……………… (32)
03.33 访谈(interview,interview method) …………… (32)
03.34 半结构访谈(semi-structured interview) ……… (33)
03.35 焦点小组访谈(focus group interview) ………… (33)
03.36 田野调查(field work) ………………………… (34)
03.37 扎根理论(grounded theory) ………………… (34)
03.38 话语分析(discourse analysis) ………………… (34)
03.39 互为文本性(intertextuality) …………………… (35)
03.40 内容分析(content analysis) …………………… (35)
03.41 案例分析(case study,case analysis) ………… (35)
03.42 三角互证(triangulation) ……………………… (36)
03.43 叙事分析(narrative analysis) ………………… (36)
03.44 阐释学(hermeneutics) ……………………… (36)
03.45 行动研究(action research) …………………… (37)
03.46 德尔菲法(Delphi method) …………………… (37)
03.47 量化研究(quantitative research) ……………… (38)
03.48 观察法(observational method) ……………… (38)
03.49 实验研究(experimental study) ……………… (38)
03.50 问卷调查(questionnaire survey,questionnaire

　　　　　method) ·· (39)
　　03.51　数据分析(data analysis) ························· (39)
　　03.52　引文分析(citation analysis) ····················· (39)
　　03.53　社会网络分析(social network analysis) ········ (40)
　　03.54　学术范式(academic paradigm) ·················· (40)
04　**学术规范** ··· (41)
　　04.1　学术道德(academic morality) ···················· (41)
　　04.2　学术伦理(academic ethics) ······················· (41)
　　04.3　知情同意(informed consent) ····················· (41)
　　04.4　实验动物伦理（laboratory animal ethics) ······ (42)
　　04.5　学术规范(academic norms) ······················ (42)
　　04.6　学术诚信(academic integrity) ···················· (42)
　　04.7　引用(quotation, citing) ··························· (43)
　　04.8　直接引用(direct quotation) ······················· (43)
　　04.9　间接引用(indirect quotation) ···················· (43)
　　04.10　转引(quote from a secondary source) ········· (43)
　　04.11　自引(self-citation) ······························· (44)
　　04.12　适度引用(moderate quotation) ·················· (44)
　　04.13　引用文献(citation) ································ (44)
　　04.14　参考文献(reference) ····························· (44)
　　04.15　注释(notes) ·· (45)
　　04.16　索引(index) ·· (45)
　　04.17　顺序编码制(numeric references method) ······ (46)
　　04.18　著者-出版年制(first element and date method) ··· (46)
05　**学术不端** ··· (47)
　　05.1　学术不端(academic misconduct, research
　　　　　misconduct) ··· (47)
　　05.2　学术腐败(academic corruption) ·················· (47)
　　05.3　学术霸权(academic hegemony) ·················· (47)
　　05.4　学术炒作(academic speculation) ················· (48)
　　05.5　低水平重复研究(low-level repeated studies) ··· (48)
　　05.6　学术泡沫(academic bubble) ······················ (48)
　　05.7　学术侵权(academic infringement) ··············· (48)
　　05.8　抄袭(plagiarism) ··································· (48)

5

05.9	剽窃(plagiarism)	(49)
05.10	伪造(fabrication)	(49)
05.11	篡改(falsification)	(50)
05.12	伪引(pseudo-citation)	(50)
05.13	漏引(missing citation)	(50)
05.14	过度引用(excessive quotation)	(50)
05.15	不当署名(inappropriate authorship)	(50)
05.16	一稿多投(duplicate submission, multiple submissions)	(51)
05.17	重复发表(duplicate publication)	(51)
05.18	分割发表(slicing publications)	(51)
06	**学术成果**	**(52)**
06.1	元典(classics, scripture)	(52)
06.2	经典(canon)	(52)
06.3	作品(works)	(52)
06.4	学术成果(academic achievement)	(53)
06.5	学术专著(academic monograph)	(53)
06.6	学术论文(academic paper)	(53)
06.7	学位论文(thesis, dissertation)	(54)
06.8	会议论文(conference paper)	(54)
06.9	研究报告(research report)	(54)
06.10	科技报告(scientific and technical reports)	(54)
06.11	专利(patent)	(55)
06.12	学术海报(academic poster)	(55)
06.13	书评(book review)	(55)
06.14	年鉴(yearbook, almanac)	(56)
06.15	题名(title)	(56)
06.16	作者(author)	(56)
06.17	合著(joint work)	(57)
06.18	合著者(joint author, co-author)	(57)
06.19	作者署名顺序(authorship order)	(57)
06.20	第一作者(first author)	(58)
06.21	通讯作者(corresponding author)	(58)
06.22	核心作者(core authors)	(58)

06.23 作者注(author information) …………… (59)
06.24 著作方式(authoring mode) ……………… (59)
06.25 著(compos,write) ………………………… (59)
06.26 编(compile,edit) …………………………… (59)
06.27 编著(compilation,compile and edit) …… (59)
06.28 编译(adapted translation,translate and edit,
translating and editing) ………………… (60)
06.29 著作权(copyright) ………………………… (60)
06.30 著作权人(copyright owner) …………… (61)
06.31 发表权(right of publication) …………… (61)
06.32 署名权(right of authorship) …………… (62)
06.33 文摘(abstract) ……………………………… (62)
06.34 关键词(keyword) …………………………… (63)
06.35 分类号(classification number,classification
code) ……………………………………… (63)
06.36 数字对象唯一标识符(digital object identifier,
DOI) ……………………………………… (63)
06.37 作者贡献声明(author contributions statement) …… (64)
06.38 致谢(acknowledgement) ………………… (64)
06.39 附录(appendix) …………………………… (64)

下 篇 规 范

07 诚信与反诚信 ……………………………………… (69)
　07.1 学术诚信 ……………………………………… (69)
　07.2 学术伦理 ……………………………………… (72)
　07.3 抄袭 …………………………………………… (73)
　07.4 剽窃 …………………………………………… (76)
　07.5 伪造 …………………………………………… (78)
　07.6 篡改 …………………………………………… (79)
08 研究类型与方法 …………………………………… (81)
　08.1 研究类型 ……………………………………… (81)
　08.2 研究方法 ……………………………………… (85)
09 论文要求 …………………………………………… (96)
　09.1 选题 …………………………………………… (96)

	09.2 题名	(97)
	09.3 摘要	(101)
	09.4 关键词	(105)
	09.5 目次	(108)
	09.6 绪论	(110)
	09.7 正文	(111)
	09.8 作者贡献声明、致谢	(119)
	09.9 附录	(120)
10	写作规范	(122)
	10.1 术语的定义	(122)
	10.2 专有名词翻译	(126)
	10.3 全称、简称(缩略语)	(133)
	10.4 标点符号用法	(137)
	10.5 数字用法	(142)
	10.6 量和单位用法	(147)
11	引用、注释、著录与索引编制	(154)
	11.1 引用	(154)
	11.2 注释	(163)
	11.3 参考文献著录	(171)
	11.4 索引编制	(183)
12	学术发表和管理	(192)
	12.1 署名	(192)
	12.2 投稿	(199)
	12.3 数据管理	(203)
13	项目申请	(206)
	13.1 科技查新	(206)
	13.2 科研课题申请	(210)
	13.3 专利申请	(214)
14	伦理审查	(223)
	14.1 伦理审查	(223)
	14.2 知情同意	(227)
	14.3 实验动物伦理	(231)
15	学术评价	(235)
	15.1 学术评价主要原则	(235)

  15.2 学术评价形式与方法 …………………………………（236）
  15.3 学术评价规范 …………………………………………（240）
  15.4 学术评价标准 …………………………………………（241）
16 学术批评 ……………………………………………………（246）
  16.1 学术批评的原则 ………………………………………（246）
  16.2 学术批评的类型 ………………………………………（249）
  16.3 学术批评的方法 ………………………………………（253）

附　　录

附录 A　关于进一步加强科研诚信建设的若干意见 …………（259）
附录 B　国家科技计划实施中科研不端行为处理办法
   （试行）……………………………………………………（268）
附录 C　高等学校预防与处理学术不端行为办法 ……………（273）
附录 D　学术出版规范　期刊学术不端行为界定 ……………（280）
附录 E　学位论文编写规则 ……………………………………（291）
附录 F　信息与文献　参考文献著录规则 ……………………（316）
附录 G　北京大学研究生学位论文写作指南 …………………（347）
附录 H　武汉大学本科生毕业论文（设计）书写印制规范 ……（359）

索引 …………………………………………………………………（376）

上篇 术 语

01 学术理念

01.1 学术(academic)

指系统的较为专门的学问①。英语"academic"的释义有两个共同的主要特点：① 与学院有关，② 非实用性②。汉语"学""术"各有所指，如1911年梁启超在《论学与术》一文中曾言："学也者，观察事物而发明其真理者也；术也者，取所发明之真理而致诸用者也。例如以石投水则沈，投以木则浮。观察此事实，以证明水之有浮力，此物理学也；应用此真理以驾驶船舶，则航海术也。研究人体之组织，辨别各器官之机能，此生理学也；应用此真理以疗治疾病，则医术也。学与术之区分及其相关系，凡百皆准此。……学者术之体，术者学之用。"③现今人们使用"学术"一词时，通常偏重于梁启超所言"学"的含义。

01.2 科学(science)

正确反映客观事实本质和规律的系统化、理论化的知识体系，以及一系列相关的认识和研究活动④。澳大利亚科学哲学家查尔默斯(Alan F. Chalmers, 1939—)称"科学是从经验事实推导出来的知识。"⑤英国的社会学家吉登斯(Anthony Giddens, 1938—)和萨顿(Philip W. Sutton)说："科学是指一种获取可靠、有效知识的方法，通过收集证据来检验理论。"⑥康德曾经说："任何一种学说，如果它可以成为一个系统，即成为一个按照原则而整理好的知识整体的话，就叫

---

① 中国科学技术协会组织人事部,中国科学技术协会干部学院,编.科协工作简明辞典[M].北京：中国科学技术出版社,1997：36.
② 李伯重.论学术与学术标准[J].社会科学管理与评论,2006(4)：48-53.
③ 梁启超.论学与术[J].北洋政学旬报,1911(32)：1-5.
④ 管理科学技术名词审定委员会,编.管理科学技术名词[M].北京：科学出版社,2016：472.
⑤ [澳]艾伦·查尔默斯.科学究竟是什么[M].邱仁宗,译.石家庄：河北科学技术出版社,2002：9.
⑥ [英]安东尼·吉登斯,菲利普·萨顿.社会学基本概念[M].北京：北京大学出版社,2019：55.

作科学"①。

01.3 理论(theory)

是试图解释问题、行动与行为时所做的一套叙述。理论的目的就是提出有效的解释与预测,如找出某些现象之间的关联性以及阐释出某因素的改变会对其他变量带来怎样的影响②。理论对应于它的实践领域应该具有以下功能:① 发现实践中的问题并给予深刻解释,催生人们新的认识;② 总结实践经验,提升人们的抽象认识能力;③ 预见实践发展路径及其趋势,对实践活动给予指导。

01.4 学者(scholar)

专门从事学术研究且在学术上有一定造诣者。俗称做学问的人或谓有学问的人。当代社会习惯"专家""学者"两词连用。"**专家**"多指在某专业、行业有一定造诣者;"**学者**"多指知识广博、研究学问者。"**访问学者**"是指为进一步探索研究、深造,由于本单位或本地尚不具备科学实验设备条件,受邀到外单位或外地从事某项专门研究工作的有研究潜力的中青年教师、科技人员。访问学者在外单位或外地一般有指导老师,他们有时受到邀请在国外进行讲学,称访问讲学③。

01.5 学术共同体(academic community)

以学术为志业,遵守共同的学术规范与道德,相互之间能发生联系与影响的学者群体④。学术共同体是从**科学共同体**(scientific community)引申而来,英国哲学家波兰尼(Michael Polanyi,1891—1976)在其《科学的自治》(1942年)一文中最早使用了这一概念⑤。自治性是学术共同体的主要生态特征,学者之间通过内部的学术活动机制(如学术讨论、学术争鸣等)达成共识来形成学术意见,包括对学术成

---

① [德]康德.自然科学的形而上学基础[M].邓晓芒,译.北京:生活·读书·新知三联书店,1988:2.
② [美]理查德·谢弗.社会学与生活[M].刘鹤群,房智慧,译.9版.北京:世界图书出版公司北京公司,2006:9.
③ 中国科学技术协会组织人事部,中国科学技术协会干部学院,编.科协工作简明辞典[M].北京:中国科学技术出版社,1997:52.
④ 教育部科学技术委员会学风建设委员会,编.高等学校科学技术学术规范指南[M].2版.北京:中国人民大学出版社,2017:1.
⑤ 钱振华.科学:人性、信念与价值:波兰尼人文科学观研究[M].北京:知识产权出版社,2008:227.

果的认定与评价等①。学术共同体可依地域、学科、专业、领域,乃至兴趣、爱好等进行划分。

01.6　学术生态(academic ecology)

由学术主体之间以及学术主体与周围相关环境之间共同构成的系统形式②。它与"**学术生态环境**"或"**学术环境**"含义相近。从静态的角度来看,学术生态是一种由学术组织和学术人员按照学术制度和规则结合而成的结构关系系统。从动态的角度来说,学术生态则是一个以学术研究为纽带形成的人与人、人与组织、人与制度、人与其他环境之间的行为关系系统③。

01.7　学术传统(academic tradition)

学术共同体在长期学术研究与交往过程中形成的价值取向、方法论原则与学术制度等稳定的综合体④。通俗地说,学术传统指学术前人理解的积淀,即过去遗留下来的价值、规范、原则、经验的总和。借用伽达默尔对"传统"的说法,传统是对历史有选择的保存,是学者存在和理解的基本条件;传统并非仅仅是保存旧的东西,相反是一个在历史中不断积淀、汰变、演化的过程;传统使得理解不变成纯粹的主观性行为,而且具有了一种深邃的历史意识⑤。

01.8　科学精神(scientific spirit, spirit of science)

也称**学术精神**,指学术研究主体所恪守的学术信念与操守。在学术研究中,独立精神、自由思想、怀疑意识、反思认识、规范观念、批判态度等都是现代学术精神的要素。美国科学社会学家默顿(Robert King Merton,1910—2003)将其表述"科学的精神气质(ethos)",并称"科学的精神气质是指约束科学家的有情感色调的价值和规范的综合体。"他提出了以下几条公认的科学精神气质:普遍主义、公有主义、

---

① [美]弗洛德曼,等编.同行评议、研究诚信与科学治理:实践、理论与当代议题[M].夏国军,朱勤,等译.北京:人民出版社,2012:24-27.
② 中国科协学会学术部,编.学术交流与学术生态建设研究[M].北京:科学普及出版社,2008:2.
③ 司林波,乔花云.学术生态、学术民主与学术问责制[J].现代教育管理,2013(6):7-11.
④ 赵士发.陶德麟先生与武汉大学马克思主义哲学学科的学术传统:兼谈马克思主义哲学理论创新的方法论[M]//汪信砚,陈祖亮,主编.陶德麟先生八十华诞暨新中国马克思主义哲学研究六十年学术研讨会文集.武汉:武汉大学出版社,2010:152.
⑤ 马国泉,张品兴,髙聚成,主编.新时期新名词大辞典[M].北京:中国广播电视出版社,1992:1009.

无私利性、有条理的怀疑主义等①。

01.9 人文精神(humanistic spirit, humanism)

又称"人文主义"(humanism),是指对人的生命存在和人的尊严、价值、意义的理解和把握,以及对价值理想或终极理想的执着追求的总和。人文精神既是一种形而上的追求,也是一种形而下的思考。它不仅仅是道德价值本身,而且是人之所以为人的权利和责任②。

01.10 学术独立(academic independence)

指学术研究与学术活动不受非学术因素的干扰③。学术独立是人的独立人格和自由意志在学术研究活动中的具体体现④。1918年陈独秀在《新青年》发表《随感录》言:"中国学术不发达之最大原因,莫如学者自身不知学术独立之神圣。"⑤

01.11 学术自由(academic freedom)

一般被理解为学术研究者有不受不合理干扰和限制地追求真理的权利⑥。这一权利既适用于学术共同体,也适用于从事学术工作的人员,即一切学术研究或教学机构的学者和教师们,在他们研究的领域内有寻求真理并将其晓之于他人的自由⑦。

01.12 学术平等(academic equality)

指在学术面前,学者之间的身份、人格和资格都是平等的,学者和学术机构在研究资源的竞争和学术发表的机会上是平等的,在学术荣誉和学术认可的标准上也是平等的。学术标准是衡量和评价学者、研究机构及其研究成果的唯一标准⑧。

---

① [美]默顿.社会研究与社会政策[M].林聚任,等译.北京:生活·读书·新知三联书店,2001:5-14.

② 张立文.儒学人文精神与现代社会[J].南昌大学学报(人文社会科学版),2002,33(2):1-6,12.

③ 黄俊杰.大学通识教育探索:中国台湾经验与启示[M].广州:中山大学出版社,2002:41.

④ 李绍章.学界之戒[M].北京:知识产权出版社,2013:82.

⑤ 陈独秀.随感录(十三)[J].新青年,1918,5(1):76.

⑥ 谢海定.学术自由的法理阐释[M].北京:中国民主法制出版社,2016:29-34.

⑦ [英]戴维·M·沃克.牛津法律大辞典[M].北京社会与科技发展研究所,译.北京:光明日报出版社,1988:352.

⑧ 刘伟,等编.政治学学术规范与方法论研究[M].南京:南京大学出版社,2017:61.

01.13 学术民主(academic democracy)

指学术研究和学术活动领域里的民主自由。学术民主的本质是学术自由,基础是学术平等,如身份平等、交流平等。学术民主是只对真理负责的真理式民主,而非少数服从多数的政治式民主。学术民主是自治式民主,而非权力从属性民主[1]。学术问题既不能用政治民主中的民主集中制原则来解决不同观点之间的分歧,也不能用民主协商的方法来达到思想的一致,只能通过学术争鸣、学术辩论来明辨是非[2]。

01.14 学术权益(academic rights and interests)

根据法律术语"合法权益"[3]的解释,学术权益是指学者在学术研究与活动过程中享有的合法权利和利益。

01.15 学术权利(academic right)

学术主体在学术研究与活动过程中享有的合法权利,如享有研究自由、教学自由、发表自由、学习自由等权利[4],享有著作权、名誉权、学术资源获得权与知情权、批评与反批评权、申诉权等权利[5]。

01.16 学术权力(academic power)

指学术组织和学术人员拥有和控制学术的权力,权力主体是教学、科研人员,权力客体是学术活动、学术事务和学术关系。学术权力的合法性来源于专业和学术能力而非职务或组织[6]。在高等学校里,学术权力主体可以是教师自主管理机构或教师,也可以是学校行政管理机构或行政管理人员,还可以是政府及高等教育管理部门等;其客体,即权力的作用对象,必定是学术事务;其作用方式,可以是行政命令式的,也可以是民主协商式的[7]。

---

[1] 司林波,乔花云.学术生态、学术民主与学术问责制[J].现代教育管理,2013(6):7-11.
[2] 陶文昭."学术民主"的要义[N].北京日报,2013-05-13(19).
[3] 蔡菁.索赔:行政侵权损害国家赔偿[M].北京:群众出版社,2006:38.
[4] 湛中乐,主编.通过章程的大学治理[M].北京:中国法制出版社,2011:304.
[5] 韩志伟,主编.信息素养与信息检索[M].北京:中国轻工业出版社,2013:244.
[6] 鄢烈洲,李晓波,曹艳峰.我国独立学院治理研究[M].武汉:武汉出版社,2009:168-169.
[7] 别敦荣.高等教育管理与评估[M].青岛:中国海洋大学出版社,2009:117.

01.17　学术思想(academic thought)

指具有原创意义的系统化理性认识。"**学术观点**"与之相近,在一定语境中二者可以互换。通常那些对某种学术问题的看法可称为学术观点。

01.18　学术积累(academic accumulation)

指学者在从事某项研究前或过程中所做的有关知识、能力等方面的准备工作[①]。

01.19　学术创新(academic innovation)

指在原有的学术成果之上增加了新的学术含量(即学术增新),或开拓了一个前所未有的新的领域或方法(即学术拓新,又叫"填补空白")。学术创新应具有以下五种条件之一:① 因实践发展需要而发明一种新概念或提出一个新观点;② 获得了一种新的可作为实证根据的来源或新的实证结果;③ 采用了一种新的研究方法;④ 开辟了一个新的有价值的研究领域;⑤ 创立了一种新的研究范式。具有上述任何一种情况都属于创新[②]。

01.20　价值中立(value neutrality)

是指研究人员在诠释资料时所保持的客观性。包括研究人员有道德义务去接受任何研究结果,即使该结果与研究人员的个人价值观、现存理论,或是与社会普遍接受的信仰有所冲突。价值中立不意味着研究者不能有意见,而是研究者必须克服所有的偏见,不论是有意还是无意的[③]。

01.21　学风(academic atmosphere)

是"**学术风气**"的简称,通常是指学校的、学术界的或一般学习方面的风气。学风是学术共同体及其成员在学术活动中表现出来的一种社会风气[④]。

---

①　杨海濒.前沿意识、学术积累与学术创新:社科类学术论文写作应注意的几个问题[J].江苏理工大学学报(社会科学版),2001(4):129-133.

②　王子舟.图书馆学研究法:学术论文写作撮要[M].北京:北京大学出版社,2017:16.

③　[美]理查德·谢弗.社会学与生活[M].刘鹤群,房智慧,译.9版.北京:世界图书出版公司北京公司,2006:53,55,62.

④　教育部科学技术委员会学风建设委员会,编.高等学校科学技术学术规范指南[M].2版.北京:中国人民大学出版社,2017:3.

02 学术建制

02.1 学术制度(academic system)

是指学术共同体及社会为保障知识创新,实现人类知识增量所确立的规约和引导学术活动的系统化行为准则与规范。学术制度分内在学术制度和外在学术制度,前者指学术共同体在其历史演进过程中自发形成的、不以学者个人主观意志为转移的学术传统和行为习惯,类似于默顿所称的"科学的精神气质";后者指由社会或学术机构(如高校及科研院所等)自觉制定的用以规范、引导学者的各种政策法规[1],如职称晋升制度(学术薪酬制度)、评奖制度、科研资助制度、发表制度、学术杂志评级制度、作品引用制度、教学制度等[2]。

02.2 科学分类(scientific classification)

是指研究各门科学之间的区别和联系,确立每门科学在科学总联系中的地位,进而建立体现内在联系的科学分类系统[3]。

02.3 自然科学(natural science)

指研究自然界的物质结构、形态和运动规律的系统知识,包括数学、物理学、化学、生物学、天文学、气象学、地质学、农学、医药学和各种技术科学等[4]。

02.4 人文科学(humanities)

指以人的内在精神和价值取向为研究对象的学科[5]。如哲学、宗教、语言学、文学、历史、艺术等。

---

[1] 江新华.学术何以失范:大学学术道德失范的制度分析[M].北京:社会科学文献出版社,2005:80.

[2] 董希望.简论学术制度的分类和特征[J].浙江学刊,2014(6):214-219.

[3] 向洪,编著.当代科学学辞典[M].成都:成都科技大学出版社,1987:290.

[4] 许嘉璐,林崇德,主编.中国中学教学百科全书:教育卷[M].沈阳:沈阳出版社,1990:233.

[5] 王卓民,李永康.编著.人文科学概览[M].太原:山西人民出版社,2001:4.

02.5　社会科学(social science)

是研究各种社会现象、社会运动变化及发展规律的各门科学的总称[①]。如社会学、政治学、经济学、法学、教育学、图书馆学、军事学等。

02.6　交叉科学(interdisciplinary sciences)

又称**交叉学科**，是两门或两门以上的学科相互结合、彼此渗透交叉而形成的新学科。广义地讲，它不仅包括自然科学、社会科学、技术科学等各学科大门类间相互交叉形成的学科，也包括各学科大门类内部各学科交叉形成的学科；狭义地讲，它只包括各学科大门类间交叉形成的学科。按交叉程度的低高，交叉学科的主要类型有比较学科、边缘学科、软学科（又称软科学）、综合学科、横断学科（又称横向学科）、超学科等[②]。

02.7　比较学科(comparative discipline)

是以比较方法作为主要研究方法，对具有可比性的两个或两个以上的不同系统进行研究，探索各系统运动发展的特殊规律及其共同一般规律的科学。比较学科是各门比较学的总称，是一个学科群。其中包括比较文学、比较教育学、比较史学、比较经济学、比较法学等。因所比较的内容隐含着跨学科成分（如比较文学包括与戏剧、音乐的比较内容，或对他国文学比较中涉及历史、民族、文化等），但主体还未明显体现出跨学科特征，因此比较学科属较低层次的交叉学科[③]。

02.8　边缘学科/边缘科学(interdisciplinary subject, boundary science)

主要指二门或三门学科相互交叉、渗透而在边缘地带形成的学科。如物理学与化学结合产生了物理化学，与生物学结合产生了生物物理学。又如教育经济学、历史自然学、技术美学、地球化学等。边缘学科是层次高于比较学科的交叉学科，它通过二门或三门学科有机结合形成跨学科性质的学科形式，充分体现了交叉学科的基本特点。边

[①]　刘娟.社会科学研究项目管理[M].北京：中国财政经济出版社，2006：1.
[②]　刘仲林.现代交叉科学[M].杭州：浙江教育出版社，1998：78-79,82-85.
[③]　同[②]：83.

缘学科是交叉学科群中历史悠久、最具典型性的一个学科门类[1]。

02.9　软学科/软科学(soft science)

借用电子计算机"软件"的名称而来[2],指以管理和决策为中心问题的高度综合性学科。其研究对象大多是与国民经济、社会和科学技术发展相关的微观和宏观系统。如管理学、预测科学、政策科学、战略科学、决策科学、领导科学、咨询学等。软学科所跨的学科门类不是两门而是多门。每门软学科都是在多门学科的背景和基础上形成的。它的对象复杂,人的因素多,解决手段是非线性的,在交叉学科的层次上高于边缘学科[3]。

02.10　综合学科/综合科学(integrated science)

以特定问题或目标为研究对象,多学科进入研究而形成的学科。由于对象的复杂性,任何单学科甚至单用硬学科或软学科都不能独立完成任务,必须综合应用多种学科的理论、方法和技术,由此便产生了综合学科。如环境科学、城市科学、行为科学等。与软学科相比,综合学科体现了软学科成分、硬学科成分兼有的特点,它的交叉广度要比软学科范围大,换句话说,软科学可视为综合学科中的一类特殊学科。因此,综合学科的交叉层次比软学科更进一步[4]。

02.11　横断学科/横断科学(cross discipline)

又称**横向学科**、**横向科学**,是在广泛跨学科研究基础上,以各种物质结构、层次、物质运动形式等的某些共同点为研究对象而形成的工具性、方法性较强的学科。如控制论、信息论、系统论、耗散结构论、协同学等。横断学科完全是跨学科的产物,相较于比较学科、边缘学科、软学科(又称软科学)、综合学科等交叉学科有更大的普遍性和通用性,是比综合学科更高层次的交叉学科[5]。

02.12　超学科/元学科(superdiscipline, meta-discipline)

是超越一般学科的层次在更高或更深的层次上总结事物(包括学

---

[1]　刘仲林. 现代交叉科学[M]. 杭州:浙江教育出版社,1998:83.
[2]　夏禹龙. 论软科学[J]. 科研管理,1981(2):42-49.
[3]　同[1]:84.
[4]　同[1]:84.
[5]　同[1]:84.

科)一般规律的学科。如哲学,它在古代是一切学科的母学科,在现代,它是概括自然和社会一般规律的学科。又如科学学,它是概括自然科学整体发展规律的学科(这里主要指理论科学学,应用科学学有相当内容属软科学领域)。超学科在交叉层次上有双重特点,一方面它可以以高度的抽象性和普遍性,超越横断学科,表现为交叉学科的最高层次;另一方面又可以以高度的抽象性脱离它依赖的背景学科,表现为非交叉学科特点,即仿佛又回到了单学科阵营。如哲学和数学都有这个特点①。超学科将不同的知识整合成一个比较全面的知识形式,这一知识形式的特征是有较强的公共观点导向和较强的解决问题的能力②。

02.13 文献分类(literature classification)

旧称"**图书分类**"。指文献整序的一种方法。按照文献的内容特征对众多的文献予以划分,并进行系统组织。文献分类工作包括编类(编制文献分类表)及归类(即分类标引)两部分③。

02.14 杜威十进分类法(Dewey Decimal Classification)

美国图书馆学家杜威(Melvil Dewey,1851—1931)编制的一部综合性等级列举式图书分类法。1876年首次出版,是世界上流传最广、影响最大的分类法。该分类法将全部知识按学科与研究领域划分为10类,每类根据需要再细分为若干下位类,构成一个层次分明的具有等级体系的分类表,类目配备阿拉伯数字并按小数制排序。该分类法在世界各地图书馆广泛使用,有专门机构负责连续修订出版④。

02.15 中国图书馆分类法(Chinese Library Classification, Classification for Chinese Libraries)

简称"**中图法**",旧称"**中国图书馆图书分类法**"。指国家图书馆《中国图书馆分类法》编辑委员会编纂的中国通用的大型综合性文献分类法。1975年出版第1版,2010年出版至第5版。分为"马列主义

---

① 刘仲林.现代交叉科学[M].杭州:浙江教育出版社,1998:85.
② 蒋逸民.作为一种新的研究形式的超学科研究[J].浙江社会科学,2009(1):8-16,125.
③ 图书馆·情报与文献学名词审定委员会,编.图书馆·情报与文献学名词[M].北京:科学出版社,2019:107.
④ 同③:110.

"毛泽东思想邓小平理论""哲学宗教""社会科学""自然科学""综合性图书"5大部类,22个基本大类。基本采用层累标记制,使用字母与数字相结合的混合号码。主要供大型图书馆图书资料分类使用。另外,为适应不同图书信息机构及不同类型文献分类的需要,还出版有《中国图书馆分类法(简本)》和《〈中国图书馆分类法〉期刊分类表》等配套版本①。

02.16 学术活动(academic activity)

围绕学术命题或研究成果而开展的研讨、讲座、访学、培训、评审、论证、发布、展览等相关社会活动②。其功能是加快学术信息的交流,培养学术新人,对学术贡献者给予肯定,扩大最新学术成果的传播等。

02.17 学术交流(academic exchange)

学术活动的一种形式,指与学术研究有关的信息知识传播与分享,即以学者为主体,在进行了一定学术研究的基础上而开展的学术计划、方法、思想、成果等方面内容的沟通与分享。影响学术交流质量的因素有交流主体的学术内涵、认知能力、交流方式、交流态度、交流规则、交流环境等③。

02.18 无形学院(invisible college)

又称"看不见的学院",最早使用"无形学院"这一术语的是17世纪的英国科学家波义耳(Robert Boyle,1627—1691),原指英国皇家学会成立以前在伦敦的一批关心科学发展而自发聚会,探讨问题的科学家。1963年,美国科学计量学家德里克·普赖斯(Derek John de Solla Price,1922—1983)在其所著《小科学·大科学》一书中,把科学家通过信息交流的联系而形成的看不见的科学家群体称之为"无形学院"。美国科学社会学家默顿认为,"从社会学角度看,可以把无形学院理解为一群群地域上分散的科学家,他们彼此之间的认识互动,比与更大

---

① 图书馆·情报与文献学名词审定委员会,编.图书馆·情报与文献学名词[M].北京:科学出版社,2019:111.
② 梅方权,主编.走向21世纪的农业科技信息:中国农业科学院科技文献信息中心40年[M].北京:中国农业科技出版社,1997:256.
③ 中国科协学会学术部,编.学术交流与学术生态建设研究[M].北京:科学普及出版社,2008:143.

的科学家共同体的其他成员之间的认识互动更为经常。"[1]社会学家不但证明了"无形学院"是确实存在的区别于有形学院组织的科学群体,并且还认为,它是科学共同体形成的一种方式,是边缘交叉学科出现的一种原因[2]。

02.19　学术会议(academic conference)

指学术工作者在同一时间、同一地点进行的面对面研讨有关学术问题的活动。学术会议的本质是学术交流,旨在沟通学术信息、交流学术观点、争辩学术问题、激发创新思想、促进学术进步[3]。

02.20　学术报告(academic report)

专家学者就自己研究的内容,在一定的场合内,所做的一种专题的陈述[4]。与学术报告相近的概念有"**学术演讲**""**学术讲座**"。

02.21　学术合作(academic cooperation)

是指在学科交叉渗透的发展背景下,学术研究人员与相关学科、相关领域的同行进行学术交流,联合攻关的行为。学术合作的形式可以是多种多样的,如论文或著作的分工撰写、实验设备和科研数据的共享、人员间的相互借用、科研资金的共同使用等。当然,同时需要有一种合理的科研机制来鼓励科研人员的合作,为合作提供一个良好的环境。

02.22　学术责任(academic responsibility)

指学术主体自愿承担促进学术规范和价值观实现的责任[5]。它包括三个层面:学术研究者承担的求真、不弄虚作假的责任,学术共同体承担的净化学风、发展学术的责任,学术管理者承担的不干扰学术

---

[1] [美]罗伯特·K.默顿.社会科学散忆[M].鲁旭东,译.北京:商务印书馆,2004:10.
[2] 张俊心,等主编.软科学手册[M].天津:天津科技翻译出版社,1989:617.
[3] 中国科协学会学术部,编.学术交流质量与科技研发创新研究[M].北京:中国科学技术出版社,2009:230.
[4] 张朝霞,等.法学教育改革与法学人才培养模式创新研究[M].兰州:甘肃人民出版社,2011:503.
[5] 中国人事科学研究院,编.刘军仪,著.英美科研诚信建设的实践与探索[M].北京:党建读物出版社,2016:277.

自由、侵占学术资源并维护学术生态的责任①。

02.23　学术问责制(academic accountability)

指学术权益主体就某种学术失范、学术不端、学术腐败等越轨行为及其他妨碍学术自由和破坏学术民主的越权行为进行责任追究,最终实现学术生态环境优化的一种工作改进制度。学术问责制的运行体系要求问责主体和客体明确,问责内容和标准清晰,问责事由和程序规范,问责方式和结果齐备②。

02.24　伦理审查(ethical review)

是指对涉及动物和人体的学术研究开展伦理性方面的审查工作。这类学术研究主要集中在生物学、医学、社会学等领域。伦理审查工作具有很高的独立性,不受任何单位和个人的干预③。在涉及人体研究方面,需要进行伦理审查的学术研究包括以下活动:①采用现代物理学、化学、生物学、中医药学和心理学等方法对人的生理、心理行为、病理现象、疾病病因和发病机制,以及疾病的预防、诊断、治疗和康复进行研究的活动;②医学新技术或者医疗新产品在人体上进行试验研究的活动;③采用流行病学、社会学、心理学等方法收集、记录、使用、报告或者储存有关人的样本、医疗记录、行为等科学研究资料的活动④。

02.25　伦理审查委员会(Ethics Review Committee, Institutional Review Board)

也称**伦理委员会**,或**独立伦理委员会**,是由医学专业人员、伦理学专家、法律专家及非医务人员组成的独立组织,其职责为核查临床研究方案及附件是否合乎伦理,并为之提供公众保证,确保受试者的安全、健康和权益受到保护。该委员会的组成和一切活动不应受临床试验组织和实施者的干扰或影响⑤。

---

① 司林波.学术自由、学术责任与学术问责制[J].教育评论,2012(3):3-5.
② 同①.
③ 涉及人的生物医学研究伦理审查办法[EB/OL].中国政府网,(2016-10-12)[2020-05-02].http://www.gov.cn/gongbao/content/2017/content_5227817.htm.
④ 同③.
⑤ 国家卫生健康委医学伦理专家委员会办公室,中国医院协会,编.涉及人的临床研究伦理审查委员会建设指南(2019版)[EB/OL].中国医院协会,(2019-10-29)[2020-05-04].http://www.cha.org.cn/plus/view.php?aid=15896.

02.26 学术绩效(academic performance)

指作为有效学术输出的学术成果和学术成效的集合,是学术数量和学术质量的集合[1]。

02.27 学术奖励制度(academic reward system)

指学术共同体或社会组织运用精神或物质激励手段,对推动人类自然科学和人文社会科学的基础理论和应用理论的发展做出贡献的研究人员予以承认、表彰和鼓励的制度。学术奖励制度包括学术共同体的内部奖励制度(内部激励制度)和社会组织或个人提供的外部奖励制度[2]。

02.28 学术监督(academic supervision)

指监督机构人员依据一定的法律、法规,遵循相应的程序对被监督学术对象进行调查、取证、处罚和教育等一系列学术管理活动[3]。

02.29 学术管理(academic management)

是对学术组织机构中学术活动与事务的管理。如作为学术组织的大学,其学术活动与事务包括教学、研究、招生、学位授予与证书发放、出版、智力服务、师资培养、学术发展规划等[4]。因此大学学术管理就是针对上述学术活动与事务的管理,重点体现为大学的招生管理、教学管理、科研管理和教师管理等方面。

02.30 学术标准(academic standards)

评价学术水平的客观参照尺度,主要应用于评定学位、职称、奖励等学术活动。学术标准一般分内在和外在两方面,内在的学术标准包含学术创造标准、学术规范标准和学术道德标准三个方面,是由学术评价主体把握的价值判断;外在的学术标准是由学术权威或官方机构

---

[1] 戚巍,陈晓剑,张岩,等.基于TOPSIS的中国研究型大学学术绩效评价方法研究[J].中国高教研究,2010(1):15-19.
[2] 江新华.论我国学术奖励制度的缺陷与创新[J].科研管理,2006,27(6):85-91.
[3] 古继宝,张苗,梁樑.中美学术监督典型机构运行体系的对比及经验借鉴[J].中国科技论坛,2007(8):127-131.
[4] 柏昌利,编著.高等教育管理导论[M].西安:西安电子科技大学出版社,2006:161-165.

制定的一种量化评价机制①。如由学术刊物的等级来彰显学术文章质量或学术水平,规定获取学位、职称时所需满足的各种学术成果条件等。英国的评估高等教育机构研究质量系统"卓越研究框架"(Research Excellence Framework,REF)出版的《评审组标准和工作方法》(*Panel criteria and working methods*,2019)判定产出(即发表作品)质量有三个标准:原创性(Originality)、显著性(Significance)和严谨性(Rigour),评估影响力有两个标准:延伸性(Reach)与重要性(Significance)②。

02.31　学术评价(academic evaluation)

对学术成果的科学性、有效性、可靠性及价值的客观评定。**同行评议**是最常见的评价体制,是由某一或若干领域专家组成的专家委员会用同一种评价标准,共同对涉及相关领域的项目、论文、著作、发明专利等科学研究成果进行评价的学术活动③。

02.32　学术评价制度(academic evaluation system)

指为保障学术评价客观、公正,对学者或学术机构的学术成果、项目、影响等进行价值判断和评价的方法、原则、程序等规则的总称④。

02.33　同行评议(peer review)

也称**同行评审**、**同侪审查**,是指通过挑选出来的同行专家来评判他人研究成果是否有价值的一种程序⑤⑥。通常运用于学术著述的发表、研究课题的资助、学位或职称的评定、学术成果的奖励,以及学术

---

① 龚向和,张颂昀.论硕士、博士学位授予的学术标准[J].学位与研究生教育,2019(3):56-64.

② Research Excellence Framework. Research Excellence Framework[EB/OL].(2019-01-31)[2020-01-30]. https://www.ref.ac.uk/publications/panel-criteria-and-working-methods-201902/.

③ 教育部科学技术委员会学风建设委员会,编.高等学校科学技术学术规范指南[M].2版.北京:中国人民大学出版社,2017:5.

④ 庾光蓉,徐燕刚.我国高校学术评价制度的缺陷与改进思路[J].社会科学管理与评论,2009(4):41-47,112.

⑤ [美]弗洛德曼,等编.同行评议、研究诚信与科学治理:实践、理论与当代议题[M].夏国军,朱勤,译.北京:人民出版社,2012:5.

⑥ 同③:20.

规划的制定等方面,这是提高学术公信力的重要程序。

02.34　盲审(anonymous evaluation)

也称**盲评**、**匿名评审**,是指在论文稿件、课题申请书以及其他学术成果的评审过程中,评审人不知道所审对象的作者是谁。如果是**双盲评审**,那么就是评审人的身份也不能向被审对象作者泄露①。

02.35　学术水平(academic level)

又称**学术水准**,指固有的学术素养及学术成果体现出来的见解力与创新程度。美国卡内基促进教学基金会前主席欧内斯特·波依尔(Ernest L. Boyer,1928—1995)曾将教授的学术水平分为:发现的学术水平、综合的学术水平、运用的学术水平、教学的学术水平②。

02.36　学术争鸣(academic contending)

又称**学术商榷**,是指针对某学术命题进行的不同思想观点之间的争辩。学术争鸣的目的是发现事实真相或探索事物本质,从而形成科学的认识。它是学术发展的内在动力,也是学术繁荣的具体体现。有无学术争鸣是检验学术生态是否健康的依据。

02.37　学术批评(academic criticism)

指依据一定的学术规范,对某种学术观点或学术成果等进行的议论与评判。英国文化研究的代表人物,托尼·本尼特(Tony Bennett, 1947—　)认为:批评的特征"可以更明确地限定为:只有否定。它是一种没有正面措辞的实践。""简而言之,批评是绝不归顺的实践:不论是对特定模式和理论还是对于政党或行为程序而言,都是如此;萨义德认为:'如果团结先于批评,就意味着批评的终结'。"③

---

①　美国心理协会,编. APA格式:国际社会科学学术写作规范手册[M]. 席仲恩,译. 重庆:重庆大学出版社,2011:217.

②　国家教育发展研究中心,编. 发达国家教育改革的动向和趋势:第5集·美国、日本、英国、联邦德国、俄罗斯教育改革文件和报告选编[M]. 北京:人民教育出版社,1994:23.

③　[英]托尼·本尼特. 文学之外[M]. 强东红,等译. 北京:人民出版社,2016:215-216.

02.38 开放存取(open access)

又称**开放获取**,通过公共网络免费获取所需要的文献,允许任何用户阅读、下载、复制、传播、打印、检索论文的全文,或者对论文全文进行链接、为论文建立索引、将论文作为素材编入软件,或者对论文进行任何其他出于合法目的的使用,不受经济、法律和技术方面的任何限制,除非网络本身造成数据获取的障碍[①]。

02.39 机构知识库(institutional repository)

利用网络及相关技术,依附于特定机构而建立的数字化学术数据库,它收集、整理并长期保存该机构及其社区成员所产生的学术成果,并将这些资源进行规范、分类、标引后,按照开放标准与相应的互操作协议,允许机构及其社区内外的成员通过互联网来免费地获取使用[②]。

02.40 科学引文索引(Science Citation Index, SCI)

由美国科学情报研究所(Institute for Scientific Information, ISI)1964年创办出版的引文数据库,现归科睿唯安(Clarivate Analytics)所有。它与EI(工程索引)、ISTP(科技会议录索引)并称为世界著名的三大科技文献检索系统,是国际公认的进行科学统计与科学评价的主要检索工具,其中以SCI最为重要。作为一部检索工具,SCI设置了独特的"引文索引"(Citation Index),通过先期的文献被当前文献的引用,来说明文献之间的相关性及先前文献对当前文献的影响力[③]。《科学引文索引》扩展版索引了178个科学领域中超过9 200种全球影响力最大的期刊。自1900年至今,已有5 300万条记录和11.8亿篇引用文献[④]。

[①] 管理科学技术名词审定委员会,编. 管理科学技术名词[M]. 北京:科学出版社, 2016:156.

[②] 同①.

[③] 孙杰,李若,主编. SCI收录期刊投稿指南:理工管类[M]. 北京:国防工业出版社, 2013:1.

[④] Web of Science: Science Citation Index Expanded. [EB/OL]. [2020-02-24]. https://clarivate.com/webofsciencegroup/solutions/webofscience-scie/.

02.41　核心期刊(core journal)

发表某学科论文数量较多、质量较高、影响力较大,代表该学科现有水平和发展方向的期刊[①]。核心期刊目录的原始功能具有文献计量学意义,是为图书馆馆藏期刊提供"导购"帮助,为读者阅读期刊提供"导读"作用,但后来异化为学术评价参考工具。核心期刊上刊载的论文并不能说明其学术水平高于非核心期刊。过分夸大核心期刊的作用、不恰当地使用核心期刊的做法都是错误的[②]。

02.42　影响因子(impact factor)

一种表征期刊影响力大小的一项定量指标,计算方法为某期刊前两年发表的论文在统计当年的总被引次数除以该期刊在前两年内发表的论文总数。它最初出现于美国科学情报研究所出版的《期刊引证报告》中。从2009年开始,该报告又增加了五年影响因子的指标,即统计时间范围为五年[③]。期刊影响因子越大,表明其刊载的文献被引用率越高,影响力越大。但是影响因子不是对论文水平的评价,更不是对作者水平的评价。

02.43　H指数(Hirsch Index)

是将数量和质量结合评价科研人员个人绩效的一种方法。2005年由美国加州大学圣地亚哥分校物理学教授乔治·赫希(Jorge E. Hirsch,1953—)提出。"H"代表"**高引用次数**"(high citations)。一个学者的H指数是指其发表的n篇论文中,最多有h篇论文每篇论文的被引数量最少为h次[④]。这是一个处于动态的论文产出率与引文影响力相结合的一个测度指标,能反映一个人的学术绩效,即一个人的H指数越高,则表明他的论文影响力越大。不过"H指数"也存在一定的局限性,如过度依赖引文数据库,自引可以增加H指数,没有解决

---

① 图书馆·情报与文献学名词审定委员会,编.图书馆·情报与文献学名词[M].北京:科学出版社,2019:196.
② 周健.核心期刊的概念和功能定位[J].中国科技术语,2015(2):62-64.
③ 同①:199.
④ [比利时]Wolfgang Glänzel.也谈h指数的机会和局限性[J].刘俊婉,译.科学观察,2006(1):10-11.

跨学科比较的问题[1]，无法识别研究团队多人署名论文中每位作者的贡献率[2]，不利于论文数量少而被引频次高的学术新锐的社会评价[3]等等。所以后来也出现了一些对 H 指数的修正、补充或完善的方法，衍生出来了 G 指数、A 指数、R 指数、AR 指数、P 指数等，拓展了 H 指数的适用范围。

02.44　高被引论文（highly cited papers）

高被引论文指在某个统计时间段内，被引用次数排在学科前列的论文[4]。在一定程度较为客观地反映出学术论文的影响力，也反映了学科的研究关注领域。科睿唯安文献评价分析工具基本科学指标（Essential Science Indicators，ESI）中对高被引论文进行了界定，即过去十年内发表的论文中被引用次数排在各学科前 1% 的论文，为高被引论文[5]。

02.45　高访问论文（highly accessed article）

网上先期发表或收录在全文数据库的论文，在一定时期的在线阅读和下载次数很多，被称为"高访问论文"。在线阅读和下载次数越多，说明该论文受到关注的程度越高，显示这是一篇重要论文，具有形成一篇热门论文的特点。高访问论文的阅读者或下载者很可能成为该论文的潜在引用者。在线阅读和下载次数反映了论文的即刻以及长远影响力，有望成为一种新的学术评价指标，其现象也值得深入研究[6]。

---

[1]　张镅,张志转.关于 h 指数及其扩展指标的讨论[J].安徽农业科学,2009,37(24)：11839-11840,封 3.

[2]　[荷]Henk F. Moed. h 指数构建有创意,用于评价要慎重[J].刘俊婉,译.科学观察，2006(1)：15.

[3]　[比利时]Wolfgang Glänzel. 也谈 h 指数的机会和局限性[J].刘俊婉,译.科学观察，2006(1)：10-11.

[4]　祝清松,冷伏海.基于引文内容分析的高被引论文主题识别研究[J].中国图书馆学报,2014,40(1)：39-49.

[5]　Clarivate Analytics. Highly Cited Papers[EB/OL]. [2020-04-21]. http://help.prod-incites.com/inCites2Live/indicatorsGroup/aboutHandbook/usingCitationIndicatorsWisely/highlyCitedPapers.html.

[6]　张春霆.学术评价的评价[J].中国科学基金,2010(6)：328-333.

02.46　论文相似性检测(paper similarity detection)

也称论文重复性检测、文档相似性检测等,是一种利用技术手段,对文档中片段相似程度进行分析的检测服务。通过该服务,能有效检测出论文中存在的内容抄袭和复制行为,从而为学术出版和管理提供决策依据[1]。国内外相关研究机构或企业研发出多种这类检测系统,国外应用较广的有美国 iParadigms 公司开发的 Turnitin 和 CrossCheck 系统、美国弗吉尼亚生物信息研究所创新实验室开发的 eTBLAST 文字相似性搜索引擎系统;国内的主要有知网开发的学术不端文献检索系统(Academic Misconduct Literature Check,AMLC)、北京万方数据开发的论文相似性检测服务系统(Paper Similarity Detection Service,PSDS)、重庆维普资讯有限公司与通达恒远(北京)信息技术有限公司共同研制而成维普通达论文引用检测系统(VIP-TONDA Text Matching System,VTTMS)等。

02.47　信度(reliability)

指测量数据(资料)与结论的可靠性程度,即采取同样的方法对同一对象重复进行测量时,其所得结果相一致的程度。换句话说,信度是指测量结果的一致性或稳定性,即测量工具能否稳定地测量所测的事物或变量[2]。

02.48　效度(validity)

也称为测量的有效度或准确度。它是指测量工具或测量手段能够准确测出所要测量的变量的程度,或者说能够准确、真实地度量事物属性的程度[3]。

---

[1] 胡红亮.学术著作可信度评价及相关研究[M].北京:科学技术文献出版社,2013:193-194.

[2] 风笑天.现代社会调查方法[M].5版.武汉:华中科技大学出版社,2014:97.

[3] 同[2]:98.

03 学术研究

03.1 科学研究(scientific research)

简称"**科研**",或称"**学术研究**",是指建构新知识并使其理论化或验证化的活动①。主要包括基础研究、应用研究两大类,从事这两类研究活动又被称为"科学研究活动"②。

03.2 基础研究(basic research)

又称"**理论研究**",指为了推进科技进步而对关于现象和事实的根本原理的新知识进行探索③。基础研究的特点是:① 以认识现象、发现和开拓新的知识领域为目的,即通过实验分析或理论性研究对事物的特性、结构和各种关系进行分析,加深对客观事物的认识,解释现象的本质,揭示物质运动的规律,或者提出和验证各种设想、理论或定律。② 没有任何特定的应用或使用目的,在进行研究时对其成果看不出、说不清有什么用途。或者,虽然肯定会有用途,但并不确知达到应用目的的技术途径和方法。③ 研究结果通常具有一般的或普遍的正确性,成果常表现为一般的原则、理论或规律,并以论文的形式在科学期刊上发表或学术会议上交流。因此,当研究的目的是为了在最广泛的意义上获得对现象的更充分的认识,和(或)当其目的是为了发现新的科学研究领域,而不考虑其直接的应用时,即视为基础研究④。

03.3 应用研究(application research)

指为实现基础研究结果的特定实际应用而取得新知识的研究和

---

① 王子舟.图书馆学研究法:学术论文写作摭要[M].北京:北京大学出版社,2017:1.
② 中华人民共和国科学技术部.中国科学技术指标:2016[M].北京:科学技术文献出版社,2017:300.
③ 管理科学技术名词审定委员会,编.管理科学技术名词[M].北京:科学出版社,2016:478.
④ 科学技术部发展计划司,主编.科技活动分类案例集[M].北京:科学技术文献出版社,2012:9.

探索活动①。应用研究的特点如下。① 具有特定的实际目的或应用目标,具体表现为:为了确定基础研究成果可能的用途,或是为达到预定的目标探索应采取的新方法(原理性)或新途径。② 在围绕特定目的或目标进行研究的过程中获取新的知识,为解决实际问题提供科学依据。③ 研究结果一般只影响科学技术的有限范围,并具有专门的性质,针对具体的领域、问题或情况,其成果形式以科学论文、专著、原理性模型或发明专利为主。一般可以这样说,所谓应用研究,就是将理论发展成为实际应用的形式②。

03.4 选题(topic selection)

是指确定学术研究范围、对象和主题的过程③。它是学术研究的起点,即研究过程的第一步。选题的原则有创新性、价值性、可行性等。

03.5 研究设计(research design)

是指对研究项目或课题的意义、目的、性质、研究方式、研究设想、研究过程和研究方法进行详细说明,是按照研究课题的目的和任务,预先制订的研究方案和计划④。

03.6 研究对象(object of study)

指一门科学自身所有的特殊的研究对象。"某一门科学的对象,不能是这门科学里面所研究到的一切枝枝节节的个别现象,而必须是贯穿着这一切个别现象的基本性的东西,也就是隐藏在这一切个别现象背后的最基本的本质(或实质)。假如科学只就现象本身去说明现象,或只是孤立地枝枝节节地去说明对象,而不从现象全体上去揭发其统一的基本的本质,那就不能算作真正的科学,而只是一本'流水账',一篇'报道书',或者是一张'一览表'罢了。"⑤

---

① 管理科学技术名词审定委员会,编.管理科学技术名词[M].北京:科学出版社,2016:478.
② 科学技术部发展计划司,主编.科技活动分类案例集[M].北京:科学技术文献出版社,2012:9.
③ 《学术诚信与学术规范》编委会,编.学术诚信与学术规范[M].天津:天津大学出版社,2011:65.
④ 诸彦含,主编.社会科学研究方法[M].重庆:西南师范大学出版社,2016:34.
⑤ 沈志远.经济学研习提纲[M].上海:生活·读者·新知上海联合发行所,1949:4.

03.7 研究问题(research questions)

指开展研究所要聚焦的命题①。作用是将研究项目的目标变得可操作化,使人可通过一些研究方法来收集、分析信息,并对其做出回答。研究问题应以适当方式陈述出来,通常用"是什么"(what)、"为什么"(why)和"怎么样"(how)来发问。如公民反对总统的主要原因是什么?为什么非裔美国人的平均社会经济地位低于白人?人们的犯罪经历会对他们产生怎样的短期和长期影响?在学术研究中,研究问题通常都会被很正式地提出来。在明确了研究问题并了解了前人关于它的研究情况后,研究者就可以提出恰当的研究假设了。然而,在有些情况下,有一些研究者,比如民意调查人,并不需要提出假设,他们的研究问题可以是隐含的,无需明确地指出②。确定研究问题的过程就像漏斗一样,从一个宽泛的领域出发,逐渐缩小范围,使其更加明确、更加有意义③。

03.8 研究综述(research review)

又称**文献综述**,是归纳总结、分析评述某一时期、某一领域学术研究状况的著述。"综"有归纳、综合的意思;"述"有分析、评述的意思。综述还有许多别称,如"概述""述评""动态""进展""研究现状""研究发展"等等。通过做研究综述,可以了解某一领域或选题已有哪些研究成果,梳理出现有研究进展是怎样演变过来的,明白其中主要成就与不足是什么,从而避免重复他人已有的工作,给自己寻找一个恰当的研究起点④。

03.9 开题报告(research proposal)

是指研究者对科研课题或学位论文开展进一步研究的说明材料。

---

① How to Write a Research Question[EB/OL]. George Mason University,(2018-08-08)[2020-2-11]. https://writingcenter.gmu.edu/guides/how-to-write-a-research-question.

② LAVRAKAS P J. Encyclopedia of survey research methods [M/OL]. Thousand Oaks, CA: Sage Publications, Inc, 2008. [2020-02-11]. http://dx.doi.org/10.4135/9781412963947.n474.

③ ANTONIUS R. Interpreting Quantitative Data with IBM SPSS Statistics[M/OL]. 2 ed. London: Sage Publications, 2013: 32-48. [2020-02-11]. https://dx.doi.org/10.4135/9781526435439.n2.

④ 王子舟.图书馆学研究法:学术论文写作撷要[M].北京:北京大学出版社,2017:25.

内容包括选题缘由、选题意义、相关概念定义、相关研究综述、主要研究内容、研究重点、现有研究基础、研究方法、研究进度计划、重要参考文献等[1]。此外,开题报告也指选题者将自己研究题目的准备情况、主体内容、内容计划等,向有关专家学者进行陈述并听取其指导意见的过程。

03.10　概念(concept)

是通过对特征的独特组合而形成的知识单元[2]。世界上任何事物都有其特性(特点或属性),如形状、颜色、材料、气味、重量等等,一个客体或一组客体特性的抽象结果构成了特征,其中对于理解概念不可缺少的特征为本质特征,反映事物本质特征的思维单元就是概念(如"红旗""木箱"等)[3],换言之,概念是客体在人们头脑中的反映(有个别概念如李白、地球等,也有一般概念如水、菱形等)[4],它既是思维的产物,也是思维的基本形式之一。

03.11　定义(definition)

是描述一个概念,并区别于其他相关概念的表述,旧称"界说"。定义分**内涵定义**(intensional definition)和**外延定义**(extensional definition)两种。内涵定义是指用上位概念和区别特征描述概念内涵的定义,如白炽灯:由电流加热灯丝而发光的电灯;外延定义是指列举根据同一准则划分出的全部下位概念来描述一个概念的定义,如惰性气体:氦、氖、氩、氪、氙和氡[5]。

03.12　术语(term)

是在特定专业领域中一般概念的语词指称。术语有**简单术语**(simple term)、**复合术语**(complex term)、**借用术语**(borrowed term)等类型。简单术语是只有一个词根的术语,如声、光、电、葡萄等;复合

---

[1]　郭跃,郝明君,万伦,主编.学科建设与研究生教育新论[M].重庆:重庆大学出版社,2012:71.
[2]　全国术语标准化技术委员会.术语工作 词汇 第一部分:理论与应用:GB/T 15327.1-2000[S].北京:中国标准出版社,2001:1-2.
[3]　洪生伟.标准文件编写指南[M].2版.北京:中国标准出版社,2010:86-87.
[4]　白殿一.标准的编写[M].北京:中国标准出版社,2009:82.
[5]　同[2]:2-3.

术语是由两个或更多词根构成的术语,如声波、光束、电压、葡萄干、电压表等;借用术语是取自另一语种或另一专业领域的术语①,如冰激凌、乌托邦、真理等。

03.13 假设(hypothesis)

亦称**假说**,指的是针对两个或两个以上变量之间存在的关系所做的推断性论述。一个变量被假设为会对其他变量造成影响,称为**自变量**(independent variable);另一个变量会对自变量影响发生反应,称为**因变量**(dependent variable)。如我们假设受过较高教育的人会收入较高,其中要测量的自变量是教育水准,而要测量的因变量是收入②。"在很多情况下,假说是研究人员对于变量之间关系的存在所具有的一种直觉。"③

03.14 查新(novelty search)

也称**查新服务**,或**科技查新**、**科研查新**,是指对可能影响一件发明的新颖性或独创性的单元进行查找④。多用于科研立项、专利申请、新产品鉴定、成果转化、科技进步奖和博士论文开题等前期过程,已成为研究型图书馆一项重要的咨询业务和文献信息服务内容⑤。

03.15 科学数据(scientific data)

是指人类社会科技活动所产生的基本数据,以及按照不同需求而系统加工的数据产品和相关信息。科学数据既是科技活动的产物,又是支持更复杂的科技创新所不可替代的资源⑥。科学数据包括定量的

---

① 全国术语标准化技术委员会.术语工作 词汇 第1部分:理论与应用:GB/T 15237.1-2000[S].北京:中国标准出版社,2001:3-4.
② [美]理查德·谢弗.社会学与生活[M].刘鹤群,房智慧,译.9版.北京:世界图书出版公司北京公司,2006:37-39.
③ [英]格里斯.研究方法的第一本书[M].孙冰洁,王亮,译.大连:东北财经大学出版社,2011:35.
④ 全国信息与文献标准化技术委员会.信息与文献 术语:GB/T 4894—2009[S].北京:中国标准出版社,2010:86.
⑤ 王细荣.图书情报工作手册[M].上海:上海交通大学出版社,2009:338.
⑥ 国家科技基础条件平台建设研究课题组,编.国家科技基础条件平台建设战略研究报告[M].北京:科学技术文献出版社,2006:151.

科学数值数据、定性的科学事实数据和大量的科学文本数据等[1]。

03.16 文献(document)

指所记载信息和信息载体的总和[2]。或可表达为"在文献工作过程中作为一个单位处理的记录信息或实物对象","在档案中也称'文件'"[3]。

03.17 原始文献/一次文献(primary document)

俗称"**第一手资料**",是人们直接记录其生产实践经验和科学研究发现而形成的文献,是文献信息源的主要组成部分[4]。包括两大类:一是未公开发行的内部资料或限制流通的文献,如书信、日记、手稿、笔记,以及会议记录、实验记录、学位论文、内部档案等"灰色文献";二是公开发表的论文、专著、研究报告、会议文献、专利说明书、技术标准、学位论文、电子出版物等。

03.18 灰色文献(grey literature)

指处于"**白色文献**"(公开出版物)与"**黑色文献**"(保密文献)之间,未经公开出版但在特定范围(渠道)传播的文献[5]。灰色文献的概念首次在1978年英国图书馆借阅部(British Lending Library Division)的会议上由查尔斯·P·奥格(Charles P. Auger)提出。1997年,在法国卢森堡举行的第三次国际灰色文献会议上,与会者讨论并达成了"卢森堡定义",将灰色文献界定为"由各级政府、学术界、工商界产出的以印刷和电子格式制作并且不受商业出版商约束的文献资料。"[6]灰色文献一般包括:① 报告(预印本,初步进展和高级报告,机构、内部、技术

---

[1] 中国计算机学会,编.英汉计算机辞典[M].修订本.北京:人民邮电出版社,1998:1205.

[2] 全国术语标准化技术委员会.术语工作 文后参考文献及源标识符:GB/T 23289—2009[S].北京:中国标准出版社,2009:2.

[3] 全国信息与文献标准化技术委员会.信息与文献 术语:GB/T 4894—2009[S].北京:中国标准出版社,2010:10.

[4] 图书馆·情报与文献学名词审定委员会,编.图书馆·情报与文献学名词[M].北京:科学出版社,2019:223.

[5] 王德银.GreyNet灰色文献服务实践及其启示[J].图书馆建设,2019(2):18-23.

[6] Grey Literature[EB/OL].[2020-03-03].https://en.wikipedia.org/wiki/Grey_literature.

和统计报告,研究备忘录,最先进水平报告,市场研究报告,委员会和学习研讨会报告等);② 论文;③ 会议论文集;④ 技术规范和标准;⑤ 非商业翻译;⑥ 参考书目;⑦ 技术和商业文件;⑧ 官方文件(限量发行)等①。

03.19　二次文献(secondary document)

对一次文献进行加工整理后产生的一类文献,如书目、题录、简介、文摘等形式的检索工具②。

03.20　三次文献(tertiary document)

在一、二次文献的基础上,经过分析、综合而编写出来的文献。如综述、述评、学科年度总结、文献指南、书目之书目等③。

03.21　文献综述(literature review)

是在对科学研究中某一方面的专题搜集大量信息资料的基础之上,通过对大量原始研究论文中的数据、资料和主要观点进行归纳整理、分析提炼,经综合分析而写成的一种学术论文,其反映的是当前某一领域中某分支学科或重要专题的最新进展、学术见解和建议④。文献综述因时效性、报道性较强,属于三次文献。

03.22　科学方法(scientific method)

指有系统、有组织的研究步骤,目的是要尽可能确保研究的客观性与一致性⑤。每一门科学都有自己的科学方法,有无专门的科学方法,是衡量一门科学是否成熟的标志。

---

① ALBERANI V, PIETRANGELI P D C, MAZZA A M R. The Use of Grey Literature in Health Sciences: A Preliminary Survey[J]. Bulletin of the Medical Library Association, 1990, 78(4): 358-363.

② 管理科学技术名词审定委员会, 编. 管理科学技术名词[M]. 北京: 科学出版社, 2016: 158.

③ 同②.

④ 教育部科学技术委员会学风建设委员会, 编. 高等学校科学技术学术规范指南[M]. 2版. 北京: 中国人民大学出版社, 2017: 33.

⑤ [美]理查德·谢弗. 社会学与生活[M]. 刘鹤群, 房智慧, 译. 9版. 北京: 世界图书出版公司北京公司, 2006: 36.

03.23 研究方法(research method)

简称**研究法**,是从事学术研究所使用的具体科学方法。它的作用是为研究者提供可靠、有效的方式,确保研究的真实性、客观性、实效性,使研究者能发现或选择一个正确的理论,以实现创新知识或增加知识含量的目的[①]。

03.24 方法论(methodology)

指关于方法的理论。方法论对方法进行分析、比较、评价、综合,是研究方法的一种知识系统[②]。"方法论关注的是**科学探究**(scientific enquiry)的逻辑,特别关注研究特定技巧或程序的潜力和局限性。这一术语适用于方法的科学和研究以及关于生产知识的方式的假设。"[③]

03.25 推论(inference)

又称**推理**,从前提导出结论,被称之为推论[④]。推论的主要方法有归纳法和演绎法等。另外,推论还分有效推论、无效推论。**有效推论**是指基于清楚的证据和符合逻辑的推理而得出的结论或概括;**无效推论**是指证据不妥或基于错误逻辑而进行的假设[⑤]。

03.26 演绎法(deduction, deductive method)

推论的主要方式之一。指以一般的原理为前提,按照逻辑推理导出一个结论的方法,这正是合理思考的核心所在。举例来说:人总是要死的,A是人,所以A总有一天会死,这就是一个推理过程[⑥]。即演绎法推理的三段论,是由大前提、小前提和结论三部分组成。大前提是已知的有关事物的一般原理或共性,小前提是研究的特殊对象,结论是将特殊对象归到一般原理之下所得出的新知识。它与归纳推理的方向相反,是逻辑证明的工具、做出科学预见的手段、发展假说和理

---

① 王子舟.图书馆学研究法:学术论文写作撮要[M].北京:北京大学出版社,2017:1.
② 同①.
③ [英]格里斯.研究方法的第一本书[M].孙冰洁,王亮,译.大连:东北财经大学出版社,2011:25.
④ [日]坂本百大,主编.哲学[M].胡金树,译.上海:上海科学技术文献出版社,2011:4.
⑤ [美]罗丝·瓦斯曼,李·安·林斯基,编著.朗文高级英语阅读:评析性阅读[M].王志政,等译.北京:中国电力出版社,2003:下册,2.
⑥ 同④.

论的必要环节①。

03.27　归纳法(induction, inductive method)

推论的主要方式之一。是从具体的事实和现象出发,推导出一般的命题和规律。如从很多乌鸦是黑的这一现象出发推导出"乌鸦都是黑的"这一论断。但仅以部分乌鸦为依据推导出所有乌鸦都是黑的结论,总让人感到这种推论欠缺演绎法推论的规律,显得有些不连贯②。归纳法分为完全归纳法和不完全归纳法,其可靠性不足,但富于创造性③。

03.28　文献研究法(literature research method)

是指根据一定的研究目的或课题需要,通过查阅文献来获得相关资料,全面地、正确地了解所要研究的问题,找出事物的本质属性,从中发现问题的一种研究方法④。此处的"文献",既涵盖了各类纸质文献与网络文献,也涵盖了各种传世文献与出土文献。

03.29　历史研究法(historical method, historical research method)

又称**历史方法**或**历史的方法**,是"寻求历史的真实(historical truth)的程序"⑤。对叙事历史学家来说,历史方法包括研究文献,以确定出最真实的或最合理的故事,来讲述作为证据的事件。根据这一观点,一个真实的叙事描述与其说像对虚构事件的叙事描述那样是历史学家诗歌天赋的产物,倒不如说是适当运用历史"方法"的必然结果⑥。

---

① 蒲春生,编著.科学精神与科学研究方法[M].东营:中国石油大学出版社,2018:204-205.

② [日]坂本百大,主编.哲学[M].胡金树,译.上海:上海科学技术文献出版社,2011:4-5.

③ 同①:203.

④ 宋秋前,陈宏祖,主编.教育学[M].杭州:浙江大学出版社,2010:273-274.

⑤ [美]傅斯年(Fred Morrw Fling).历史研究法[M].李树峻,译.北平:北平立达书局,1933:1.

⑥ [美]海登·怀特.形式的内容:叙事话语与历史再现[M].董立河,译.北京:文津出版社,2005:35.

03.30 比较分析法(comparative analysis)

又称**比较研究法**、**类比分析法**,是指对两个或两个以上的事物或对象加以对比,找出它们之间的相似性与差异性的一种分析方法。它是人们认识事物的一种基本方法[①]。

03.31 社会调查法(social survey)

又称**调查研究法**,是有目的、有步骤深入实地去考察、了解社会各种现象,收集必要的社会资料,通过对资料的分析、研究以揭示社会生活本质及其发展规律的一种自觉认识活动。社会调查法适用于了解社会生活、诊断社会问题、摸清产品市场、判断舆情民意等。主要调查方法有**普查**(census,全面调查)、**典型调查**(typical survey,有目的地选择若干具有代表性的单位或个人作为典型进行调查)、**抽样调查**(sample survey,包括随机抽样与非随机抽样调查)、**个案调查**(case survey,又称个案研究)等[②]。

03.32 质性研究(qualitative research)

也称**质的研究**、**定性研究**,是指研究者在处理"外在的"世界(相对于诸如实验室这种特定的研究环境)时,深入研究现场,通过采集多样化资料来源,如通过观察或经历的陈述、行为或沟通的记录、文献或档案的记载等,借助各种分析理论与工具,来了解、描述甚至解释社会现象[③]。它将阐释性与自然主义方式结合在一起[④],或者说是将阐释方法与实证方法结合运用的一种方法,主要包括自传法、现象学、民族志(人种志)、个案研究、扎根理论、历史法、参与法以及临床法等[⑤]。

03.33 访谈(interview,interview method)

又称**访谈法**,采访者与被采访者通过对话的方式来建构意义系

[①] 林聚任,刘玉安,主编.社会科学研究方法[M].济南:山东人民出版社,2008:169.
[②] 范和生,编著.现代社会学[M].合肥:安徽大学出版社,2005:上册,108-110.
[③] 王子舟.图书馆学研究法:学术论文写作撮要[M].北京:北京大学出版社,2017:54.
[④] [美]克里斯韦尔.质的研究及其设计:方法与选择[M].余东升,译.青岛:中国海洋大学出版社,2008:17-18.
[⑤] [美]诺曼·K·邓津,伊冯娜·S·林肯.定性研究(第3卷):经验资料收集与分析的方法[M].风笑天,等译.重庆:重庆大学出版社,2007:作者前言,Ⅳ.

统。每次访谈都是一次互动的记录和在记录的帮助下的话语分析[①]。在特定时空环境下的每一次访谈都是个性化的、独一无二的。访谈的方法主要是叙事研究,属于偏实证的质性研究方法。

03.34　半结构访谈(semi-structured interview)

访谈可分**结构式访谈**(structured interview)、**半结构访谈**(semi-structured interview)、**非结构访谈**(unstructured interview,又称**开放式访谈**)三种。结构式访谈是指按照设计好的、有一定结构的问卷进行的可控访谈,非结构访谈是指仅有主题没有提纲的自由访谈;封闭性、满足时间限制性是前者的特征,开放性、无时间限制性是后者的特征。而半结构访谈则是介乎二者之间的一种访谈方式,是指研究者准备好研究主题与提纲,但是有关提问的顺序以及提问的方向,常常依照受访者的响应与说出的故事而调整[②]。半结构访谈在访谈研究中相对使用得较为普遍。结构式访谈的优点是能收集到可计量的数据,而非结构访谈则容易获得丰富的、详细的质性资料[③]。

03.35　焦点小组访谈(focus group interview)

小组成员以互动式讨论为形式,围绕问题展开访谈的一种方法[④]。焦点小组通常是由7～10个人组成(尽管焦点小组的人数少的有4个人,多的有12个人),小组成员相互之间不熟悉,他们被选中是因为他们都具有与要研究的问题有关的一些特征;访谈员创造一个支持性的环境,提出有焦点的问题,鼓励小组成员进行讨论,表达自己不同的观点和看法。该方法的优势是其取向是面向社会的,访谈的结果有很高的"表面效度"(face validity,主观上认为研究方法及其结果与研究主题相关的程度。指焦点小组可以获得与研究主题相关度较高的资料)。该方法主要是来自市场研究,后广泛应用于社会科学及应用

[①] [瑞典]芭芭拉·查尔尼娅维斯卡.社会科学研究中的叙事[M].鞠玉翠,等译.北京:北京师范大学出版社,2010:63.

[②] 瞿海源,等主编.社会及行为科学研究法(二)·质性研究方法[M].北京:社会科学文献出版社,2013:30.

[③] [英]希拉里·阿克塞,彼得·奈特.社会科学访谈研究[M].骆四铭,等译.青岛:中国海洋大学出版社,2007:序.

[④] 管理科学技术名词审定委员会,编.管理科学技术名词[M].北京:科学出版社,2016:181.

研究①。

03.36　田野调查(field work)

又称**田野工作**、**田野调查方法**,是指研究者亲自进入某一社区,通过长期的参与观察、深度访谈、直接体验等方式获取该社区具有整体性的第一手研究资料,进而将具体经验事实上升为一般性理论的研究方法②。田野调查与人类学知识的起源密切相连,是人类学学科自我界定和合法化的"商标",也是成为人类学家成熟职业身份的"通过礼仪"(rite of passage)③。

03.37　扎根理论(grounded theory)

又称**扎根理论方法**,是质性数据采集和分析的一种方法,指从最基础的经验出发,通过开放编码、聚焦编码、主轴编码和理论编码等程序,从数据资料中提取概念并整合范畴,在此基础上经过对比分析建立理论④。"扎根"(grounded)一词,即表明此方法强调基于生活经验资料来形成创新性的理论。扎根理论是一种自下而上建立理论的方法,其操作程序是:第一,对资料进行逐级登录,从资料中产生概念;第二,不断对资料和概念进行比较;第三,发展理论性概念,建立概念和概念之间的联系;第四,理论性抽样,研究者不断地就资料的内容建立假设,通过资料和假设之间的轮回比较产生理论,然后使用这些理论对资料进行编码;第五,建构理论,使理论中的概念本身得到充分发展,内容比较丰富,而且理论中每一个概念应该与其他概念之间具有系统的、内在的联系,具有整合性⑤。

03.38　话语分析(discourse analysis)

又称**话语分析法**,在不同学科有不同的解释,语言学、心理学、社会学的定义都不尽相同。如果以社会现象或行为作研究对象,由于话

---

① [美]马歇尔,罗斯曼.设计质性研究:有效研究计划的全程指导[M].何江穗,译.5版.重庆:重庆大学出版社,2015:181.
② 朱炳祥.社会人类学[M].2版.武汉:武汉大学出版社,2009:235.
③ [美]古塔,弗格森,编著.人类学定位:田野科学的界限与基础[M].骆建建,袁同凯,郭立新,等译.2版.北京:华夏出版社,2005:6,20.
④ 瞿海源,等主编.社会及行为科学研究法(二)·质性研究方法[M].北京:社会科学文献出版社,2013:59-70.
⑤ 陈秀珍,王玉江,张道祥.教育研究方法[M].济南:山东人民出版社,2014:118.

语具有建构社会事实的作用和塑造意识形态的作用,故话语分析就是从文本间、话语间的相互关联以及其在社会脉络中的作用入手,来分析话语和其建构的事实之间的关系①。

03.39　互为文本性(intertextuality)

简称"**互文性**",是话语分析中使用的概念,来源于符号学的一个概念,指所有文本都植根于某一文本网络之中,因此单一文本不可避免地会成为其他文本的组成要素。它反映了在隐性和显性的层面上,文本是如何"引用"其他文本,如何因其之前的情境化经历而被接受的②。换言之,由于每一个文本、句子或段落的意义都是众多文本交互作用的展现,包括时间上较早的前文本与今文本的交织作用,同时期不同文本间的交互参证等,使得文本的意义在过程和关系中不断生成,所以互为文本性指的就是文本的意义存在于文本之间的对话与融合关系,而非一种孤立的自我显现③。

03.40　内容分析(content analysis)

又称**内容分析法**,是对定性材料内容作结构化分析的研究方法④。内容分析的程序通常是确定研究主题、对文本进行抽样、对样本进行分类、样本编码和测量、检验效度和信度⑤。

03.41　案例分析(case study, case analysis)

或称**案例研究**、**个案研究**、**案例分析法**、**案例研究法**,它是将能够分解为具体单位的社会事物(参与人、活动、现象、事件)作为案例进行深入研究、解读的一种研究方法。美国学者罗伯特·K·殷(Robert K. Yin, 1941—　)认为:"案例研究是探索难于从所处情境中分离出

---

①　瞿海源,等主编.社会及行为科学研究法(二)·质性研究方法[M].北京:社会科学文献出版社,2013:94-95.

②　[澳]安德鲁·米尔纳,杰夫·布劳伊特.当代文化理论[M].刘超,肖雄,译.南京:江苏人民出版社,2018:218.

③　同①:94.

④　管理科学技术名词审定委员会,编.管理科学技术名词[M].北京:科学出版社,2016:181.

⑤　李志,潘丽霞,主编.社会科学研究方法导论[M].重庆:重庆大学出版社,2012:327-330.

来的现象时所采用的研究方法。"① 该定义中的"现象"指的就是"案例",所谓"所处情境"就是对案例发生孕育、支配、影响的现实条件的集合。作为研究方法,案例分析特别适合应用于经验性学科(如法学、医学等),在这些学科专业知识、经验的积累和传承的过程中,起着其他研究方法不可替代的作用②。

03.42　三角互证(triangulation)

又称"**证据三角形**",是指多种、多重证据交互验证③。三角形是稳定的几何图形,三角互证是通过两个或两个以上的资料或技术实现一致性的相互验证,本质上是定性研究效度互证程度的说明④。

03.43　叙事分析(narrative analysis)

又称**叙事分析法**,是通过叙事(故事资料)来建构意义或重构认同的方法。生活故事、传记和自传、口述史,还有个人叙事都是叙事分析的形式。每一个叙事分析者都假定讲故事对理解人们的生活是必需的,所有人都把讲述当作建构和重构认同的过程。作为一种质性研究方法,叙事分析具有多种立场的跨学科研究取向,一些研究取向关注叙事者使用的社会语言技术,另有一些研究取向关注生活事件以及叙事者的意义建构。有的从社会边缘群体的生活叙事中分析这些人生活经历的意义,有的在女性主义或批判理论的研究框架下,故事被作为对那些流行的压迫性"宏大叙事"的反叙事,因而被生产出来并被政治化,叙事分析也就具有了解放意义⑤。

03.44　阐释学(hermeneutics)

是关于"解释"的理论,它将如何理解他人的意图作为自己研究的中心问题。当代阐释学与人文及自然科学领域内真理标准的差异相

---

① [美]罗伯特·K·殷.案例研究方法的应用[M].周海涛,等译.2版.重庆:重庆大学出版社,2004:13.
② [美]HOWITT A M.案例研究与教学[M]//胡必亮,刘复兴,主编.京师发展讲演录.太原:山西经济出版社,2012:74-96.
③ [英]DAVID M,SUTTON C D.研究方法的基础[M].王若馨,等译.新北:韦伯文化国际出版有限公司,2007:572-573.
④ [美]维尔斯曼.教育研究方法导论[M].袁振国,主译.北京:教育科学出版社,1997:316.
⑤ [美]马歇尔,罗斯曼.设计质性研究:有效研究计划的全程指导[M].何江穗,译.5版.重庆:重庆大学出版社,2015:31.

关,并且涉及背景知识或"偏见"是如何为认知提供先决条件的,没有它的参与,认知将无法成为可能①。

03.45　行动研究(action research)

又称**行动研究法**,行动者对自我在某一社会情境下进行的行动(或实践)及其效果的研究。行动研究遵守的原则有:① 行动研究结合了研究和行动;② 行动研究是研究者(researchers)和参与者(participant)的协同研究;③ 行动研究必须建构理论知识;④ 行动研究的起点是希望社会转化(social transformation)和致力于社会公平正义(social justice);⑤ 行动研究必须有高度的反身性(reflexivity);⑥ 行动研究要探索各种各样的实用性(pragmatic)知识;⑦ 行动研究对于参与者而言是有力量的学习(powerful learning);⑧ 行动研究必须将知识的探究放置在更宽广的历史、政治和意识形态脉络下。换言之,行动研究不只是研究方法,也是服务过程,它将行动与反思、理论与实践结合在自身与民众的参与当中,即通过系统的证据收集和试验,探究如何提升专业介入的质量,寻找解决个体和社区需求的有效方案并付诸实践②。

03.46　德尔菲法(Delphi method)

又称**专家函询法**、**专家预测法**,即通过函询的形式征询专家意见而进行预测或决策的方法。据古希腊神谕之地德尔菲而得名。最早由 20 世纪 40 年代美国兰德公司首先应用,70 年代中期,已被各国预测人员广泛使用。其方法的程序是:① 确定课题目标;② 选择专家,人数视课题大小而定,一般以 10~50 人为宜;③ 设计咨询表;④ 逐轮咨询和信息反馈,一般进行三四轮,以求得对同一问题的一致意见或趋向一致的意见;⑤ 整理、计算、分析、归纳,写出预测报告③。德尔菲法主要是建立在专家主观判断的基础上,具有匿名性(被调查专家反馈信息是匿名的,专家之间互不知晓)、反馈性(调查表及整理结果多次与专家反复)、收敛性(能反复地补充资料,交流信息,使各专家意见

---

① [澳]安德鲁·米尔纳,杰夫·布劳伊特.当代文化理论[M].刘超,肖雄,译.南京:江苏人民出版社,2018:216.

② 古学斌.道德的重量:论行动研究与社会工作实践[J].中国农业大学学报(社会科学版),2017,34(3):67-78.

③ 刘福仁,等主编.现代农村经济辞典[M].沈阳:辽宁人民出版社,1991:475.

最终趋于一致)等特点,适用于客观资料或数据缺少情况下直观地进行定性预测。后为避免这种直观方法产生的缺陷,又派生出了**减轮德尔菲法**等一些新的补充方法①。

03.47　量化研究(quantitative research)

又称**定量研究**、**量性研究**,是指研究者事先建立假设并确定具有因果关系的各种变量,然后使用某些经过检测的工具对这些变量进行测量和分析,从而验证研究者预定假设的一种研究类型。量化研究的理论基础是实证主义哲学,其研究目的是通过对变量严格而精确的操作来揭示变量之间的因果关系②。定量的(quantitative)一词来源于"数量"(quantity),表明它与数字相关,定量研究是产生可以被量化的数据并对其进行处理与分析的方法③。

03.48　观察法(observational method)

是遵循一定目的和计划,在自然情境中通过感官或借助科学仪器对所研究对象进行观测察看,直接获得各种数据或资料的方法。它是一种古老而简便的实证研究方法,一般适用于对具体客观现象的研究,是社会调查、心理研究、教育学中常用的一种方法。观察法有许多类型,通常分为**参与观察**(participant observation)与**非参与观察**(non-participant observation)两类。参与观察是观察者直接深入被观察对象之中,熟悉了解他们,在共同的活动中收集和研究有关资料的一种方法;非参与观察是观察者不参与被观察者的活动,仅从外部对研究对象进行观察的一种方法。这种观察方法是在观察者无法进入被观察者内部或无须介入被观察活动时采用的④。

03.49　实验研究(experimental study)

又称**实验研究法**,是指运用科学实验原理和方法,以特定理论及假设为指导,有目的地操纵某些因素或观察变量之间的因果关系,从

---

① 曾民族,主编.知识技术及其应用[M].北京:科学技术文献出版社,2005:357-359.
② 钱兵.教育科学研究:过程与方法[M].徐州:中国矿业大学出版社,2017:10.
③ [英]格里斯.研究方法的第一本书[M].孙冰洁,王亮,译.大连:东北财经大学出版社,2011:165.
④ 吴增基,吴鹏森,苏振芳.主编.现代社会学[M].上海:上海人民出版社,2009:457.

中探索理论规律的方法①。在实验研究中,研究人员通常会在**实验组**(experimental group,指接受实验变量处理的对象组)与**控制组**(control group,也称对照组,指不接受实验变量处理的对象组)两个组中进行,将研究主题的**自变量**(independent variable,一个被假设为会对其他变量造成影响的变量)分派给实验组,通过有意地改变自变量,看**因变量**(dependent variable,指在因果关系中会受到其他变量所影响的变量)是否发生变化②。实验研究与其他研究方法主要的不同之处在于:其一,对研究对象进行实验调查的环境是可控的,能得到在自然条件下难以得到的资料;其二,既然实验环境是可控的,那么就可以在相同的条件下使实验活动得以重复进行,即重复性是实验研究最典型的特征③。

03.50　问卷调查(questionnaire survey,questionnaire method)

又称**问卷调查法**、**书面调查法**,是指调查者将调查项目编制成调查表或调查问卷,通过当面发放、邮寄、网络上传等形式传递给被调查者,由被调查者自愿、自由回复,以获取调查资料的方法。这种方法多用于主观指标的调查④。

03.51　数据分析(data analysis)

又称**数据分析法**,指用适当的统计方法对收集来的大量第一手资料和第二手资料进行分析,以求最大化地开发数据资料的功能,发挥数据的作用⑤。

03.52　引文分析(citation analysis)

又称**引文分析法**,利用数学、统计学等方法对文献之间的引用关系进行分析,以揭示文献群内存在的数量特征和内在规律的一种文献

---

① 管理科学技术名词审定委员会,编.管理科学技术名词[M].北京:科学出版社,2016:180.
② [美]理查德·谢弗.社会学与生活[M].刘鹤群,房智慧,译.9版.北京:世界图书出版公司北京公司,2006:47,61.
③ 尹保华,编著.社会科学研究方法[M].徐州:中国矿业大学出版社,2017:253.
④ 宋建萍.统计学原理与实务[M].天津:天津大学出版社,2017:19.
⑤ 同①:98.

计量研究方法①。

03.53　社会网络分析(social network analysis)

也称**社会网络分析法**,是基于社会学、图论等方法发展起来的,关注一个网络中社会行动者之间或内部结构与关系形式的一种分析方法。在社会网络分析中有两个主要的分析单位:"点"(社会行动者)和"线"(它们之间的关系)。"点"可以是个人、团体、组织、观点、信息或者其他概念;"线"用以描述点之间的连接,包括分享信息、一次经济交易、资源交换、共享的社团或隶属关系、性关系、物理联系、分享观点或价值观等。一群人由特定的社会关系所连接,如家庭亲属、友谊、同事、共享的兴趣或共同爱好,或者交换任何信息,都可以被认为是一个社会网络②。社会网络分析用于研究人、组织或其他社会群体之间的关系,描绘、测量其形象,目的是更好地理解人类行为③,有益于理解多种社区和文化的特征与本质。

03.54　学术范式(academic paradigm)

范式(paradigm,又译称"规范""范型")是一种约定俗成的准则或范例,以及大家遵循的观念上的模式或习惯。它是托马斯·库恩(Thomas S. Kuhn,1922—1996)在《科学革命的结构》(1962年)里阐述颇详的一个概念。学术范式即是学术共同体成员共同认可和遵守的信念、价值、方法、话语等的规范体现,是共同体成员在长期的共同探索、交流和碰撞中形成的④。人们使用的范式通常有三个不同的含义:一是用于某一学科,指在具体学科里已经建立起来的学术途径,包括在共同术语、方法和实践基础上形成的共同理论;二是用于总结研究社会现象的大致途径,如研究中的"自下而上的"范式或"自上而下的"范式;三是用于区分研究传统,如实证主义范式、诠释主义范式等。

---

① 管理科学技术名词审定委员会,编.管理科学技术名词[M].北京:科学出版社,2016:162.
② [美]罗伯特·V.库兹奈特.如何研究网络人群和社区:网络民族志方法实践指导[M].叶韦明,译.重庆:重庆大学出版社,2016:58-59.
③ [美]伊恩·斯佩勒博格,等主编.可持续性的度量、指标和研究方法[M].周伟丽,孙承兴,王文华,等译.上海:上海交通大学出版社,2017:427.
④ 洪晓楠,蔡后奇.作为学术范式的"马魂、中体、西用"[J].广东社会科学,2019(01):65-73.

04 学术规范

04.1 学术道德(academic morality)

也称**科研道德**,属于道德范畴中的一种职业道德。学术道德是指学术活动个体在学术研究、学术发表、学术评审、学术奖励、学术管理等整个学术活动过程中所恪守的自律状态。这种自律属于主观的自觉约束,因来自内心的选择,故具有对外在规范的超越性,甚至能达到一个体现人性卓越的境界[①]。

04.2 学术伦理(academic ethics)

又称**科研伦理**,是指学术活动个体所要遵守的学术共同体制定出来的学术准则与学术规范。由于学术伦理来自客观外在的约束,因此是他律的[②],违反学术伦理的学术行为会遭到学术共同体的谴责或惩罚。学术伦理是否具有价值,也需要得到学术道德的审视和完善[③]。

04.3 知情同意(informed consent)

在医学中指向受试者告知一项研究的各方面情况后,受试者自愿确认其同意参加该项临床研究的过程,须以签名和注明日期的知情同意书作为文件证明[④]。科学技术部明文规定:在涉及人体的研究中,违反知情同意、保护隐私等规定的,属于违反科学共同体公认的科研行为准则的科研不端行为[⑤]。知情同意是从事涉及人的生物医学研究项目必须完成的一个环节。知情同意最初主要应用于医学领域,但现在

---

① 潘希武.道德可教的涵义与方式[M].广州:中山大学出版社,2013:28.
② 同①.
③ 同①.
④ 国家卫生健康委医学伦理专家委员会办公室,中国医院协会,编.涉及人的临床研究伦理审查委员会建设指南(2019版)[EB/OL].中国医院协会,(2019-10-29)[2020-05-04]. http://www.cha.org.cn/plus/view.php?aid=15896.
⑤ 国家科技计划实施中科研不端行为处理办法(试行)[EB/OL].中华人民共和国科学技术部,(2006-11-10)[2020-05-04]. http://www.most.gov.cn/kycxjs/kycxgtxwj/200703/t20070321_42258.htm.

其他研究领域也越来越多地开始借用,如心理学、社会学、教育学等。

04.4　实验动物伦理（laboratory animal ethics）

指人类对待实验动物和开展动物实验所应遵循的社会道德标准和原则理念[1]。科学技术部明文规定：违反实验动物保护规范的不端行为,属于违反科学共同体公认的科研行为准则的科研不端行为[2]。

04.5　学术规范（academic norms）

是从事学术活动的行为规范,是学术共同体成员必须遵循的准则,是保证学术共同体科学、高效、公正运行的条件,它在学术活动中约定俗成地产生,并成为相对独立的规范系统[3]。学术规范是学术伦理的具体体现,它包含两个方面内容,一是学术机构或组织明文规定的学术约束政策；二是学术共同体约定俗成的隐性约束准则[4]。

04.6　学术诚信（academic integrity）

相近称谓有**研究诚信**（research integrity）、**科学诚信**（scientific integrity）,是指学术活动中诚实守信,即实事求是、不欺骗、不弄虚作假,恪守科学精神、学术规范[5]。**国际学术诚信中心**（International Center for Academic Integrity, ICAI)将学术诚信定义为恪守诚实、信任、公正、尊重、责任这五种基本价值观的承诺。这五种基本价值观,再加上即使在逆境中仍践行它们的勇气,是学术团体的立身之本。这些基本价值观衍生出了能让学术共同体将学术理想转化为学术实践的行为准则[6]。

---

[1] 全国实验动物标准化技术委员会.实验动物 福利伦理审查指南：GB/T 35892—2018[S].北京：中国标准出版社,2018：1.

[2] 国家科技计划实施中科研不端行为处理办法（试行）[EB/OL].中华人民共和国科学技术部,（2006-11-10）[2020-05-04]. http://www.most.gov.cn/kycxjs/kycxgfxwj/200703/t20070321_42258.htm.

[3] 教育部科学技术委员会学风建设委员会,编.高等学校科学技术学术规范指南[M].2版.北京：中国人民大学出版社,2017：2.

[4] 王子舟.图书馆学研究法：学术论文写作撮要[M].北京：北京大学出版社,2017：131.

[5] 科学技术部科研诚信建设办公室,编写.科研诚信知识读本[M].北京：科学技术文献出版社,2009：7.

[6] International Center for Academic Integrity. The Fundamental Values of Academic Integrity: Second Edition [EB/OL]. [2020-02-19]. https://www.academicintegrity.org/wp-content/uploads/2017/12/Fundamental-Values-2014.pdf.

04.7　引用(quotation,citing)

在学术研究中,以抄录或转述的方式利用他人的著作,借用前人的学术成果,供自己著作参证、注释或评论之用,以推陈出新,创造出新的成果,称为引用①。学术引用的意义在于:通过溯源或归誉保护他人著作权,避免重复前人的研究成果,说明学术继承与发展关系,为自己提供证据和说明,有助于节约正文文字篇幅,有利于与他人的商榷,纠正自己的研究工作,为读者查找相关资料提供线索,利于文献计量学分析、统计等②。

04.8　直接引用(direct quotation)

也称"**明引**",是指所引用的部分一字不改地照录原话,引文前后加引号③。

04.9　间接引用(indirect quotation)

也称"**暗引**",是指使用自己的语言来表述引文中的相关内容并加以标注④。即作者综合转述别人文章某一部分的意思,用自己的表达去阐述他人的观点、意见和理论,又称**释义**(paraphrase)⑤。

04.10　转引(quote from a secondary source)

指由于某种原因未能得到来源文献引文的完整内容,而从其他引用了该篇引文的文献(中介文献)中转录该引文内容的现象。转引出处的罗列有三种做法:① 在引用文献中列出中介文献和原始文献;② 只列出中介文献;③ 只列出原始文献。其中,①做法是比较客观的,②③做法会造成引文数据的不完整、不准确⑥。③做法由于作者没有亲自查阅原始文献,而直接从其他参考文献表中转录了这些文献,

---

① 教育部科学技术委员会学风建设委员会,编.高等学校科学技术学术规范指南[M].2版.北京:中国人民大学出版社,2017:26-27.
② 王子舟.图书馆学研究法:学术论文写作撮要[M].北京:北京大学出版社,2017:138.
③ 同①:27.
④ 同①:15.
⑤ 同①:27.
⑥ 罗式胜,主编.文献计量学概论[M].广州:中山大学出版社,1994:259.

其行为不仅是学术偷懒,也涉嫌抄袭,还可能因生搬硬套、断章取义而导致引文误差,造成以讹传讹[1]。

04.11　自引(self-citation)

指学术主体自己引用自己以前成果的现象。自引可以分为多种具体形式:同一作者的自引,同一科技杂志的自引,同一机构的自引,同一学科的自引,同一语种的自引,同一国家(或地区)的自引等[2]。

04.12　适度引用(moderate quotation)

又称"适当引用",根据《著作权法》第24条规定,适度引用指为介绍、评论某一作品或者说明某一问题,在自己的作品里可以适当引用他人已经发表的作品,而且所引用部分不能构成引用人作品的主要部分或实质部分,不损害被引用作品著作权人的权益,并应指明作者姓名、作品名称等[3]。

04.13　引用文献(citation)

简称为"引文",是指学者读过并且引用在自己著述中的文献。引用文献与参考文献同义,差别在于参考文献一般列在文后,也称为"尾注"或"文后注";而引用文献大多列在文中页下,也称为"脚注"或"页下注"。

04.14　参考文献(reference)

通常指为撰写或编辑论文和著作而引用的相关文献信息资源,一般集中列表于文末[4]。国家标准《信息与文献　参考文献著录规则》(GB/T 7714—2015)将其表述为:"对一个信息资源或其中一部分进

---

[1]　常思敏,编著.科技论文写作指南[M].北京:中国农业出版社,2008:181.
[2]　罗式胜,主编.科学技术指标与评价方法:科技计量学应用[M].武汉:武汉工业大学出版社,2000:270-272.
[3]　教育部科学技术委员会学风建设委员会,编.高等学校科学技术学术规范指南[M].2版.北京:中国人民大学出版社,2017:28-29.
[4]　同[3]:16.

行准确和详细著录的数据,位于文末或文中的信息源。"[1]

04.15 注释(notes)

也称**"注解"**,是指对书籍、文章中的语词、引文等出处所做的说明。作为学术成果的附加部分,其作用在于对需加解释的地方进行注解,或说明引文出处,故其分**释义性注释**和**引文性注释**(即**引用文献标注**)两种。一般排在该页地脚或集中列于文末参考文献表之前。通常根据所排列位置,注释又分为以下三种形式:① **夹注**:也叫"**文中注**",指在正文或图示中的注释,即在被注释的内容后面加上括号,在括号里写明注文;② **脚注**:也叫"**页下注**",即在需要注释的地方右上角,用①②……角标做标示,把注释的内容放到本页下端,并标明对应正文顺序的排序号;③ **尾注**:也称为"**文后注**",即将注释内容集中在文后统一排列[2]。

04.16 索引(index)

指向文献或文献集合中的概念、语词及其他项目等的信息检索工具,由一系列款目及参照组成,索引款目不按照文献或文献集合自身的次序排列,而是按照字顺的或其他可检的顺序编排[3]。《牛津英语词典》(*Oxford English Dictionary*)溯源时称,index 的拉丁文词根,作为名词意为"食指",作为动词意为"指出"[4]。尼尔·拉尔森(Neil Larson)曾说:"索引为原材料增添了新的价值。"这就是索引的魔力所在[5]。西文图书书末通常附有各种索引,如**著者索引**(author index)、**题名索引**(title index)以及**主题索引**(subject index)等[6]。

---

[1] 全国信息与文献标准化技术委员会.信息与文献 参考文献著录规则:GB/T 7714-2015[S].北京:中国标准出版社,2015:1.

[2] 教育部科学技术委员会学风建设委员会,编.高等学校科学技术学术规范指南[M].2版.北京:中国人民大学出版社,2017:29-30.

[3] 全国信息与文献标准化技术委员会和中国索引学会.索引编制规则(总则):GB/T 22466-2008[S].北京:中国标准出版社,2009:1.

[4] [美]穆尔凡尼.怎样为书籍编制索引[M].吴波,尚文博,译.2版.北京:高等教育出版社,2018:9-10.

[5] 同[4]:300.

[6] 鞠英杰,主编.信息描述[M].合肥:合肥工业大学出版社,2010:30.

04.17 顺序编码制(numeric references method)

一种引文参考文献的标注体系,即引文采用序号标注,参考文献表按引文的序号排列①。《芝加哥手册》又称其为"**注释和参考文献体系**"(notes and bibliography system)②。具体做法为:① 在正文中,引文的标注依先后顺序连续编码,并将序号置于方括号中,如果用于脚注则序号由计算机自动生成圈码;② 在文后参考文献列表中,引文来源文献的排序也依先后顺序连续编码,并将序号置于方括号中。

04.18 著者-出版年制(first element and date method)

是一种引文参考文献的标注体系,即引文采用著者-出版年标注,参考文献表按著者字顺和出版年排序③。《芝加哥手册》称其为**作者-出版年引用体系**(author-date references system)④。具体做法为:① 在正文中,引文的标注依著者姓氏与出版年构成,出版年置于"()"内;② 在文后参考文献列表中,引文来源文献的排序依著者姓氏先后顺序连续编码,并将序号置于方括号中。

---

① 全国信息与文献标准化技术委员会.信息与文献 参考文献著录规则:GB/T 7714-2015[S].北京:中国标准出版社,2015:2.

② 美国芝加哥大学出版社,编著.芝加哥手册:写作、编辑和出版指南[M].16版.吴波,余慧明,郑起,等译.北京:高等教育出版社,2014:1092.

③ 同①.

④ 同②:975.

05 学 术 不 端

05.1 学术不端(academic misconduct, research misconduct)

也称**学术失范**,国际出版道德委员会(The Committee on Publication Ethics,COPE)确认学术不端(research misconduct)的一般原则是"有意让别人将假的认为是真的"(intention to cause others to regard as true that which is not true)[①]。中国学术界指在科学研究和学术活动中的各种造假、抄袭、剽窃和其他违背科学共同体惯例的行为[②]。美国、丹麦和日本等国家把科研不端行为限定为伪造、篡改和剽窃(falsification,fabrication,plagiarism,FFP)以及"其他严重背离广泛认同的研究行为"[③]。

05.2 学术腐败(academic corruption)

指在学术领域中为谋取私利而滥用学术权力,破坏学术规范与学术伦理的行为[④]。学术腐败与学术不端的区别在于,学术不端是一种与科学的求真、求实、求新精神相悖的不规范、不诚实、不道德的行为;而学术腐败是与权力、金钱、交易、生活作风等发生紧密关系的严重超道德行为[⑤]。学术腐败的行为现象主要有学术包装、学术炒作、学术交易、学术贿赂、学术霸道、学位"注水"等。

05.3 学术霸权(academic hegemony)

指少数人或组织利用学术资源或学术地位打压或排斥异己的行为。如主导学术话语权,压制学术争鸣;依靠学术团体的力量,搞学术

[①] Committee on Publication Ethics. Guidelines on good publication practice[EB/OL]. [2021-02-01]. https://publicationethics.org/files/u7141/1999pdf13.pdf.
[②] 中国科学技术协会.科技工作者科学道德规范(试行)[J].科协论坛,2007(4):33-34.
[③] 主要国家科研诚信制度与管理比较研究课题组,编著.国外科研诚信制度与管理[M].北京:科学技术文献出版社,2014:4.
[④] 戎华刚.学术腐败国内相关研究述评(1997—2016)[J].河南教育学院学报(哲学社会科学版),2017,36(4):82-86.
[⑤] 何跃,袁楠.学术腐败与学术不端的区别及其区分意义[J].科技进步与对策,2008,25(3):124-127.

保护主义；利用学术评审权主宰成果发表、评奖过程等。学术权力滥用也常常导致学术霸权行为的产生。

05.4　学术炒作(academic speculation)

是借助媒体宣传等方式，盲目抬高某项研究成果的价值，达到扩大知名度、谋取不当利益的行为。学术炒作会败坏学术风气，对社会公众产生误导，引发伪科学泛滥，有百害而无一利[①]。

05.5　低水平重复研究(low-level repeated studies)

指简单重复研究与前人或他人相似主题的课题、撰写相似主题的论著，内容基本雷同，未增加实质性知识增量的现象。低水平重复研究不仅导致大量学术资源的浪费，也会阻碍学术创新力的提升。

05.6　学术泡沫(academic bubble)

喻指因急功近利的原因，学术研究者片面追逐科研数量，致使出现大量低水平重复的学术著述，学术质量的提升与数量的增加不成比例，而造成的一种学术上的虚假繁荣。学术泡沫的出现与学术评价体系过于量化有关[②③]。

05.7　学术侵权(academic infringement)

指在学术研究中违背学术规范侵犯他人知识产权的行为，通常表现在抄袭他人的学术论著的内容或者剽窃他人的学术观点、学术思想，侵犯他人学术论著著作权等行为。在学术侵权责任构成的主观要件上，既包括故意也包括过失[④]。

05.8　抄袭(plagiarism)

指将他人作品的全部或部分以或多或少改变形式或内容的方式

[①]　肖德武.学术炒作的危害及其抵制[J].山东师范大学学报(人文社会科学版)，2003,48(6)：115-117.

[②]　尹继佐,高瑞泉,主编.二十世纪中国社会科学：哲学卷[M].上海：上海人民出版社,2005：156.

[③]　姬国君."学术泡沫"现象下"大学之道"的当代审思[J].扬州大学学报(高教研究版),2019,23(1)：9-13.

[④]　张革新.论学术侵权[J].科学·经济·社会,2007,25(1)：110-113,117.

当作自己的作品发表①。抄袭有照搬抄袭(含全文抄袭、片段抄袭)、改动抄袭、引用抄袭、翻译抄袭、自我抄袭等类型。英文 plagiarism 的词源是拉丁词 plagiarius(绑架者),它又来自古拉丁语单词 plagus(网)②。在中文语境中,抄袭与剽窃是近义词,英文译名相同。但是抄袭与剽窃还是有语义上的差异。抄袭侧重指抄录他人学术作品,在不注明出处来源的情况下当作自己的来发表;剽窃则侧重指盗取他人学术观点、数据、图表等,冒充是自己原创。

05.9 剽窃(plagiarism)

指挪用他人的观点、过程、结果或文字却没有给出适当的标引③。换言之,即指未经他人同意或授权,将他人的语言文字、图表公式或研究观点,经过编辑、拼凑、修改后加入自己的论文、著作、项目申请书、项目结题报告、专利文件、数据文件、计算机程序代码等材料中,并当作自己的成果而不加引用地公开发表④。古人也曾用"偷""窃"指称剽窃,如清人钱大昕言:"皎然《诗式》著偷语、偷义、偷势之例。三者虽巧拙攸分,其为'偷'一也。"⑤国外有学者将剽窃分为**公然剽窃**(blatant plagiarism)、**技术剽窃**(technical plagiarism)、**拼接剽窃**(patchwork plagiarism)和**自我剽窃**(self-plagiarism)等⑥,所谓自我剽窃,是指把自己以前出版发表过的作品内容当作新的再次发表的行为⑦。

05.10 伪造(fabrication)

是指在科学研究活动中,记录或报告无中生有的数据或实验结果

---

① 教育部科学技术委员会学风建设委员会,编.高等学校科学技术学术规范指南[M].2版.北京:中国人民大学出版社,2017:41-42.

② [美]巴里·吉尔摩.抄袭:为何发生?如何预防?[M].任秀玲,译.成都:四川人民出版社,2019:3.

③ The Office of Research Integrity, US Department of Health & Human Services. Definition of Research Misconduct[EB/OL].[2020-02-03]. https://ori.hhs.gov/definition-misconduct.

④ 同①:42.

⑤ [清]錢大昕.潛研堂序跋·竹汀先生日記鈔·十駕齋養新錄摘鈔[M].程遠芬,點校.上海:上海古籍出版社,2018.10.

⑥ JUYAL D, THAWANI V, THALEDI S. Plagiarism: an egregious form of misconduct[J]. North American journal of medical sciences, 2015, 7(2): 77-80.

⑦ 美国心理协会,编.APA格式:国际社会科学学术写作规范手册[M].席仲恩,译.重庆:重庆大学出版社,2011:12.

的一种行为。即不以实际观察和实验中取得的真实数据为依据,而是按照某种科学假说和理论演绎出的期望值,伪造虚假的观察与实验结果①。

05.11　篡改(falsification)

是在科学研究活动中,操纵实验材料、设备或实验步骤,更改或省略数据或部分结果使得研究记录不能真实地反映实际情况的一种行为②。

05.12　伪引(pseudo-citation)

又称为"**伪注**",指并未引用别人的成果,但却将该成果列在注释或参考文献中③。包括将转引标注为直引,将来自译著的引文标注为来自原著等④。

05.13　漏引(missing citation)

指引用了别人的某些字、句、段,但未在参考文献注明,或虽然列出参考文献,但在行文中未明确注明哪些是别人的,哪些是自己的⑤。

05.14　过度引用(excessive quotation)

指超过了适度引用(适当引用)范围,引用他人的作品构成了自己作品的主要部分或实质部分的引用行为。过度引用实质就是抄袭,因此与抄袭概念等同⑥。

05.15　不当署名(inappropriate authorship)

指署名与对论文的实际贡献不符。包括以下几种类型:① 将对论文研究内容有实质性贡献的人排除在作者名单外;② 将未对论文研究内容有实质性贡献的人列入作者名单;③ 擅自在自己的论文中

---

① 教育部科学技术委员会学风建设委员会,编.高等学校科学技术学术规范指南[M].2版.北京:中国人民大学出版社,2017:45.
② 同①.
③ 王大江,等编著.学术论文与申论写作[M].成都:西南交通大学出版社,2015:82.
④ 贺卫方.学术引用伦理十诫[EB/OL]开放教育研究,(2014-08-06)[2021-01-07].http://openedu.sou.edu.cn/front-site/notice_detail.aspx?nID=13&lm=z.
⑤ 同③.
⑥ 同①:28-29.

加署他人的姓名;④ 虚假标注作者信息;⑤ 作者排名不能正确反映实际贡献①。

05.16　一稿多投(duplicate submission, multiple submissions)

指将同一篇论文或只有微小差别(如论文题目、关键词、摘要、作者排序、作者单位不同,或论文正文有少量内容不同)的多篇论文,投给多个期刊,或在约定或法定期限内再转投其他期刊②。

05.17　重复发表(duplicate publication)

指作者向不同出版机构投稿时,其文稿内容(如假设、方法、样本、数据、图表、论点和结论等部分)与已发表论文内容雷同且缺乏充分的交叉引用的现象③。重复发表是被禁止的。因为重复发表会造成知识库中似乎增加了信息的假象,同时也浪费了紧缺的学术资源(刊物的版面、编辑和审稿人的成本),还有可能引发版权纠纷④。

05.18　分割发表(slicing publications)

也称**拆分发表**,是把同一个研究得到的结果没有必要地分割成几块通过多篇文章发表。分割发表是被禁止的。分割发表不仅破坏了研究的完整性,还可能会误导读者,造成多篇文章各自代表独立数据集或分析研究的假象⑤。

---

① CNKI科研诚信管理系统研究中心.学术期刊论文不端行为界定标准(公开征求意见稿)[EB/OL].中国知网,(2012-12-28)[2019-12-30]. http://check.cnki.net/Article/rule/2012/12/542.html.

② 同①.

③ 教育部科学技术委员会学风建设委员会,编.高等学校科学技术学术规范指南[M].2版.北京:中国人民大学出版社,2017:47.

④ 美国心理协会,编.APA格式:国际社会科学学术写作规范手册[M].席仲恩,译.重庆:重庆大学出版社,2011:10-11.

⑤ 同④.

06 学术成果

06.1 元典(classics, scripture)

先秦时期,"元"有"始""首""本"等含义;"典"为放在几案上受尊崇的书籍。元典是指不同文明社会在"轴心时代"(Axial Age,即公元前六世纪前后早期文化繁兴时代)产生的原创性、奠基性、典范性的著作①。西方与元典概念类似的是经典(Classics),如希腊的《荷马史诗》;另一相近概念是圣典(Scripture),如希伯来的《旧约全书》。在中华文明社会中,《诗》《书》《礼》《乐》《易》《春秋》等"六经"以及《论语》《庄子》《老子》等一些先秦诸子书都具有"元典"性质②。

06.2 经典(canon)

指有典范性(原创价值巨大)、耐久性(流传经久不衰)、渗透性(如被选摘入教科书或广被引用等)的作品。经典比元典的范围要大,元典是经典的一部分。在中国西汉时期,《诗》《书》《礼》《易》《春秋》被人奉为学习的五部主要经典,简称"五经"。在西方最早是指那些在教会受神启而创作的基督教神学文本,后在世俗美学中指被赋予优势地位的文学或其他类型的文本,它们在不同版本书籍对于"伟大传统"的叙述中,代表了特定文化的核心价值③。

06.3 作品(works)

指文学、艺术和科学领域内具有独创性并能以某种有形形式复制的智力成果④。包括文字作品,口述作品,音乐、戏剧、曲艺、舞蹈、杂技艺术作品,美术、建筑作品,摄影作品,电影作品和以类似摄制电影的方法创作的作品,工程设计图、产品设计图、地图、示意图等图形作品

---

① 冯天瑜. 中华元典精神[M]. 上海:上海人民出版社,2014:1-9.
② 同①.
③ [澳]安德鲁·米尔纳,杰夫·布劳伊特. 当代文化理论[M]. 刘超,肖雄,译. 南京:江苏人民出版社,2018:210.
④ 中华人民共和国著作权法实施条例[EB/OL]. 中国政府网,(2011-01-08)[2020-01-02]. http://www.gov.cn/gongbao/content/2011/content_1860739.htm.

和模型作品,计算机软件,以及法律、行政法规规定的其他作品[①]。

06.4 学术成果(academic achievement)

指人们通过科学研究活动,如实验观察、调查研究、综合分析、研制开发、生产考核等一系列脑力和体力劳动所取得的,并经过同行专家审评或鉴定的,或在公开的学术刊物上发表的,确认具有一定的学术意义或实用价值的创新性结果。学术成果的表现形式主要包括学术专著、学术论文、学位论文、发明专利、技术标准、手稿、原始记录等一次文献,文摘、索引、目录等二次文献,文献综述、情报述评、学术教材、学术工具书等三次文献[②]。

06.5 学术专著(academic monograph)

专著(monograph)是以单行本形式或多卷册(在限定的期限内出齐)形式出版的印刷型或非印刷型出版物,包括普通图书、古籍、学位论文、会议文集、汇编、标准、报告、多卷书、丛书等[③]。**学术专著**也称**"学术著作"**,即作者(或所在单位)在某一学科领域内多年从事系统的深入研究,撰写的在理论上有重要意义或在实验上有重大发现的学术著作[④]。

06.6 学术论文(academic paper)

指专门讨论与研究科学领域中的学术理论问题和表述科学研究新成果的文章。它是科学研究的总结和成果,又是学术思想交流的工具[⑤]。

[①] 中华人民共和国著作权法(2010年第二次修正)[EB/OL].国家版权局,(2010-04-15)[2020-01-30]. http://www.ncac.gov.cn/chinacopyright/contents/479/17542.html.

[②] 教育部科学技术委员会学风建设委员会,编.高等学校科学技术学术规范指南[M].2版.北京:中国人民大学出版社,2017:3-4.

[③] 全国信息与文献标准化技术委员会.信息与文献 参考文献著录规则:GB/T 7714-2015[S].北京:中国标准出版社,2015:1.

[④] 国家科学技术学术著作出版基金管理办法(国科发财字[1997]104号)[M]//科技部政策法规与体制改革司,编.中国科技法律法规与政策选编.北京:法律出版社,2003:169-171.

[⑤] 杨继成,车轩玉,管振祥,编著.学术论文写作方法与规范[M].北京:中国铁道出版社,2007:1.

06.7　学位论文(thesis, dissertation)

指作者提交的用于其获得学位的文献[①]。学位论文在美国称为"dissertation",在英国称为"thesis",包括学士论文、硕士论文、博士论文,是学位制度的产物[②]。毕业论文是为实现培养创新人才的教育目标而必须完成的一次极为重要的综合性专业实践训练[③]。

06.8　会议论文(conference paper)

指在学术会议上发表或宣读的研究报告或论文[④]。会议论文通常应在会议召开前规定的时间内提交,以便会议主办方组织专家审核、评选,确定是否录用。

06.9　研究报告(research report)

指汇报某项研究成果的一种书面文献。可分综合性研究报告、专题性研究报告,或学术性研究报告、应用性研究报告,或测试分析报告、结项研究报告、可行性研究报告等。主要内容包括:研究目的、意义,国内外相关的研究现状和发展趋势,社会需求状况,任务来源、预期目标及性能指标,采用的技术方案、路线(包括原理图、框图等),解决的难点和采取的措施,最终的成果、技术及性能指标,成果的科学意义、技术水平、经济效益和社会效益评估等。是科研成果的一种重要储存形式,也是推广研究成果的必备材料[⑤]。

06.10　科技报告(scientific and technical reports)

即**科学技术报告**,是指"进行科研活动的组织或个人描述其从事的研究、设计、工程、试验和鉴定等活动的进展或结果,或描述一个科学或技术问题的现状和发展的文献。""科技报告中包含丰富的信息,可以包括正反两方面的结果和经验,用于解释、应用或重复科研活动

[①] 全国信息与文献标准化技术委员会.学位论文编写规则:GB/T 7713.1-2006[S].北京:中国标准出版社,2007:2.

[②] 杨守文,主编.数字信息资源检索与利用[M].北京:中国轻工业出版社,2012:146.

[③] 王蔚,主编.中美教育教学比较[M].上海:上海大学出版社,2014:261.

[④] 图书馆·情报与文献学名词审定委员会,编.图书馆·情报与文献学名词[M].北京:科学出版社,2019:61.

[⑤] 吴宝康,冯子直.档案学词典[M].上海:上海辞书出版社.1994:241.

的结果或方法。""科技报告的主要目的在于积累、交流、传播科学技术研究与实践的结果,并提出有关的行动建议。"[1]在项目研发实施阶段产生的科技报告有以下几种:**专题技术报告**,如试验/实验报告、分析/研究报告、工程/生产/运行报告、评价/评估/测试报告;**技术进展报告**,如技术节点报告、时间节点报告;**最终技术报告**,即最终技术完成情况报告;**组织管理报告**,即最终合同报告[2]。

06.11　专利(patent)

来自拉丁文 litterae patentes,意为公开的信件或公共文献,是中世纪的君主用来颁布某种特权的证明,后来指英国国王亲自签署的独占权利证书。现代有三种含义:① 专利权,政府通过国家知识产权管理部门授予发明的所有权人在法律规定的期限内,对其发明有独占制造、使用和销售的权利。② 专利技术,专利法保护的技术,包括发明、实用新型和外观设计等。③ 专利文献,以专利说明书为主的与专利有关的所有文献[3]。

06.12　学术海报(academic poster)

是以简明的文字、数据或图表介绍新研究成果的一种展示。它常用于学术演讲、学术会议中,具有传播信息快捷、内容简明扼要、形式新颖美观等特点[4]。它比正式发表的学术成果的价值要低,通常属于灰色文献。

06.13　书评(book review)

指专门介绍或评论书刊的文章。按内容可分为介绍性书评和评论性书评。介绍性书评侧重于介绍书刊的主要内容或最显著的特色及其价值等,目的在于向读者推荐读物;评论性书评可以抓住书刊的某一个方面进行评论,也可以对书刊做全面的评论,目的是帮助读者

---

[1]　全国信息与文献标准化技术委员会.科技报告编写规则:GB/T 7713.3-2014[S].北京:中国标准出版社,2014:1.

[2]　贺德方,曾建勋.科技报告体系构建研究[M].北京:科学技术文献出版社,2014:11.

[3]　图书馆·情报与文献学名词审定委员会,编.图书馆·情报与文献学名词[M].北京:科学出版社,2019:62.

[4]　黄晴珊.海报展示应用于大学生信息素养教育研究[J].图书馆工作与研究,2014(2):81-85.

正确理解和评价读物。书评的写作强调实事求是,反对断章取义、以偏概全,或凭个人的好恶对作品妄加吹捧,或求全责备[①]。书评的文体形式可以以文章的形式出现,也可以用序、跋、书信、散文、读后感等其他形式[②]。

06.14　年鉴(yearbook,almanac)

是系统汇辑上一年度重要的文献信息,逐年编纂连续出版的资料性工具书。具有资料权威、反映及时、连续出版、查阅方便等特点[③]。年鉴通常分综合性年鉴、地方性年鉴、专科性年鉴、统计性年鉴等。

06.15　题名(title)

又称**标题、题目**,是文章主题的简明陈述[④]。它是作品的必要组成部分,通常是读者最先得到的作品的直接信息。学术论文的题名通常能反映出论文的核心内容和重要论点,以及研究范围和研究深度,同时大多数读者习惯于通过题名来检索论文,所以题名具有内容揭示、信息检索两大功能。

06.16　作者(author)

也称**著者、责任者**,指创作作品的人,包括公民作者和法人作者。《中华人民共和国著作权法》第十一条称:"创作作品的公民是作者。由法人或者其他组织主持,代表法人或者其他组织意志创作,并由法人或者其他组织承担责任的作品,法人或者其他组织视为作者。如无相反证明,在作品上署名的公民、法人或者其他组织为作者。"[⑤]在图书馆学、情报学领域,旧称作者为著者,现称责任者(responsibility),是指对作品的知识或艺术内容的创作、整理、完成负有责任的个人或团体。责任者包括著者(author)、合著者(joint author)、编者(editor)、汇编者(compiler)、主编者(editor-in-chief)、译者(translator)、改编者

---

① 尹典训,等编.写作知识辞典[M].济南:明天出版社,1988:130.
② 徐召勋.书评和书评学[M].合肥:安徽人民出版社,1989:3.
③ 肖东发.年鉴学[M].北京:方志出版社,2014:63-69.
④ 美国心理协会,编.APA格式:国际社会科学学术写作规范手册[M].席仲恩,译.重庆:重庆大学出版社,2011:19-20.
⑤ 中华人民共和国著作权法(2010年第二次修正)[EB/OL].国家版权局,(2010-04-15)[2020-01-30]. http://www.ncac.gov.cn/chinacopyright/contents/479/17542.html.

(adapter)等①。通常被认为是作品的生产者和直接提供者,是鉴别作品价值的重要依据之一。

06.17　合著(joint work)

是一种著作方式,即两人或两人以上共同撰述著作并署名②。合著的一条黄金法则是:要避免出现在自己履历上的所有作品几乎都是与人合著的情况,因为这可能会被人认为你从没有独立地发出与众不同的声音;不过也不能没有与人合著的作品,否则会让人感到你不太善于与别人精诚合作③。

06.18　合著者(joint author,co-author)

是指共同完成一部作品的多个著作权人,他们共同享有整个作品的著作权;如果每个合著者所完成的部分具有独立的科学、文学、艺术意义,那么他们既可以对整体合著作品享有著作权,又对合著作品中自己完成的那部分享有著作权的组成合著权。合著者与合作者不同,合作者是指只对自己在该作品中创作成果享有著作权的作者④。通常整体作品著作权归属主编单位或出版社。换言之,所有的合著者都是合作者,但所有的合作者却未必都能成为合著者。

06.19　作者署名顺序(authorship order)

对于有两个或两个以上作者署名的文章,各位作者有责任确定作者身份及署名顺序。一般的署名规则是,主要贡献人为第一位作者,其后按照贡献越大排名越前的原则署名。如果几位作者在研究和出版发表过程中的贡献相等,也可以在作者注中对此加以说明⑤。

---

①　孙更新,编著.文献信息编目[M].武汉:武汉大学出版社,2006:109.
②　图书馆·情报与文献学名词审定委员会,编.图书馆·情报与文献学名词[M].北京:科学出版社,2019:229.
③　[英]温·格兰特,菲利帕·谢林顿.规划你的学术生涯[M].寇文红,译.大连:东北财经大学出版社,2010:135-136.
④　陈建岁,左平凡,主编.实用经济法学[M].沈阳:东北大学出版社,1994:145.
⑤　美国心理协会,编.APA格式:国际社会科学学术写作规范手册[M].席仲恩,译.重庆:重庆大学出版社,2011:15.

06.20　第一作者(first author)

又称**主要责任者**,是指对作品内容负主要责任的参与者或贡献者。如直接参与了作品的构思设计、全部或主要的研究工作、数据收集分析和写作修改等①。近年在一些复杂或跨学科研究领域,特别是在生物医学与临床领域,作者发表论文时出现了较多"**并列第一作者**"(joint first author,也称"**共同第一作者**")的署名方式。"并列第一作者是一种以贡献率为标准的特殊的署名排序方式,指两个或两个以上的作者均属第一作者且对作品的贡献相等。"②国内一些科研机构和高等院校已将署名地址为自己单位的第一作者或通讯作者的论文,纳入了科研考核和科研奖励指标之中。

06.21　通讯作者(corresponding author)

又称**通信作者**,《美国科学院院刊》(*Proceedings of the National Academy of Sciences of the United States of America*,PNAS)明确将"通讯作者"的含义解释为:除负责与论文有关的联络之外,在实际操作中也意指该作者是该篇论文的保证人③。由此可见,通讯作者即是编者、读者与之联系的联络人,其作用在于:在论文投稿、修改、校对过程中便于编辑与之交流和沟通,以及出版后便于读者就某些学术问题与之交流和沟通④。一般认为,通讯作者除具备通信联系功能外,还对论文中试验数据的真实性、准确性及所得结论的可靠性负责,即实际上通讯作者多为课题负责人或研究生指导老师。有的期刊发表来稿时,如作者未指明通讯作者,则视第一作者为通讯作者⑤。

06.22　核心作者(core authors)

指那些在各学科领域发表论文较多从而影响较大的作者。在科研评价尤其是在某一学科领域评价中被经常提及。核心作者一般具有两方面的特性:一是在本学科范围内发表论文较多,具有数量上的重要地位;二是其发表的论文具有较高的引用率,后一方面成为一般

---

① 尹保华,编著.社会科学研究方法[M].徐州:中国矿业大学出版社,2017:441.
② 许燕.并列第一作者署名权的认定[N].人民法院报,2016-08-10(07).
③ COZZARELLI N R. Responsible authorship of papers in PNAS[J]. Proceedings of the National Academy of Sciences,2004,101(29):10945.
④ 王兴全,杨丽贤.学术写作与出版规范研究[M].成都:四川大学出版社,2018:63.
⑤ 苗艳芳,李友军,主编.农科专业英语[M].北京:气象出版社,2007:36.

科研影响评价的基础数据①。"核心作者"只是对作者学术影响力的描述,而非对作者学术水平的评定。

06.23 作者注(author information)

指公开发表的文章上伴有一个关于作者的注释。其用途是说明每一个作者所在的具体部门,致谢有关各方,声明免责范围或已察觉到的利益冲突,并对感兴趣的读者提供联系方式。但在硕士论文和博士论文中通常不需要作者注②。

06.24 著作方式(authoring mode)

又称**责任方式**,是指表达著作的形式和责任者对著作负有何种责任③。不同的著作方式可以表达责任者对作品负有不同的责任,也是对作品的原创程度、价值贡献的客观揭示。中国古代作品的著作方式非常复杂,主要有撰、注、疏、传、笺、正义、集解、章句等,而当代作品的著作方式主要有著、编、辑、注、校、译、绘、摄等。

06.25 著(compos, write)

指在著作内容和形式上富有独创性的著作方式。"著"是作品上最常见的著作方式④。与其同义的表述方式还有"撰""写""述""创作""编剧"等。

06.26 编(compile, edit)

将零散资料或单篇著作汇编成册,并对内容加以编排、整理的著作方式。包括整理、编定、编订、选辑等⑤。

06.27 编著(compilation, compile and edit)

将他人著作材料综合整理、编制成一体,并阐述自己见解的著作

---

① 胡红亮.学术著作可信度评价及相关研究[M].北京:科学技术文献出版社,2013:190.
② 美国心理协会,编.APA格式:国际社会科学学术写作规范手册[M].席仲恩,译.重庆:重庆大学出版社,2011:21-22.
③ 杨玉麟,主编.信息描述[M].北京:高等教育出版社,2004:45.
④ 王绍平,等编著.图书情报词典[M].上海:汉语大词典出版社,1990:815.
⑤ 同④:939.

方式。与其同义的表述方式还有等"编写""编纂"等①。"编著"与"著"的区别主要在于："著"反映的作品内容，无论资料、观点基本属于原创，"编著"反映的作品内容，资料大多来源于他者，但经过编者的提炼、加工，更加精炼、有序，甚至部分地方还融进了编者的原创贡献。一般知识性的普及读物、教科书和工具书一类的著作方式都署"编著"②。

06.28 编译(adapted translation, translate and edit, translating and editing)

是翻译方式的一种，是指在不改变原文意义的前提下，对原文文本进行重新编写整合再转化为目的语的翻译。因其可以用简洁凝练的语言和较小的篇幅在较短时间内翻译大量内容，故在传播上具有速度快、效率高、实用性强等特点③。**翻译**分为全译、摘译、编译、节译、译述、综译和译写等。**全译**指的是不加删节地将原文翻译出来；**摘译**是指译者根据具体的需要，选取原文的部分内容或章节进行翻译，一般所摘内容为原文的核心部分或内容概要；**编译**是指译者对原文的内容进行编辑加工；**节译**指的是在翻译时允许译者在保持内容整体完整性的前提下，对原文进行部分地删节；**译述**指的是译者在对原文内容进行翻译时，加入了客观的介绍，以及自己的看法，而不拘泥于原文的语言表达；**综译**即综合性的文献翻译，是对同一专题的不同文献（包括不同语言的文本），通过节译和编译，做综合性的加工处理，产生一种符合特定需要的综合性译文文本；**译写**指译者在翻译过程中融入自己的创作、想象和发挥，一部分忠实于原文，而大部分是译者自己的创作④。

06.29 著作权(copyright)

又称**版权**，是指自然人、法人或者其他组织依法对文学、艺术和科学作品所享有的各项专有性权利。著作权是以所创作的作品为基础而产生的一种民事权利，它包含两方面的内容：一是**著作人身权**，包

---

① 王绍平,等编著.图书情报词典[M].上海：汉语大词典出版社,1990：939.
② 刘湘萍,主编.科技文献信息检索与利用[M].北京：冶金工业出版社,2014：15.
③ 郭敏,余爽爽,洪晓珊.外语教学与文化融合[M].北京：九州出版社,2018：153-154.
④ 黄俐,胡蓉艳,吴可佳.英语翻译与教学实践创新研究[M].成都：电子科技大学出版社,2017：8-9.

括发表权、署名权、修改权和保护作品完整权等;二是**著作财产权**,包括复制权、出租权、展览权、表演权、放映权、广播权、信息网络传播权、摄制权、改编权、翻译权、汇编权等①。

06.30 著作权人(copyright owner)

亦称**著作所有人**,是指依法对文学、艺术和科学等作品享有著作权的人。**单一著作权人**是一个著作权人独立创作作品而取得的著作权;**非单一著作权人**是指一个作品有两个以上的著作权人。非单一著作权人又有合著者和合作者之分。此外,著作权人还有**原始著作权人**和**继受著作权人**之分,前者指由于自己的创作行为而依法取得作品著作权的人,后者指通过著作权的转移而取得作品著作权的人。原始著作权人享有著作权中的一切权利,继受著作权人只享有著作权中的财产权而不享有著作权中的人身权。但法律允许著作权的继受人享有保护作品人身权不受侵犯和发表作者生前未发表作品的权利②。

06.31 发表权(right of publication)

又称**公表权**,"即决定作品是否公之于众的权利"③。发表权的内容,包括发表作品与不发表作品两方面的权利,其中发表作品权,含何时发表、何地发表、以何种方式发表作品。出版公演、广播电台电视台播放都是发表的形式;不发表作品权,指作者对其作品享有不公开的权利④。"作者生前未发表的作品,如果作者未明确表示不发表,作者死亡后50年内,其发表权可由继承人或者受遗赠人行使;没有继承人又无人受遗赠的,由作品原件的所有人行使。"⑤

---

① 杨巧,等编.知识产权法[M].北京:法律出版社,2007:59.
② 陈建发,左平凡,主编.实用经济法学[M].沈阳:东北大学出版社,1994:145.
③ 中华人民共和国著作权法(2010年第二次修正)[EB/OL].国家版权局,(2010-04-15)[2020-01-30].http://www.ncac.gov.cn/chinacopyright/contents/479/17542.html.
④ 何山,肖水,编著.中华人民共和国著作权法新释[M].北京:中国法制出版社,2001:70.
⑤ 中华人民共和国著作权法实施条例[EB/OL].中国政府网,(2011-01-08)[2020-01-02].http://www.gov.cn/gongbao/content/2011/content_1860739.htm.

06.32　署名权(right of authorship)

即表明作者身份,在作品上署名的权利[1]。它是基于作品创作产生的精神权利,属于受著作权法保护的著作权范畴。凡是共同作者自己决定按贡献率大小进行的署名排序,直接决定了作者因该作品可能获得的权益大小,因而这种排序方式应当纳入署名权的范围,受到著作权法的保护。但按姓氏笔画顺序等客观因素对署名进行排序,因其方式与作者的自由意志无关,也对作者的相关著作权益没有影响,可以不将这种方式纳入署名权的内容。无论是以哪种排序方式进行署名,都应当在作品中明确说明,否则容易引起纠纷且对作品的受众产生误导[2]。

06.33　文摘(abstract)

又称**摘要**、**提要**,指以提供文献内容梗概为目的,不加评论和补充解释,简明、确切地记述文献重要内容的短文[3]。文摘分**报道性文摘**(informative abstract)、**指示性文摘**(indicative abstract)、**报道/指示性文摘**(informative-indicative abstract)三种,报道性文摘又称为**资料性文摘**,指以提供内容梗概为目的,不加评论和补充解释,简明、确切地记述文献重要内容的短文[4];指示性文摘又称**描述性文摘**(descriptive abstract)是指示一篇文献范围和内容的一个简要说明[5];报道/指示性文摘是介于报道性文摘与指示性文摘之间的文摘,因此又称**半报道文摘**,其特点是兼有两者的优点,对原始文献中的重要内容和情报信息予以详细摘述,而对于其他次要内容则简略介绍,适合对那些篇幅过长的原始文献进行文摘报道[6]。

---

[1]　中华人民共和国著作权法(2010年第二次修正)[EB/OL].国家版权局,(2010-04-15)[2020-01-30]. http://www.ncac.gov.cn/chinacopyright/contents/479/17542.html.

[2]　许燕.并列第一作者署名权的认定[N].人民法院报,2016-08-10(07).

[3]　全国文献工作标准化技术委员会.文摘编写规则:GB/6447-86[S].北京:中国标准出版社,1986:1.

[4]　同[3].

[5]　中国科学技术情报研究所,编.科技情报知识问答[M].北京:科学技术文献出版社,1984:11.

[6]　于鸣镝,张怀涛,主编.简明期刊学词典[M].北京:中国物价出版社,1999:13.

06.34 关键词(keyword)

出现在文献的标题、摘要以及正文中,能够表达文献主题内容、可作为检索入口的未经过规范化的自然语言词汇①。简言之,即"表达学术论文主题内容的词或词组。"②关键词的抽取应围绕论文的**主题因素**(subject elements,构成学术论文主题的主体因素、方面因素、限定因素、时间因素和空间因素等)进行分析,即分析出整个论文中的**核心主题因素**(core subject elements,表达学术论文主题的关键性因素)、非核心主题因素,然后选取对应的术语、概念予以表示③。

06.35 分类号(classification number, classification code)

简称**类号**,指文献分类表中代表一个类目的符号。一般由数字、字母或其他符号按各种方式组合而成。具有固定类目位置,明确各级类目次序的作用,有时还能表示类目间的关系④。论文上使用的**中图分类号**,是指采用《中国图书馆分类法》对论文主题进行分析,依照其学科属性和特征,赋予该论文的类目符号。

06.36 数字对象唯一标识符(digital object identifier, DOI)

又称"**数字对象标识符**",为数字资源在全球范围内的唯一永久性指示代码。是一组由数字、字母或其他符号组成的字符串,具有唯一性,一旦产生就不会改变,不随其所标识的数字化对象的著作权所有者或存储地址等属性的变更而改变。它是 ISO 国际标准以及国际数字出版领域的事实标准⑤。DOI 的编码有两部分:前缀与后缀,中间用斜线"/"分开。如"DOI:10.19764/j.cnki.tsgjs.20201413"(中文 DOI 前缀均以"10."开头)。数字文献出版单位向国际 DOI 基金会(International DOI Foundation,IDF)申请便可成为 DOI 登记成员。中国科学技术信息研究所与其所属万方数据公司是 IDF 正式授权的

---

① 图书馆·情报与文献学名词审定委员会,编.图书馆·情报与文献学名词[M].北京:科学出版社,2019:116.
② 全国新闻出版标准化技术委员会.学术出版规范 关键词编写规则:CY/T 173-2019[S/OL].行业标准信息服务平台,(2019-05-29)[2020-02-08].http:// hbba.sacinfo.org.cn/stdDetail/5e5296c079bcabc7d8215c53a550af5ba92f11629a8b2bfd61e3fe1acf6db08d.
③ 同②.
④ 同①:113-114.
⑤ 同①:25.

中文DOI注册机构,负责开展各种中文数字资源的DOI注册及服务。万方数据公司的DOI编码基本结构为"10.3969/j.issn.xxxx-xxxx.yyyy.nn.zzz",其中"10.3969"为万方数据公司注册DOI统一使用的前缀,而"/"后的后缀"j"的含义为期刊,"issn.xxx-xxxx"是标准刊号,"yyyy"指出版年份,"nn"指期号,"zzz"指同一期中论文的流水号。例如,《情报探索》2011年第1期第1篇论文的DOI编码为:"10.3969/j.issn.1005-8095.2011.01.001"。通过DOI编码能以最快的速度检索到有效的全文信息。DOI的查询及有关信息参见中文DOI主页(http://www.chinadoi.cn)和国际DOI网站(http://dx.doi.org)[①]。

06.37　作者贡献声明(author contributions statement)

合作者在投稿或论文中声明每位署名作者具体都做了怎样的贡献。属于学术期刊施行的一种学术规范方式,有利于分清每位作者所做出的实质贡献以及承担的相应责任,也便于后续知识发展的回溯工作[②]。通常放置在论文的结尾处。

06.38　致谢(acknowledgement)

是对研究给予实质性帮助但不符合作者条件的单位或个人的致敬与感谢。被感谢方包括:① 对本研究提供经费资助或技术支持的单位或个人;② 为完成本研究提供了便利条件的单位或个人;③ 协助修改和提出重要建议的人;④ 给予资料、图片、观点和设想等转载和引用权的所有者;⑤ 其他做出贡献又不能成为作者的人[③]。"致谢"通常位于作品尾部。因致谢内容能记录在案,为保障致谢内容的真实性,作者应在投稿时附上被致谢者认可的亲笔签名(或影印件),收稿编辑在最后确定用稿前也要对被致谢者进行核实[④]。

06.39　附录(appendix)

是指附在正文后面与正文有关的文字或参考资料[⑤]。附录收录的内容主要有:① 不适合纳入正文,但比正文更为详尽的信息、方法或

---

① 李一梅,罗时忠,王银铃,等编著.化学化工文献信息检索[M].2版.合肥:中国科学技术大学出版社,2016:32-33.
② 张闪闪.作者贡献声明对学术期刊的影响[J].编辑学报,2018,30(4):353-357.
③ 董琳.科技论文作者的署名和致谢[J].中国计划生育学杂志,2007(4):255-256.
④ 刘协祯.谈科技论文的致谢[J].编辑学报,1992(3):181.
⑤ 鞠英杰,主编.信息描述[M].合肥:合肥工业大学出版社,2010:30.

技术的更深入的叙述;② 由于篇幅过多或取材于复制品而不便编入正文的材料;③ 某些重要的原始数据、数学推导、计算程序、注释、框图、统计表、打印机输出样片、结构图等;④ 不便于编入正文的相关罕见珍贵资料等[1][2]。

---

[1] 曲婧华,林易,胡春萍,主编.英语科技论文写作:通信、计算机、密码、测绘版[M].北京:国防工业出版社,2016:76.

[2] 于志刚.学位论文写作指导:选题·结构·技巧·示范[M].北京:中国法制出版社,2013:79.

下篇 规范

07 诚信与反诚信

07.1 学术诚信

学术诚信（academic integrity）又称**科研诚信**、**科学诚信**，是指学术活动中诚实守信，即实事求是、不欺骗、不弄虚作假，恪守科学精神、学术规范[①]。国际学术诚信中心（International Center for Academic Integrity, ICAI）将学术诚信定义为恪守诚实、信任、公正、尊重、责任这五种基本价值观。这五种基本价值观，再加上即使在逆境中仍践行它们的勇气，是学术团体的立身之本。这些基本价值观衍生出了能让学术共同体将学术理想转化为学术实践的行为准则[②]。即它们不仅仅是抽象的原则，也是可以用来指导和提高学术研究者做出诚信决策的能力和行为。

07.1.1 诚实（honesty）

学术个体无论在学习、教学、科研、服务等方面，都应以诚实的态度，来保持对知识和真理的追求。诚实是学习、教学、科研、服务不可或缺的品质，是充分实现信任、公正、尊重、责任等价值观的必要前提。作弊、说谎、伪造数据、抄袭、剽窃和其他不诚实的行为是不被允许的。不诚实的行为不仅会损害学术团体的利益，侵犯其成员的权利，还会损害该机构的声誉，降低其学位授予的价值[③]。简言之，诚实就是对待自己和他人，对待数据和事实，对待已知和未知等学术研究的所有方面，都应秉承坦诚的态度[④]。

07.1.2 信任（trust）

诚实孕育信任，信任是进行学术工作的必要基础。有了信任，学

[①] 科学技术部科研诚信建设办公室，编写.科研诚信知识读本[M].北京：科学技术文献出版社，2009：7.

[②] International Center for Academic Integrity. The Fundamental Values of Academic Integrity: Second Edition [EB/OL]. [2020-02-19]. https://www.academicintegrity.org/wp-content/uploads/2017/12/Fundamental-Values-2014.pdf.

[③] 同[②].

[④] 驻纽约总领事馆教育组.美国高校的学术自由与学术诚信[J].中国高等教育，2003（18）：44-45.

者们才能在他人的研究基础上展开进一步的探索,才会对后续研究充满信心。信任使学者们能合作,能共享信息,能自由地传播新思想,而不必担心他们的研究成果被窃取,他们的学术事业受到影响,学术声誉受到损害。信任也使学术界之外的人相信学术研究、教学和学位(学历)授予的价值和意义。一个充满信任的学术团体能通过创造学者们所期望的公平、互相尊重的环境来促进合作[1]。

07.1.3 公正(fairness)

建立明确、公开的期望目标、评价标准和实践要求,以支持研究者和管理人员之间进行公正的交流。公正的待遇是建立诚信学术社区的基本因素之一。公平,意味着标准明确、信息公开、要求清晰合理。对不诚实和违反诚信的行为做出一贯的、公正的反应也是公平的要素。此外,学术社区还应该对违反诚信的行为作出始终如一的公正处理。公平、准确和公正的评价在教育与学术过程中起着重要的作用,而公平的评分和评估对建立人们之间的信任至关重要。公正、明确的评价在教育与学术研究中起着重要的作用,且公正的评价对建立学术成员间的信任至关重要。学术个体之间,包括与作品的作者、与学术管理者、与学术共同体之间的关系,都应该是平等、公平的关系。学者与作品原作者、学者与学术活动管理者、学者与学术共同体之间的关系,都应该是平等、公平的。研究者应在与他人工作时保持专业的姿态与公平[2]。

07.1.4 尊重(respect)

研究者在学术交流、学术合作、学术参与的过程中,应尊重不同的意见和想法。学者间的尊重是相互的,尊重自我意味着诚实面对挑战,尊重他人意味着重视观点的多样性,欣赏挑战、检验和完善已有观点的必要性。学者们可通过正确识别和引用资料来源、认可他人的学术贡献,来表示对他人学术劳动的承认及尊重。培育全体成员都能尊重他人和受到尊重的环境既是学者个人的责任,也是学术团体的责

---

[1] International Center for Academic Integrity. The Fundamental Values of Academic Integrity: Second Edition [EB/OL]. [2020-02-19]. https://www.academicintegrity.org/wp-content/uploads/2017/12/Fundamental-Values-2014.pdf.

[2] 同[1].

任①。在做学术商榷或学术批评时,要对他人有足够的尊重,不能进行人身攻击,恶意中伤。

07.1.5 责任(responsibility)

研究者要在研究方法、研究记录、研究结果的客观性、真实性、公开性方面负责任②。学术环境的诚信依赖于每一个科研者,它要求学者个人和整个学术团体以身作则,坚持共同认可的标准,并在遇到错误时采取行动,维护学术、教学和研究的诚信。负责任意味着要站起来反对错误行为,抵制来自同伴的负面压力,成为一个积极的榜样。负责任的人不仅对自己的行为负责,也会努力阻止和防止他人做出不当的行为③。

07.1.6 勇气(courage)

勇气不同于前面提到的基本价值观,它不是一种价值观念,而是一种品质或能力。勇气、诚实和信任可以是相互交织又相互依赖的品质。学者们不仅要能做出诚信的决定,也要表现出用行动落实决定的勇气,即使在利益受到威胁也能遵循自己的价值观行事。只有经历过勇敢的实践,才有可能创建并维护起一个足够强大的诚信社区,不管学者们面对的环境如何,他们都能承担起责任、尊重他人、值得信赖、秉承公平和诚信④。他们敢于做出学术批评,敢于为各方利益对学术研究进行监督,举报不负责任的研究行为,以及处理不负责任的研究行为⑤。

如果要以简单的方式来把握学术诚信,特别是大学学生要能最低限度的遵守学术诚信,则《诚实做学问:从大一到教授》一书开篇即言的三个简单有效的原则,应该是最好的提示:

- 当你声称自己做了某项工作时,你确实做了。
- 当你仰赖了别人的工作,你要引注它。你用他们的话时,一定要公开而精确地加以引注,引用的时候,也必须公开而精确。

---

① International Center for Academic Integrity. The Fundamental Values of Academic Integrity: Second Edition [EB/OL]. [2020-02-19]. https://www.academicintegrity.org/wp-content/uploads/2017/12/Fundamental-Values-2014.pdf.

② 《学术诚信与学术规范》编委会,编.学术诚信与学术规范[M].天津:天津大学出版社,2011:24-25.

③ 同①.

④ 同①.

⑤ 同②.

● 当你要介绍研究资料时,你应该公正而真实地介绍它们。无论是对于研究所涉及的数据、文献,还是别的学者的著作,都应该如此①。

07.2 学术伦理

学术伦理(academic ethics)又称**科研伦理**,是指学术活动个体所要遵守的学术共同体制定出来的学术准则与学术规范。由于学术伦理来自于客观外在的约束,因此是他律的②,违反学术伦理的学术行为会遭到学术共同体的谴责或惩罚③。

美国心理协会的《APA格式:国际社会科学学术写作规范手册》要求,研究者在提交研究论文时,应该顺带提交两份表格,一份声明作品已遵守出版发表的有关伦理操守,另一份披露任何可能的利益冲突。根据这两个表格里要回答的内容④,以及国家新闻出版署批准的国家标准《学术出版规范 期刊学术不端行为界定》(CY/T 174—2019)中,对"违背研究伦理"项目中列举的条款⑤,研究者的研究是否遵守学术伦理,他应当自我回答如下问题:

07.2.1 获得授权或许可

如是否获得了未出版测量工具、程式,或数据这些可能被其他研究者认为是他们自己作品的使用许可书?是否取得了稿件中所用全部版权材料的许可书?在稿件中是否恰当地引用了他人已出版发表的作品?所有的署名作者是否都审读过稿件?他们是否都同意就文章内容承担相应的责任?所有作者是否就署名顺序都达成了一致意见?

07.2.2 知情同意

论文涉及的研究是否按规定获得了相应的伦理审批,或能否提供相应的审批证明?是否准备好了回答有关知情同意和所用询问程式的编辑问题?是否准备好了回答机构审查时可能提问的问题?

---

① [美]查尔斯·李普森.诚实做学问:从大一到教授[M].郜元宝,李小杰,译.上海:华东师范大学出版社,2006:3.

② 潘希武.道德可教的涵义与方式[M].广州:中山大学出版社,2013:28.

③ 同②.

④ 美国心理协会,编.APA格式:国际社会科学学术写作规范手册[M].席仲恩,译.重庆:重庆大学出版社,2011:13-17.

⑤ 全国新闻出版标准化技术委员会.学术出版规范 期刊学术不端行为界定:CY/T 174—2019[S/OL].行业标准信息服务平台,(2019-05-29)[2020-02-08]. http://hbba.sacinfo.org.cn/stdDetail/106d3905ac9d1ea10368f707ccdc33a02680eb41d12c919462e74f79e0d288a1.

07.2.3　保护研究参试的权利和福利

论文所涉及的研究是否存在不当伤害研究参与者，虐待有生命的实验对象等违背研究伦理的问题？如果研究涉及动物受试，是否做好了回答有关动物关怀和在研究中合理使用动物之类的问题？是否充分地保护了研究的参试者、顾客病人、组织、第三方，或其他稿件信息涉及方的秘密？

07.2.4　利益冲突

有无对他人看来可能构成利益冲突的活动和关系，即使你自己并不认为存在任何的冲突或偏见？是否和审稿人存在利益冲突（即有师生、密友或合作者等关系）？

07.3　抄袭

抄袭（plagiarism）是指将他人作品的全部或部分以或多或少改变形式或内容的方式当作自己的作品发表[①]。抄袭有照搬抄袭（含全文抄袭、片段抄袭）、改动抄袭、引用抄袭、翻译抄袭、自我抄袭等类型。英文 plagiarism 的词源是拉丁词 plagiarius（绑架者），它又来自古拉丁语单词 plagus（网）[②]。据说古罗马诗人马提阿利斯，一译马提亚尔（Marcus Valerius Martialis 或 Martial，约 40—约 104）曾抱怨另一个诗人"绑架了他的诗"[③]。在中文语境中，抄袭与剽窃是近义词，英文译名相同。但是抄袭与剽窃还是有语义上的差异。抄袭侧重指抄录他人学术作品，在不注明出处来源的情况下当作自己的来发表；剽窃则侧重指盗取他人学术观点、数据、图表等，冒充是自己的原创。

为了避免抄袭，就要了解目前抄袭都有哪些类型，主要手法是什么。目前学术界揭露出来的抄袭事件主要有以下几种类型：

07.3.1　照抄式的抄袭

包括全文抄袭、片段抄袭两种方式。

全文抄袭"包括全文照搬（文字不动）、删简（删除及简化，将原文内容概括简化、删除引导性语句或删减原文中其他内容等）、替换（替

---

① 教育部科学技术委员会学风建设委员会，编. 高等学校科学技术学术规范指南[M]. 2版. 北京：中国人民大学出版社，2017：41-42.

② [美]巴里·吉尔摩. 抄袭：为何发生？如何预防？[M]. 任秀玲，译. 成都：四川人民出版社，2019：3.

③ MALLON T. Stolen Words: The Classic Book on Plagiarism[M]. San Diego: Harcourt Incorporated, 2001. 转引自：孔蕾蕾. 抄袭检测研究[M]. 北京：科学出版社，2019：23.

换应用或描述的对象)、改头换面(改变原文文章结构,或改变原文顺序,或改变文字描述等)、增加(一是指简单地增加,即增加一些基础性概念或常识性知识等;二是指具有一定技术含量的增加,即在全包含原文内容的基础上,有新的分析和论述补充,或基于原文内容和分析发挥观点)。"①

片段抄袭是指照抄若干段文字或若干句子而不标明来源出处。尽管有时为了隐蔽起见而照抄了原著中的引文和注释,但直接地将他人论著中的引文照搬进自己作品里的行为,也属于原封不动地抄袭他人作品。尤其是将他人论著中的引文照搬进自己作品里时,连带的引用失误也照抄过来,这就形成了抄袭的证据。

全文抄袭与片段抄袭属于低级抄袭,风险很大,但总有人铤而走险去尝试。

07.3.2 做手脚式的抄袭

这种抄袭又称为"**组合型抄袭**",即"组合别人的成果,把字句重新排列,加些自己的叙述,字面上有所不同,但实质内容就是别人的成果,并且不引用他人文献,甚至直接作为自己论文的研究成果。"②

这种抄袭因鉴别难度大,风险降低,可谓高级抄袭,尝试者也较众。

还有的抄袭者在抄袭他人论著时,看似做了引文出处的标注,但是也做了许多手脚,仍可视为抄袭。江苏学者刘大生先生总结这种做手脚式的抄袭大致有以下几种常见的方式③:

其一,标尾不标头。抄录的文字开头没有任何标记,没有冒号和引号,没有"某某某说"等引导语,仅仅在引文结束的地方加一个角标。让读者弄不清楚角标之前有多少文字是他人的文字。

其二,有注无标。文章的结尾有几个注释,但是在正文中没有角标(当然也没有引导语、冒号、引号),读者弄不清楚每个注释与正文中哪段话相对应。

其三,标头不标尾。在引文的开头,如"某某某说"的"说"字后面加一个角标,注释栏里也有一个详细的、对应的注释。但是,某某某究竟说了多少话,几百字还是几千字,读者看不出来。

---

① 教育部科学技术委员会学风建设委员会,编.高等学校科学技术学术规范指南[M].2版.北京:中国人民大学出版社,2017:43.

② 同①.

③ 刘大生.剽窃、抄袭、不规范引用的区别[J].社会科学论坛,2010(17):95-97.

其四,标在中间。比如,抄录了别人 600 字,他的角标不是放在 600 字的结束处,而是放在第 200 字和 201 字之间,给读者的印象,不是抄录了 600 字,而是引用了 200 字。

07.3.3 翻译抄袭

翻译抄袭有三种形式,一是引用外文著述时,抄袭他人翻译的表述,保留其意,仅改动一些字句(如改句法顺序、同义词替换、增加或删减部分词语、同时抄袭多个译本等)①,便当作自己的翻译;二是引用译著时明明是引用了中文版译文,却标注来源外文版原文。因为现在许多译著书页上有边码(边白处标注的原著页码,便于读者核查原文和利用索引),这就给引用译著标为原著提供了造假的条件;三是抄袭者将原文版外文表述翻译成中文表述,并表明自己是作者而非译者,这也属于翻译抄袭。有学者命名这种行为是"跨语言抄袭"②。

07.3.4 引用抄袭

即抄袭者直接抄袭了源文献所引用的参考文献,且没有指出该文献的最初来源(即该文档)③。史学家陈垣先生曾感叹过:"我写文章都一一著明出处,有人利用我的注解,却从来不提及我。"④这种抄袭源文献引注的做法,无疑是对源文献作者的资料挖掘、搜集之功的一种淹没和巧夺。

07.3.5 自我抄袭

"自己照抄或部分袭用自己已发表文章中的表述,而未列入参考文献,应视作'自我抄袭'。"⑤国外学术界也称之为**自我剽窃**(self-plagiarism)或**自我复制**(self-copying)或"**再循环欺骗**"(recycling fraud)⑥。

抄借他人的文献自古有之。早在古希腊时哲学家们的著作就存在着抄借。当时没有明确的学术规范,但是学者们对大量的抄借表现出了轻蔑。在公元前 200 多年,有一名擅长辩证法的哲学家克律希珀

---

① 孙波.翻译抄袭鉴定研究综述[J].语文学刊,2016(1):107-109,129.
② 同①.
③ 孔蕾蕾.抄袭检测研究[M].北京:科学出版社,2019:24-25.
④ 罗贤佑.严师的教诲[M]//中国社会科学院老专家协会,编.学问人生:中国社会科学院名家谈(上).北京:高等教育出版社,2007:215-225.
⑤ 教育部科学技术委员会学风建设委员会,编.高等学校科学技术学术规范指南[M].2 版.北京:中国人民大学出版社,2017:43.
⑥ 孟月.国内外关于自我剽窃的研究现状综述[J].中国科技期刊研究,2016,27(5):485-491.

斯(Chrysippus,前280—前207),他勤奋著书超过了七百部,但他的著作大量地引经据典。雅典人阿波罗多洛斯指出:"如果有人拿走克律希珀斯书中属于他人的引文,书中纸页上留下的就是光秃秃的一片。"①

中国传统学术就对抄袭有批评,还规定了抄借他人文献规范。南朝萧梁时期的刘勰在《文心雕龙》里形容时人抄袭他人作品行为言:"全写则揭箧,傍采则探囊。"②,即借用《庄子·胠箧》中"胠箧探囊发匮之盗"的典故,将全文抄袭他人的行为视同大盗扛走别人家里的箱子,片段抄袭就像窃贼偷取他人袋中的财物。

07.4 剽窃

剽窃(plagiarism)是指挪用他人的观点、过程、结果或文字却没有给出适当的标引③。换言之,即指未经他人同意或授权,将他人的语言文字、图表公式或研究观点,经过编辑、拼凑、修改后加入自己的论文、著作、项目申请书、项目结题报告、专利文件、数据文件、计算机程序代码等材料中,并当作自己的成果而不加引用地公开发表④。古人也曾用"偷""窃"指称剽窃,如清人钱大昕言:"皎然《诗式》著偷语、偷义、偷势之例。三者虽巧拙攸分,其为'偷'一也。"⑤为避免剽窃行为发生,我们要了解下列一些剽窃的主要形式⑥:

07.4.1 观点剽窃

不加引注或说明地使用他人的观点,并以自己的名义发表,应界定为观点剽窃。主要表现形式包括:不加引注地直接使用,或不改变其本意地转述他人已发表文献中的论点、观点、结论,将其当作自己的

---

① [古希腊]第欧根尼·拉尔修.名哲言行录[M].徐开来,溥林,译.桂林:广西师范大学出版社,2010:379-380.

② [南朝梁]刘勰.文心雕龙校注[M].杨明照,校注拾遗.北京:中华书局,1962:264.

③ The Office of Research Integrity, US Department of Health & Human Services. Definition of Research Misconduct[EB/OL].[2020-02-03]. https://ori.hhs.gov/definition-misconduct.

④ 教育部科学技术委员会学风建设委员会,编.高等学校科学技术学术规范指南[M].2版.北京:中国人民大学出版社,2017:42.

⑤ [清]钱大昕.潜研堂序跋·竹汀先生日记钞·十驾斋养新录摘钞[M].程远芬,点校.上海:上海古籍出版社,2018.10.

⑥ 全国新闻出版标准化技术委员会.学术出版规范 期刊学术不端行为界定:CY/T 174—2019[S/OL].行业标准信息服务平台,(2019-05-29)[2020-02-08]. http://hbba.sacinfo.org.cn/stdDetail/106d3905ac9d1ea10368f707ccdc33a02680eb41d12c919462e74f79e0d288a1.

行为;不加引注地使用他人的论点、观点、结论时,对其内容做出适当删减、增加,或进行拆分或重组,然后作为自己的行为。

07.4.2 数据剽窃

不加引注或说明地使用他人已发表文献中的数据,并以自己的名义发表。主要表现形式包括:不加引注地直接使用,或做些微修改、进行部分添加与删减地使用他人已发表文献中的数据;改变他人已发表文献中数据原有的排列顺序或呈现方式后不加引注地使用,含将文字表述转换成图表。

07.4.3 图片或音视频剽窃

不加引注或说明地使用他人已发表文献中的图片和音视频,并以自己的名义发表。主要表现形式包括:不加引注或说明地直接使用他人已发表文献中的图像、音视频等资料;对他人已发表文献中的图片和音视频进行些微修改,或添加一些内容,或删减部分内容后,不加引注或说明地使用;对他人已发表文献中的图片增强部分内容,或弱化部分内容后,不加引注或说明地使用。

07.4.4 研究(实验)方法剽窃

不加引注或说明地使用他人具有独创性的研究(实验)方法,并以自己的名义发表。主要表现形式包括:不加引注或说明地直接使用他人已发表文献中具有独创性的研究(实验)方法;修改他人已发表文献中具有独创性的研究(实验)方法的一些非核心元素后不加引注或说明地使用。

07.4.5 他人未发表成果剽窃

未经许可使用他人未发表的观点,具有独创性的研究(实验)方法,数据、图片等,或获得许可但不加以说明,应界定为他人未发表成果剽窃。主要表现形式包括:未经许可使用他人已经公开但未正式发表的观点,具有独创性的研究(实验)方法,数据、图片等;获得许可使用他人已经公开但未正式发表的观点,具有独创性的研究(实验)方法,数据、图片等,却不加引注,或者不以致谢等方式说明。

中国学术传统对剽窃也是持批判态度的。清代经学家陈澧(1810—1882,字兰甫,学者称东塾先生)论曰:"前人之文当明引不当暗袭,《曲礼》所谓'必则古昔',又所谓'毋剿说'也。明引而不暗袭,则足见其心术之笃实,又足征其见闻之渊博;若暗袭以为己有,则不足见其渊博,且有伤于笃实之道矣。明引则有两善,暗袭则两善皆失之也。"① 近人黄侃(1886—1935,字季刚)先生说:"学问之道有五:一曰不欺人,一曰不知者不道,一曰不背所本,一曰为后世负责,一曰不窃。"② 不窃者,就是不能剽窃。从兰甫、季刚先生的深刻言论,也可看出中国学术传统对学术规范是十分重视的。

07.5 伪造

伪造(fabrication)是指在科学研究活动中,记录或报告无中生有的数据或实验结果的一种行为。即不以实际观察和实验中取得的真实数据为依据,而是按照某种科学假说和理论演绎出的期望值,伪造虚假的观察与实验结果③。伪造的主要形式有以下几种:

07.5.1 伪造实验样品、数据④

包括伪造无法通过重复实验而再次取得的样品,编造不以实际调查或实验取得的数据、图表,通过复制、粘贴、剪辑等方式构造不真实的数据、图表等⑤。研究者在捏造数据、图表前会了解所在领域的数据取值范围,编造出符合专业要求的结果,导致这种学术造假行为具有极强的隐匿性,很难被人识别⑥。

07.5.2 捏造实验或调查,没有实际进行而无中生有⑦

包括某些研究者为了扩大研究结果的代表性和普适性,故意虚报样本量(指研究者在撰写论文时根据已有的样本情况增加不符合实际的样本量)⑧。

---

① [清]陈澧.引书法[M]//陈澧,著;黄国声,主编.陈澧集.上海:上海古籍出版社,2008:第6册,232-233.

② 黄侃,黄焯.蕲春黄氏文存[M].武汉:武汉大学出版社,1993:220.

③ 教育部科学技术委员会学风建设委员会,编.高等学校科学技术学术规范指南[M].2版.北京:中国人民大学出版社,2017:45.

④ 同③.

⑤ 王兴全,杨丽贤.学术写作与出版规范研究[M].成都:四川大学出版社,2018:74-77.

⑥ 李侗桐,冯秋蕾,韩鸿宾.科技论文伪造数据的识别与防范[J].中国科技期刊研究,2019,30(8):827-830.

⑦ 同③.

⑧ 同⑥.

07.5.3 虚构发表作品、专利、项目等①

包括申请课题时虚构提供支撑的已发表论文、专利、项目以及相关研究的资助来源。在学术投稿时,伪造研究项目(如使用他人基金项目号、项目名称;标注已经结题基金项目号、项目名称)②。

07.5.4 伪造履历、论文等

包括在项目申请书中伪造研究人员申请信息(如伪造人员、学历、职称、签名)等,侵犯他人知情权和署名权③,以及在发表论文时找第三方代写,进行虚假挂名、买卖署名等行为。

07.6 篡改

篡改(falsification)是在科学研究活动中,操纵实验材料、设备或实验步骤,更改或省略数据或部分结果使得研究记录不能真实地反映实际情况的一种行为④。与从研究初期就蓄意进行的捏造数据和虚报样本量等伪行为相比,篡改数据、事实行为多发生在统计分析的过程中,但由于未能引起研究者的足够重视,极易引起大范围的学术造假,后果十分严重⑤。篡改的主要形式有以下几种:

07.6.1 篡改实验数据、调查材料

包括研究者在统计分析时发现研究结果不符合预期,企图通过修改原始数据得到虚假结论,获得符合预期的结果⑥;研究者在描述研究设计、调查时间、调查地点、数据收集过程、数据处理方法、统计方法等信息时,故意修改某些事实以符合预期的结果等。

07.6.2 删除实验数据、调查材料

研究者删除不利于实现预期结果的数据,仅选择部分内容作为所

---

① 教育部科学技术委员会学风建设委员会,编.高等学校科学技术学术规范指南[J].2版.北京:中国人民大学出版社,2017:45.
② 王兴全,杨丽贤.学术写作与出版规范研究[M].成都:四川大学出版社,2018:74-77.
③ 沈思,等编.信息获取与利用研究[M].西安:陕西科学技术出版社,2016:205-206.
④ 同①.
⑤ 李侗桐,冯秋蕾,韩鸿宾.科技论文伪造数据的识别与防范[J].中国科技期刊研究,2019,30(8):827-830.
⑥ 《画说科研诚信》编写组.画说科研诚信[M].北京:科学技术文献出版社,2018:91-92.

撰写论文的数据来源,隐瞒真实研究结果[①];研究者故意剔除调查、访谈资料中与主要结论有冲突的事实,以满足结论的需求等。

07.6.3 修改图片

为了满足自己的研究结论,故意从图片整体中去除一部分或添加一些虚构的部分,使对图片的解释发生改变;增强、模糊、移动图片的特定部分,使对图片的解释发生改变[②]。

伪造、篡改两种做法是科学研究中最恶劣的行为,直接毁坏了学术诚信的基础。伪造、篡改的相同之处都是故意作假,区别在于伪造是在没有事实的基础上捏造事实,篡改是在现有事实上歪曲事实。

---

① 李侗桐,冯秋蕾,韩鸿宾.科技论文伪造数据的识别与防范[J].中国科技期刊研究,2019,30(8):827-830.

② 全国新闻出版标准化技术委员会.学术出版规范 期刊学术不端行为界定:CY/T 174—2019[S/OL].行业标准信息服务平台,(2019-05-29)[2020-02-08]. http://hbba.sacinfo.org.cn/stdDetail/106d3905ac9d1ea10368f707ccdc33a02680eb41d12c919462e74f79e0d288a1.

08 研究类型与方法

08.1 研究类型

学术研究通常被分为基础研究、应用研究两大类。**基础研究**（basic research）又称**"理论研究"**，指为了推进科技进步而对关于现象和事实的根本原理的新知识进行探索；**应用研究**（application research）指为实现基础研究结果的特定实际应用而取得新知识的研究和探索活动[①]。也有学者将学术研究分为**描述性研究**、**规律性研究**和**阐释性研究**。描述性研究是对已有的资料进行整理或进行社会调查访问，把各种实验现象或状态的分布情况真实地描绘、叙述出来；规律性研究类型包括结构规律、因果规律定性研究、定量研究等；阐释性研究类型包括含义阐释和价值阐释[②]。

美国心理协会编的《APA格式：国际社会科学学术写作规范手册》将学术文章的研究类型分为**实证性研究**、**文献综述性研究**、**理论性研究**、**方法论研究**、**案例分析研究**与其他类型研究等[③]。因《APA格式：国际社会科学学术写作规范手册》提出的类型比较实用，且对学术论文的撰写更具针对性，故将其所述，再加上我们常见的**学术史研究**类型，将各种研究类型要求分列如下：

08.1.1 文献综述性研究

文献综述（literature review）是在对科学研究中某一方面的专题搜集大量信息资料的基础之上，通过对大量原始研究论文中的数据、资料和主要观点进行归纳整理、分析提炼，经综合分析而写成的一种学术论文，其反映的是当前某一领域中某分支学科或重要专题的最新

---

① 管理科学技术名词审定委员会,编.管理科学技术名词[M].北京：科学出版社,2016：478.
② 胡红亮.学术著作可信度评价及相关研究[M].北京：科学技术文献出版社,2013：115.
③ 美国心理协会,编.APA格式：国际社会科学学术写作规范手册[M].席仲恩,译.重庆：重庆大学出版社,2011：6-8.

进展、学术见解和建议①。

文献综述性研究不是反映自己的原创内容,而是对已发表材料进行批评性评价。"综"就是要综合研究、归纳提炼;"述"就是要分析、评述,对已出版材料在分析的基础上做出重新评价。文献综述性研究者最终要反映的是:已有研究把关于某个问题的研究向前推进了多少。因此,研究中应该:① 定义且廓清问题;② 总结已有研究,使读者了解研究现状;③ 找出文献之间的联系、矛盾、空缺以及不一致性;④ 就解决特定问题接下来应该采取哪些步骤提出建议②。

08.1.2 学术史研究

英国哲学家以赛亚·柏林(Isaiah Berlin,1909—1997)说过:"真正的知识是关于事情为何如此的知识,而不仅仅是它们是什么的知识。"③学术史,就是柏林所说的一种"关于事情为何如此的知识"。学术史研究是对学术研究历史演进的一种研究。"学术有着自身的历史,同时又难免受到整个历史的影响和限制。研究学术的历史,从历史角度看学术,这就是学术史。"④

人类社会学术发展可以作为学术史研究的对象来研究,但就大量的学术史研究成果来说,学术史研究主要是依据某学科或某研究领域来进行的,十分成熟的分科学术史有史学史、哲学史、文学史、数学史、化学史、物理学史、医学史、农学史等等。中国传统的学术史研究,秉承"辨章学术,考镜源流"的宗旨,主要探讨不同历史时期的主要学术人物及派别、学术著述与学术思想,从而探讨学术思潮发生、发展及其对社会政治、经济、文化事业的作用,"让后学了解一代学术发展的脉络与走向,鼓励和引导其尽快进入某一学术传统,免去许多暗中摸索的工夫——此乃学术史的基本功用。"⑤现有的知识存量都是从学术传统中生长和发展起来的,不了解学术史的学术研究等于无源之水、无本之木,很难形成知识增量的发展。因此,学术史研究是学术创新的

---

① 教育部科学技术委员会学风建设委员会,编.高等学校科学技术学术规范指南[M].2版.北京:中国人民大学出版社,2017:33.
② 美国心理协会,编.APA格式:国际社会科学学术写作规范手册[M].席仲恩,译.重庆:重庆大学出版社,2011:6-8.
③ [英]以赛亚·柏林.我的学术之路[M]//欧阳康,主编.当代英美著名哲学家学术自述.北京:人民出版社,2005:47-70.
④ 李学勤.《中国学术史》总序[M]//朱汉民,等.中国学术史:宋元卷.南昌:江西教育出版社,2000;上册总序,1.
⑤ 陈平原.刊前刊后[M].北京:生活·读书·新知三联书店,2015:99.

前提。学术史研究的范式有以下几种：以书为纲、以人为纲、以时为纲、以词为纲(从概念演变入手)、以题为纲(依据主题、面向、事件、流派等)等①。学术史研究与综述性研究的主要区别在于,学术史研究偏重于历史,综述性研究偏重于现在;学术史重在考察学术范式的演变过程,综述性研究重在发现研究前沿之进展。

08.1.3 实证性研究

实证性研究是产生原创性知识成果的主要研究方式之一。实证性研究的基本特点,是运用统计计量方法研究事物变量之间构成的相互作用与影响,并对结果作出预测、分析和判断,从中得出可操作性的对策结论。实证性研究孕育于自然科学,其本质特征在于认为任何事物是客观存在、可以测量的。倡导实证性研究的学者认为,虽然社会是个人活动的产物,但也是客观存在的"社会事实",因此实证性研究方法也是可以移用于社会学研究的。然而人文、社会科学研究者则认为,人有着独特的心灵世界或意义世界,这一世界是能动的、理解性的、反思性的,与僵死的、客观的自然事物有本质的不同②。因此人文社会科学不能排斥实证性研究,但更应该使用阐释性研究方式。

观察、实验、数据分析等,是实证性研究重要的研究方式。典型的实证性研究成果,由几个不同的部分组成,每个部分代表着研究过程的不同阶段,其顺序为: ① 引言：研究问题的发展,包括问题的历史渊源和研究的目的; ② 方法：开展该研究所采取的程序; ③ 结果：研究的发现和分析; ④ 讨论：对结果的总结、解读以及对涵义的陈述③。

08.1.4 理论性研究

理论(theory)是试图解释问题、行动与行为时所做的一套叙述。理论的目的就是提出有效的解释与预测,如找出某些现象之间的关联性,以及阐释出某因素的改变会对其他变量带来怎样的影响④。如果简洁地表述,理论就是"包含很多假说或定律的陈述体系。"⑤理论对应

---

① 王子舟. 图书馆学研究法：学术论文写作撮要[M]. 北京：北京大学出版社,2017：89.
② 陈曙红. 中国中间阶层教育与成就动机[M]. 北京：中国大百科全书出版社,2007：15.
③ 美国心理协会,编. APA 格式：国际社会科学学术写作规范手册[M]. 席仲恩,译. 重庆：重庆大学出版社,2011：6-8.
④ [美]理查德·谢弗. 社会学与生活[M]. 刘鹤群,房智慧,译. 9 版. 北京：世界图书出版公司北京公司,2006：9.
⑤ [英]格里斯. 研究方法的第一本书[M]. 孙冰洁,王亮,译. 大连：东北财经大学出版社,2011：97.

于它的实践领域应该具有以下功能：其一,发现实践中的问题并给予深刻解释,催生人们新的认识;其二,总结实践经验,提升人们的抽象认识能力;其三,预见实践发展路径及其趋势,对实践活动给予指导。好理论应具备哪些条件呢？美国政治学教授 W. 菲利普斯·夏夫利(W. Phillips Shively, 1942—)将好理论叫作"优美的理论",他认为"优美的理论"的三个标准为简明性、预测的准确性、重要性(即在政策研究取向中能解决迫切的实际问题,或在理论研究取向中能产生广泛而普遍的适用性)①。

理论性研究与文献综述性研究的区别在于,理论研究者会提出原创性观点或思想,而不是综述已有研究现状。研究者根据现有文献来跟踪理论发展的脉络,扩展和细化理论构造,或者提出一个新的理论,或者分析现存理论并指出其缺陷以及相对于另一个理论的优势②。理论性研究与学术史研究也有相同性的部分,即学术史研究也是一种理论性研究,但前者偏重在原理、结构等方面研究,意在深化、拓展本学科的内涵与外延,而学术史偏重梳理学术演进路径,辨识本学科发展过程中存在的范式,以便继承优良传统,警惕新的学术隐患、避免弊端。

08.1.5 方法论研究

方法论文章所呈献的是新的方法进路,是对现存方法的改进,或者是对定量性数据分析进路的讨论。因其所聚焦的是方法或数据分析的进路,所以,这类文章中所用的实证数据只是为了说明方法。方法论文章的读者对象是阅读面宽广的研究人员,因此,文章中关于方法的细节必须足够详尽,以便这些研究人员能够评估该方法在他们所研究问题中的可应用性。此外,文章还应该允许读者就所提议的方法和现用的方法做出比较,以便读者可以考虑用所提议的方法。在方法论文章中,为了提高文章的整体可读性,专业性过强的内容(例如推导过程、证明、模拟实验的详细情况)应该放在附录中,或者以补充材料的形式呈献③。

---

① [美]W. 菲利普斯·夏夫利.政治科学研究方法[M].郭继光,等译.8 版.上海：上海人民出版社,2012：18-24.
② 美国心理协会,编.APA 格式：国际社会科学学术写作规范手册[M].席仲恩,译.重庆：重庆大学出版社,2011：6-8.
③ 同②.

08.1.6 案例分析研究

案例研究(case study)或者称案例分析、个案研究等,它是将能够分解为具体单位的社会事物(参与人、活动、现象、事件)作为案例进行深入研究、解读的一种研究方法。通俗的说法就是"解剖麻雀"。美国学者罗伯特·K·殷(Robert K. Yin,1941—   )认为:"案例研究是探索难于从所处情境中分离出来的现象时所采用的研究方法。"[1]该定义中的"现象"指的就是"案例",所谓"所处情境"就是对案例发生孕育、支配、影响的现实条件的集合。这个定义强调了案例研究的方法特征与方法目的。即案例研究的对象是难以从社会背景中抽象、分离出来事例;它是一种经验性的研究,而不是一种纯理论性的研究[2]。

罗伯特·K·殷认为,案例资料收集的三大原则是:① 尽量使用多种资料来源,以达成具有互证效力的"**证据三角形**"(即不同证据形成了互证);② 要建立案例研究数据库,内容包括案例研究记录、与案例相关的文献、各种图表材料、描述(研究者初步整理的资料);③ 组成一系列证据链,使得案例研究过程能平滑地从一个部分转移到另一个部分,增加案例研究的信度,进而能在事实与结论关系中看到合理的推论[3]。在撰写案例分析报告时,研究人员必须审慎平衡能说明问题的重要材料和需要保密的案例材料[4]。

08.2 研究方法

研究方法(research method)简称**研究法**,是从事学术研究所使用的具体科学方法。它的作用是为研究者提供可靠、有效的方式,确保研究的真实性、客观性、实效性,使研究者能选择或发现一个正确的理论,以实现创新知识或增加知识含量的目的[5]。学术研究成果与研究方法是共生的。学术论文的写作、科研课题的申请,都要在一个适当的地方交代自己研究使用的有哪些方法。通常研究者们普遍使用的研究方法有以下几种:

---

[1] [美]罗伯特·K·殷.案例研究方法的应用[M].周海涛,等译.2版.重庆:重庆大学出版社,2004:13.

[2] [美]HOWITT A M.案例研究与教学[M]//胡必亮,刘复兴,主编.京师发展讲演录.太原:山西经济出版社,2012:74-96.

[3] 同[1]:92-115.

[4] 美国心理协会,编.APA格式.国际社会科学学术写作规范手册[M].席仲恩,译.重庆:重庆大学出版社,2011:6-8.

[5] 王子舟.图书馆学研究法:学术论文写作撷要[M].北京:北京大学出版社,2017:1.

08.2.1 文献研究法

文献研究法(literature research method)是指根据一定的研究目的或课题需要,通过查阅文献来获得相关资料,全面地、正确地了解所要研究的问题,找出事物的本质属性,从中发现问题的一种研究方法[①]。文献研究法具有如下优点[②]:

(1)可研究无法接触的对象。即能通过文字载体超越时空地了解研究对象,对不能亲自接近、从而不能以其他方法进行研究的对象做研究,如研究古代社会生活,文献研究法就是最主要的研究法。

(2)无反应性。即与能直接接触研究对象的研究不同,文献研法接触的仅仅是有关研究对象的文献,因此不会让研究对象有意识或无意识地改变原有的状态、导致收集到的资料失真的情况出现,进而出现研究对象的"干扰效应"。

(3)研究成本低。文献研究的成本因全面、便捷地获得文献的程度不同而会有很大差异,但是与其他研究方法相比,如进行大规模调查、严格的实验或深入实地的研究,所需要的费用要少得多。

(4)保险系数相对较大。做社会调查或科学实验,有时会因多种原因导致结果不理想,重做则要花双倍的时间和经费。有的实地研究没成功,因事件和环境已经发生改变,重做一遍也不可能。但文献研究因抽样容量大,弥补过失就相对容易,对所用资料可以重新编码或统计处理,而不用一切从头开始。

文献研究法的不足也同样是源于文献自身的特点,主要表现为以下几方面[③]:

(1)主观倾向性。原始文献作者的立场、兴趣、目的和意图会使文献叙述带有各种倾向性,甚至偏离其反映的事实,影响研究者对研究对象的认知。此外研究者在收集资料、选择资料、阐释资料的过程中,受自身的局限,也会因既有主观态度而使得研究结论产生一定的倾向性。

(2)信息的有限性。现有文献的可选择性不充分的情况,常常使得研究对象的范畴受到一定程度的局限;现有文献信息量的不充分,

---

① 宋秋前,陈宏祖,主编.教育学[M].杭州:浙江大学出版社,2010:273-274.
② 林娜,编.做一个研究型教师[M].桂林:漓江出版社,2011:134-137.
③ 同②.

也会导致对研究对象的认识难以深入。

(3) 有些文献不易获得。如个人日记、手稿、信件、档案等,因尚未公开很难获得,甚至会影响到研究结果的真实性、客观性、全面性等质量程度。

需要注意的是,研究者在学位论文或课题申请书中陈述研究方法时,提到文献研究法,其表述方法应该是:① 列出"文献研究法"名;② 解释此法的应用目的和范畴(见下面"示例")。

示例:《中国公共就业服务均等化问题研究》

本书采用的主要研究方法有:

(1) 文献研究法。通过查询、网络检索等方式,搜集国内外有关公共服务、公共就业服务、公共就业服务均等化的政策文件、法规、规划及学者的学术研究成果,借助比较分析、归纳演绎等方法,对有关文献资料进行梳理和研究,为本书提供扎实的理论依据[①]。

......

08.2.2 历史研究法

历史研究法(historical method, historical research method)又称**历史方法**或**历史的方法**,是"寻求历史的真实(historical truth)的程序"[②]。对叙事历史学家来说,历史方法包括研究文献,以确定出最真实的或最合理的故事,来讲述作为证据的事件。根据这一观点,一个真实的叙事描述与其说像对虚构事件的叙事描述那样是历史学家诗歌天赋的产物,倒不如说是适当运用历史"方法"的必然结果[③]。

历史研究法和文献研究法都要研究文献,但二者的第一个主要区别是:前者研究的一定是具有史料价值的文献,史料的收集是历史研究法的基础。有历史研究者认为:举凡人类实践活动所创造、所遗留之迹痕,皆可谓史料。史料大体包括三类:一是历史遗存与遗物(包括遗址、墓葬、文物等),一是文字的记录(包括图籍、档案、文书等),一是口碑资料(包括传说、采访所得、口述、录音等),其中以文字的记录

---

① 王飞鹏.中国公共就业服务均等化问题研究[M].北京:首都经济贸易大学出版社,2013:22.

② [美]傅斯年(Fred Morrw Fling).历史研究法[M].李树峻,译.北平:北平立达书局,1933:1.

③ [美]海登·怀特.形式的内容:叙事话语与历史再现[M].董立河,译.北京:文津出版社,2005:35.

为主①。历史研究法研究史料时,还要对史料进行来源考证、真伪鉴别。只有真实的能够起到证据作用的史料文献才能被使用。历史研究法和文献研究法的第二个主要区别,是前者除了研究作为史料的文献外,还要大量研究、使用历史遗存实物、口述资料,这就超出了文献研究法的范畴。

研究者在学位论文或课题申请书中陈述研究方法时,提到历史研究法,其表述方法应该是:① 列出"历史研究法"名;② 解释此法的应用目的和范畴(见下面"示例")。

示例:《中西文化交流视域下的《论语》英译研究》

本课题研究过程中主要使用了历史研究法、文献研究法和比较研究法。

(1) 历史研究法。主要是针对《论语》翻译史的宏观研究,也就是按照译者类别进行分时段的研究,包括16世纪至19世纪末传教士的翻译研究,19世纪至20世纪汉学家的翻译研究,20世纪以来海内外华人的翻译研究。同时进行的还有近现代中西文化交流史的研究,海外汉学的发展史研究等②。

……

08.2.3 比较研究法

比较研究法(comparative analysis)又称**比较分析法、类比分析法**,是指对两个或两个以上的事物或对象加以对比,以找出它们之间的相似性与差异性的一种分析方法。它是人们认识事物的一种基本方法③。比较分析法是一门有着悠久历史的研究方法,其实质就是通过"比较"来把握研究对象的本质属性及其特征。

比较分析法的类型,从比较目的上可以分为**求同比较法、求异比较法、同异共用比较法**;从比较的时空上还可以划分为**横向比较法**(空间比较)、**纵向比较法**(时间比较)、**纵横结合比较法**(时空交叉比较);从比较的技术上分**平行比较法**(又称"平行数列对比法",即在相同条件下将多种指标列成平行表对比分析,或在不同条件下将有关同一指标列成平行表对比分析)、**分组比较法**(又称"分组和平均数对比法",即将收集到的资料数据按照一定标志分组,然后用各组的平均数进行

---

① 赵吉惠.历史学概论[M].西安:三秦出版社,1986:3.
② 杨平.中西文化交流视域下的《论语》英译研究[M].北京:光明日报出版社,2011:38.
③ 林聚任,刘玉安,主编.社会科学研究方法[M].济南:山东人民出版社,2008:169.

对比分析)、**动态比较法**(将有关资料数据按照时间先后顺序排列起来,形成动态数列或时间数列进行对比分析)等。

比较分析法的优点是具有参照视角强、易掌握和易操作,有助于区分不同事物及构建不同类型,因此在学术研究中得到了普遍的运用,尤其是在人文社会科学领域里得到多个学科的青睐,并据此形成了一批比较学科,如比较文学、比较教育学、比较史学、比较经济学、比较法学等。这些比较学科所比较的内容还隐含着跨学科成分(如比较文学包括与戏剧、音乐的比较内容,或对他国文学比较中涉及历史、民族、文化等)[1]。北京大学地理学教授胡兆量(1933—)借助"纵横结合比较法"(即时空结合比较法)在研究中国、印度、美国等国家城市发展与地理位置的关系,发现一个规律性的现象:在闭关自守的自然经济时期,中心地位置的城市发展快些;在商品经济迅速发展时期,具有门户位置的城市发展快些。这一规律的发现,就可以用来预测今后城市发展的动向[2]。

比较分析法的局限性主要有两点:一是由于任何比较都只是将事物的某一方面或某几个方面与其他事物进行比较,因此难于认识事物之间的各种联系;二是无法对事物产生的原因作出明确的说明和解释,因为仅仅确定事物之间的异同点并不能确证事物之间的内在联系[3]。

研究者在学位论文或课题申请书中陈述研究方法时,提到比较分析法,其表述方法应该是:① 列出"比较分析法"名;② 解释此法的应用目的和范畴(见下面"示例")。

示例:《中国公共就业服务均等化问题研究》

本书采用的主要研究方法有:

……

(4)比较分析法。将我国公共就业服务发展状况与国外先进国家(地区)进行比较,从更宽广的视角对我国公共就业服务均等化建设进行审视与判断,找出其共同点和特殊性、优势和不足,探索规律,为我国公共就业服务均等化提供经验借鉴[4]。

---

[1] 刘仲林.现代交叉科学[M].杭州:浙江教育出版社,1998:83.
[2] 过宝兴,编.地理调查研究方法[M].2版.北京:高等教育出版社,2001:144.
[3] 袁方,主编.社会调查原理与方法[M].北京:高等教育出版社,1990:389
[4] 王飞鹏.中国公共就业服务均等化问题研究[M].北京:首都经济贸易大学出版社,2013:22.

······

08.2.4 案例分析法

又称**案例研究法**。英国学者格里斯(Jonathan Grix,1964—)曾提到,案例分析法在大学研究生中是十分受欢迎的一种研究方法,乃至最为流行的一种研究形式[①]。上文已经对案例分析方法的方法论特征做了阐释。案例研究法的类型通常有:**探索型**(exploratory)、**描述型**(descriptive)、**解释型**(explanatory),有人增加了**评价型**(evaluation)变为四种,也有人增加了**例证型**(illustrative)、**实验型**(experimental)变为五种[②]。无论分三类型、四类型或五类型,人们对探索型和描述型这两种类型的案例研究的内涵基本没有争议[③],因前三种最具有概括性,故下面重点介绍前三种形式的案例分析法。

(1)**探索型案例分析**。尝试通过对案例的洞察,来验证假说或寻找新理论、建立新的意义体系。如教育界所谓的个案追踪法就属于探索型案例研究,即在一个较完整的长时间内连续跟踪研究对象(如单个的人或事),收集各种资料,揭示其发展变化的情况和趋势。追踪研究短则数月,长达几年或更长的时间。我国著名教育家和心理学家陈鹤琴(1892—1982),从1920年12月26日长子陈一鸣出生开始,就进行了长达808天的追踪研究,逐日记录其身心发展变化,最终写成了《儿童心理之研究》(1925年)一书[④]。

(2)**描述型案例分析**。主要是对人、事件、项目等做出准确、清晰的描述。一般通过讲故事(story-telling)或画图画(picture-drawing)来描述具有典型性的案例,揭示其中所蕴含的理论价值。中央电视台"今日说法"栏目播出的案例事件,采取的就是描述型方式。节目中的事件经过清晰的脉络展示之后,点评嘉宾才根据事实做出合理的评论。此外,学校教学案例(如阅读课教学案例、作文课教学案例、英语听说课教学案例)通常属于描述型的案例分析。

(3)**解释型案例分析**。主要是说明研究对象的前因后果,建立变量之间的因果关系,回答"为什么""怎么样"等问题,侧重于理论检验

[①] [英]乔纳森·格里斯.研究方法的第一本书[M].孙冰洁,王亮,译.大连:东北财经大学出版社,2011:43.

[②] 胡小勇,主编.案例研究的理论与实例[M].南京:南京师范大学出版社,2008:8.

[③] [美]HOWITT A M.案例研究与教学[M]//胡必亮,刘复兴,主编.京师发展讲演录.太原:山西经济出版社,2012:74-96.

[④] 徐传德,主编.南京教育史[M].北京:商务印书馆,2007:310-311.

(theory-testing)。例如,当一位员工对生产废品率定量数据做完初步分析发现,废品率和使用的机器寿命之间有关。那他就可能会对数据进行统计检验,例如相关分析,以便对这种关系有更清楚的认识①。

除了从分析方法上可以将案例研究分为上述几种类型的分析方法外,案例分析法还可以依据研究对象分为**单一案例分析**和**群体案例分析**。单一案例分析主要用于证实或证伪已有理论假设的某一个方面的问题,它也可以用作分析一个极端的、独特的和罕见的情境;群体案例分析主要用于对所有案例进行归纳、总结,并得出抽象的、精辟的研究结论,以更好、更全面地反映案例背景的不同方面,尤其是在多个案例同时指向同一结论的时候,案例研究的有效性将显著提高②。

研究者在学位论文或课题申请书中陈述研究方法时,提到案例分析法(案例研究法),其表述方法应该是:① 列出"案例分析法"(案例研究法)名;② 解释此法的应用目的和范畴(见下面"示例")。

示例:《美国高等学校创业教育研究》

主要研究方法:

……

(三)案例分析法。以美国伊利诺伊大学为典型案例,系统地考察和分析这所大学实施创业教育的课程、组织、政策、资金支持等,对创业型大学推动国家和地区社会经济发展的动因、机制进行系统探索③。

08.2.5 社会调查法

社会调查法(social survey)又称**调查研究法**,是有目的、有步骤深入实地去考察、了解社会各种现象,收集必要的社会资料,通过对资料的分析、研究以揭示社会生活本质及其发展规律的一种自觉认识活动。社会调查法适用于了解社会生活、诊断社会问题、摸清产品市场、判断舆情民意等④。主要优点有:其一,它可以通过调查、访谈、问卷等方法对无法直接观察和进行实验的社会心理现象进行研究;其二,可以通过社会调查的结果,建立有关公众行为的统计指标体系,从中

---

① [英]马克·桑德斯,菲利普·刘易斯,阿德里安·桑希尔.研究方法教程:管理学专业学生用书[M].杨晓燕,等译.3版.北京:中国商务出版社,2004:94.
② [美]HOWITT A M.案例研究与教学[M]//胡必亮,刘复兴,主编.京师发展讲演录.太原:山西经济出版社,2012:74-96.
③ 游振声.美国高等学校创业教育研究[M].成都:四川大学出版社,2012:40.
④ 范和生,编著.现代社会学[M].合肥:安徽大学出版社,2005:上册,108-110.

归纳出公众心理发生、发展的一般规律[①];其三,可以迅速、高效地提供有关某一总体的丰富的资料和详细的信息,在了解和掌握不断变动的社会现象方面具有很大的优越性[②]。主要缺点在于:因通过自填问卷或结构访问的形式收集资料,得到的资料往往流于简单化和表面化;在分析变量间的因果关系方面,不及实验研究那么有说服力;在对事物理解和解释的深入性方面以及在研究所具有的效度方面,它远不及实地研究方式等[③]。

社会调查法主要有**普查**(全面调查)、**典型调查**(有目的地选择若干具有代表性的单位或个人作为典型进行调查)、**抽样调查**(包括随机抽样与非随机抽样调查)、**个案调查**(又称个案研究)等。其中抽样调查是研究者使用较多的方法。

抽样调查是通过部分来了解总体(population)状况的统计调查方法。抽样的目标在于产生一个总体的缩小版本[④]。抽样调查方法一般有两种:随机(概率)抽样与非随机(概率)抽样。

(1)**随机(概率)抽样**要求较为严格,即调查样本是按随机原则抽取的,它们在总体中被抽取的概率是均等的,这样才能保证被抽中的样本有代表性且不出现倾向性误差。由于能确定抽样误差,这种抽样方法还能正确说出样本的统计值在多大程度上适合于总体。概率(随机)抽样的具体方法有:**纯随机抽样**(又称为简单随机抽样,如用抽奖法、随机数字表抽样)、**系统抽样**(如等距抽样)、**分层抽样**(也称为分类抽样或类型抽样,如调查读者年读书量,可先将读者按学历分类,然后在每类读者中进行年读书数量抽样)、**整群抽样**(将总体划分为若干子群,然后按随机方法在子群中再抽样)、**多阶段抽样**(也称多级抽样法)等[⑤]。

(2)**非随机(概率)抽样**要求较为宽松,调查样本不是按随机原则抽取的,而是通过**重点抽样**(也称判断抽样,即对标志值在总体中所占比重较大的重点部分调查)、**典型抽样**(挑选总体中若干有代表性的部分,也属于判断抽样)、**任意抽样**(也叫偶遇抽样,即随意抽取调查部分

---

① 周晓虹.公共关系心理学[M].南京:南京大学出版社,1989:38.
② 诸彦含.社会科学研究方法[M].重庆:西南师范大学出版社,2016:100.
③ 同②.
④ [美]WILLIAMS M.研究方法的第一本书[M].王盈智,译.永和市:韦伯文化国际出版有限公司,2005:111.
⑤ 袁方,主编;王汉生,副主编.社会研究方法教程[M].北京:北京大学出版社,1997:209-220.

进行调查)、**配额抽样**(也叫定额抽样,与分层抽样类似,但不是随机的)、**滚雪球抽样**(通过一两调查对象再牵引出更多的对象来扩大同类样本数量)等完成的①。

研究者在学位论文或课题申请书中陈述研究方法时,提到社会调查法(调查研究法),其表述方法应该是:① 列出"社会调查法"(调查研究法)名;② 解释此法的应用目的和范畴(见下面"示例")。

示例:《应用语言学:范畴与现况》

应用语言学主要研究方法有如下几种:

……

(二) 社会调查法。进行社会调查可以了解语言使用者的看法和想法。调查可以取得一些数据,这些数据具有更高的科学性,帮助我们分析语言现象。社会调查可以是小范围的,也可以是较大范围的,也可以抽样调查。所以说,社会调查是应用语言研究获得可靠材料和信息的有效方式,是提高研究科学性的重要方法②。

……

08.2.6 实验研究法

实验研究法(experimental study)又称**实验研究**,是指运用科学实验原理和方法,以特定理论及假设为指导,有目的地操纵某些因素或观察变量之间的因果关系,从中探索理论规律的方法③。实验研究法与其他研究方法主要不同处在于:其一,对研究对象进行实验调查的环境是可控的,能得到在自然条件下难以得到的资料;其二,既然实验环境是可控的,那么就可以在相同的条件下使实验活动得以重复进行,即重复性是实验研究最典型的特征④。

实验研究法的主要优点在于:实验环境与过程是人为的,能对某些在自然观察中不易观察到的情景现象进行研究,拓展了研究范围;研究过程控制程度高,有利于发挥研究人员的主观能动性;实验过程因变量之间关系明确,有利于确立研究对象的因果关系;实验研究中产生的数据容易测量,从而使研究结果具有相对精确性;实验研究的

---

① [美]WILLIAMS M.研究方法的第一本书[M].王盈智,译.永和市:韦伯文化国际出版有限公司,2005:220-224.
② 夏中华,主编.应用语言学:范畴与现况[M].上海:学林出版社,2012:上,32.
③ 管理科学技术名词审定委员会,编.管理科学技术名词[M].北京:科学出版社,2016:180.
④ 尹保华,编著.社会科学研究方法[M].徐州:中国矿业大学出版社,2017:253.

可重复性提高了研究结论的科学性;因样本量少、试验周期短、研究命题少等,研究成本相对较低①。

实验研究法的主要缺点在于:在人为实验情景中观测到的效应不一定能体现在现实自然情景中;因实验过程被高度控制,容易受主观因素的影响;因样本量小等原因,导致样本存在缺陷;很大程度上受伦理及法律上的限制等②。

实验研究法有三对基本要素,即实验组与控制组;自变量与因变量;前测与后测。它们构成了实验研究所具有的独特语言③。在实验研究中,研究人员通常会在**实验组**(experimental group,指接受实验变量处理的对象组)与**控制组**(control group,也称对照组,指不接受实验变量处理的对象组)两个组中,将研究主题的**自变量**(independent variable,一个被假设为会对其他变量造成影响的变量)分派给实验组,通过**前测**(pretest)、**后测**(posttest)等手段,有意地改变自变量,看**因变量**(dependent variable,指在因果关系中会受到其他变量所影响的变量)是否发生变化④。这就是实验研究的最基本的分析逻辑⑤。

研究者在学位论文或课题申请书中陈述研究方法时,提到实验研究法,其表述方法应该是:① 列出"实验研究法"名;② 解释此法的应用目的和范畴(见下面"示例")。

示例:《地方财经类院校产学研合作人才培养模式与运行机制研究》

主要研究方法有文献研究法、实验研究法、调查法等,并在此基础上进行定量和定性分析。

……

(2)实验研究法。本书提出了产学研合作人才培养的模式和运行机制,并在广西财经学院进行实践。本书以广西财经学院工商管理专业2010—2012届毕业生为例进行实验研究,以得出地方财经类院

---

① 林聚任,刘玉安,主编.社会科学研究方法[M].济南:山东人民出版社,2008:279-280.
② 同①:281.
③ 周璐,主编.社会研究方法实用教程[M].上海:上海交通大学出版社,2009:212.
④ [美]理查德·谢弗.社会学与生活[M].刘鹤群,房智慧,译.9版.北京:世界图书出版公司北京公司,2006:47,61.
⑤ 周璐,主编.社会研究方法实用教程[M].上海:上海交通大学出版社,2009:212.

校传统人才培养模式和产学研合作人才培养模式的绩效差异①。

……

上述只列举了六种常见的研究方法。研究者在列举研究方法时，可根据与自身研究项目对应的研究方法进行陈述。但无论如何陈述，都不能随便编造出一些研究方法，如"理论与实践结合的方法"（这是研究宗旨而非方法），"定量研究与定性研究结合的方法"（过于抽象，应该具体化），"辩证统一的方法"（属于思维方法而非研究方法），"多学科研究方法"（没有这样的研究方法），"个别交谈法"（不规范，应该称为"个人访谈法"），"历史还原法"（不规范，应改为"历史研究法"）等等。研究者如果不好把握自己所列的研究方法是否合理，可以以其为检索词，到学术论文数据库进行关键词（或主题）检索，看这种用法是否为学界广为使用。

---

① 莫山农,等.地方财经类院校产学研合作人才培养模式与运行机制研究[M].武汉：武汉大学出版社,2018：6.

09 论文要求

09.1 选题

在学术研究中,**选题**(topic selection)是指确定学术研究范围、对象和主题的过程[①]。它是学术研究的起点,即研究过程的第一步。有关学位论文(学术论文)的**选题原则**(principle of topic selection)论述者颇众,多数论述涉及了创新性、价值性、可行性等。

09.1.1 创新性原则

学位论文(学术论文)的选题要有创新性,否则就不具有原创价值。**学术创新**(academic innovation)指在原有的学术成果之上增加了新的学术含量(即学术增新),或开拓了一个前所未有的新的领域或方法(即学术拓新,又叫"填补空白")。学术创新应具有以下五种条件之一:① 因实践发展需要而发明一种新概念或提出一个新观点;② 获得了一种新的可作为实证根据的资料来源或新的实证结果;③ 采用了一种新的研究方法;④ 开辟了一个新的有价值的研究领域;⑤ 创立了一种新的研究范式。具有上述任何一种情况都属于创新[②]。

09.1.2 价值性原则

所谓价值性原则,就是选题要有理论价值或实践意义(或称应用价值)。**理论价值**是指一个选题可在某一理论中提出新的思想或观点,或解决了一个理论命题,甚至为完善某一理论体系有所贡献。**实践意义**是指一个选题对于社会实践有直接的指导意义。所谓有实践意义,就是选题的研究可以改善实践局面,或提高效率,或克服弊端,或产生新效益。选题的创新性原则,强调一个选题应具有学术原创含量;而价值性原则,强调一个选题能够对学科理论或社会实践产生实际作用。

---

① 《学术诚信与学术规范》编委会,编.学术诚信与学术规范[M].天津:天津大学出版社,2011:65.

② 王子舟.图书馆学研究法:学术论文写作撮要[M].北京:北京大学出版社,2017:16.

09.1.3 可行性原则

可行性指的是完成选题的研究是否可操作、有保障。这里涉及了主客观两方面的条件。从主观方面看,选题是否契合自身的研究兴趣、知识结构、学术储备,这是很重要的条件之一。尤其是兴趣,兴趣是做学问很重要的因素,有兴趣才能产生想象力,没有兴趣是做不好研究的。因此,兴趣是保障选题完成的最重要的主观条件之一。从客观方面来看,选题的研究范畴大小、资料充盈程度、工作量多少、完成时间是否足够等,都会决定一个选题是否合适自己去做。如果选题范畴过泛、研究难度较大,最终会因力不从心而达不到预期的写作目标。

09.2 题名

题名(title)又称**标题**、**题目**,是文章主题的简明陈述[①]。它是论文的脸面,是学位论文(学术论文)内容精髓的反映,应该点出所研究的理论论题,或所研究的变量之间的关系。由于人们在阅读论文时首先接触到的是题名,而一个好的题名才能引起读者的兴趣,故每位论文作者都十分在意题名的编写。因为题名通常能反映出论文的核心内容和重要论点,以及研究范围和研究深度,同时大多数读者习惯于通过题名来检索论文,所以题名具有内容揭示、信息检索两大功能。

09.2.1 题名的提炼方法

好的论文题名要做到简洁、醒目、新颖。实现这样的目标需要对论文内容进行高度的概括,并且题名中应该尽量包含论文内容中的核心关键词。具体的题名拟定方法,常见的有立论式、范围式、问题式[②③]。

(1) **立论式**。也称**判断式**、**论点式**,题名直接揭示了文章的中心论点。例如:

诵读是最好的语文学习方法;

金砖国家出口的地缘结构差异及其解释;

Salinity increases cadmium uptake by wheat(盐分增加了小麦对镉的吸收);

[①] 美国心理协会,编. APA格式:国际社会科学学术写作规范手册[M]. 席仲恩,译. 重庆:重庆大学出版社,2011:19-20.

[②] 苗艳芳,李友军,主编. 农科专业英语[M]. 北京:气象出版社,2007:34-35.

[③] 刘会芹,黄高才,主编. 新编应用文写作[M]. 3版. 西安:西安交通大学出版社,2015:202.

Harmonization of hydropower plant with the environment(水电站与环境的协调)。

(2) **范围式**。也称为**非立论式(破论式)**,表明了论文作者研究或论述的范围,但没有表达出作者的基本观点和见解。例如:

大学生人文素质培养散议;

高职院校学生厌学情绪的理性分析;

Estimation of phosphorus fertilizer requirements of wheat in southern Australia(澳大利亚南部小麦的磷肥需求量估算);

Wind power resource assessment for Rafha, Saudi Arabia(沙特阿拉伯拉夫哈的风力资源评估)。

(3) **问题式**。也称**语气式**,问题式标题通常采用一个设问句来揭示作者的观点或文章的主要内容,具有提请读者注意、启发读者思考的作用。例如:

怎样快速提高语文能力;

写作能力的核心是什么;

Can assimilation in maize leaves be predicted accurately from chlorophyll fluorescence analysis? (叶绿素荧光分析能准确预测玉米叶片的同化现象吗?);

Toxic metal accumulation from agricultural use of sludge: are USEPA regulations protective? (农业污泥中有毒金属的积累:美国环保局的规定是否有保护作用?)。

09.2.2 题名的字数与格式

1. 题名的字数

英文科技论文的题名一般要求不超过 20 个单词,简短精练,便于检索,容易认读。中文论文的题名,按照国家教委科技司《中国高等学校自然科学学报编排规范》(1993 年 5 月 1 日实施)的要求,一般不宜超过 20 个汉字,必要时可加副题名[1];按照我国颁布的国家标准《学位论文编写规则》(GB/T 7713.1—2006)的要求,一般也不超过 25 个汉字[2]。

2. 题名的格式

题名是一个短语,而不是一个句子。因此题名中通常不带有标点

---

[1] 新闻出版署图书管理司,中国标准出版社,编. 作者编辑常用标准及规范[M]. 北京:中国标准出版社,1997:295-303.

[2] 全国信息与文献标准化技术委员会. 学位论文编写规则:GB/T 7713.1—2006[S]. 北京:中国标准出版社,2007:4.

符号,但是在需要的情况下也可以使用标点符号,如用破折号、问号、引号等。要尽量避免使用不常见的缩略词、首字母缩写字、字符、代号和公式等①,使用规范化的名词和术语。另外,还有一些学术论文的题名,由于字数的原因或者是研究范围的原因,只用一个正标题(主标题)不能完全地概括文章的内容,这时候就需要加一个副标题②。**正标题(主标题)** 一般概括中心内容或范围,**副标题** 对正标题进行限定或给予补充。例如:

Structural quality of soil in plantation: A case study on the mixed plantation of *Alnus* cremastogyne and Cupressus funebris in upper reaches of Yangtze River(人工林的土壤结构质量研究——以长江上游桤柏人工混交林为例);

Reproductive Ecology of Rhynchanthus beesianus W. W. Smith (Zingiberaceae) in South Yunnan, China: A Ginger with Bird Pollination Syndrome(滇南豫花姜的繁殖生态学:一种具有鸟传粉综合特征的姜科植物)③。

09.2.3　拟定题名的常见错误

1. 题名不够简短

有的题名文字过于冗长、累赘,或含有无任何检索意义的非特定词,既不便于读者理解,也不利于文献检索。

示例 1:《关于粮食中所含黄曲霉毒素的快速分析方法的研究》,改为《粮食中黄曲霉毒素的快速分析法》,字数由 22 个减少为 14 个字。

示例 2:某实验分别以葛根素淀粉剂和异黄酮淀粉剂饲喂小白鼠,然后取乳腺称重,比较了雌激素作用的差异。论文题名写为《异黄酮与葛根素做比较异黄酮雌激素作用更强的研究进展》,可以改为《葛根素与异黄酮的雌激素作用比较》。

示例 3:以下题名含有可以删除的无检索意义的非特定词(划删除线的词,均可删除):

《辉县市烹饪技术人才培养状况的调查与分析》(《河南农业》,2007 年 8 期);

---

① 全国信息与文献标准化技术委员会.学位论文编写规则:GB/T 7713.1—2006[S].北京:中国标准出版社,2007:4.

② 苗艳芳,李友军,主编.农科专业英语[M].北京:气象出版社,2007:34-35.

③ 同②.

《新疆南疆地方品种羊肉常规营养成分比较研究》(《食品研究与开发》,2008年12期);

《锌对红细胞膜转运功能影响的研究》(《营养学报》,2001年4期);

《紫山药营养成分分析研究》(《营养学报》,2010年2期)[①]。

2. 题名不够准确

(1) 文题不符。有的论文题名体现的内容很广泛,但实际内容却很局限;有的论文标题反映的内容很局限,但实际内容却很宽泛。

示例1:某学生利用差的茶叶末作培养基,液体发酵培养灵芝,然后把混合发酵物作为液态灵芝菌茶。学位论文题名写为《灵芝在茶叶发酵中的应用研究》,该题名太笼统,可以改为《利用灵芝菌在茶培养基中发酵生产灵芝菌茶》。

示例2:某实验采用GC-MS法,对黄酒中的挥发性成分进行了分析。该论文题名写为《色谱法分析黄酒的化学成分》,该题名中的"色谱法"和"化学成分"都不够具体,可以改为《GC-MS法分析黄酒的挥发性成分》;或改为《黄酒的挥发性成分》,因为挥发性成分一般都是采用GC-MS法分析。

(2) 概念模糊。有的论文题名中含有模糊的概念,容易使读者发生误解。

示例:某论文题名写为《煎炸油质量测试仪的研制》。由于"质量"具有所含物质多少的质量(mass)与产品优劣程度品质(quality)等不同含义,而该论文内容是指测量煎炸油的品质,而不是煎炸油的多少,因此题名应改为《煎炸油品质测试仪的研制》[②]。

3. 用句子做题名

题名是词语的逻辑组合,不要求是结构完整的句子。但有的作者将论文题名写成了句子,甚至写成了口号和标语的形式。

示例1:标题《分子细胞生物学为中医药现代化打下了良好的基础》,可以改为《中医药现代化的分子细胞生物学基础》。

示例2:标题《加强实验教学与改革,坚持多开放实验室,为提高营养学专业学生的综合素质而努力》,可以改为《营养学专业的实验教学改革》[③]。

---

① 本节内容引自:崔桂友,编著.科技论文写作与论文答辩[M]北京:中国轻工业出版社,2015:16-17.

② 同①.

③ 同①.

09.3 摘要

摘要(abstract)又称**文摘**、**提要**,指以提供文献内容梗概为目的,不加评论和补充解释,简明、确切地记述文献重要内容的短文[1]。学术杂志编辑、专业读者在阅读学术论文时,通常都是经过摘要的阅读,来决定是否要认真阅读论文全文的。摘要不仅能够展示论文的主要内容和学术价值,便于读者检索和阅读论文,还为形成二次文献提供了支持[2]。

09.3.1 摘要的类型

文摘主要分指示性摘要(indicative abstract)、报道性摘要(informative abstract)、结构性摘要(structured abstract)三种。

1. 指示性摘要

又称**描述性摘要**(descriptive abstract,也称**说明性摘要**),是指示一篇文献范围和内容的一个简要说明,换言之即简介,不涉及具体的研究方法和结果。一般适用于综述文章、评论性文章,尤以介绍某学科近期发展动态论文所多使用[3]。

示例1:《国外飞机手册》

收录国外各种战斗机、攻击机、教练机、轰炸机、运输机、直升机、预警机、反潜机、农业机、行政机、无人驾驶飞机和研究机等飞机,共236个机种。包括世界各国正在装备使用和研制中的主要机种,以及虽已退役但曾大量使用过的机种。大多数机种配有照片和三面图,部分机种有结构和总体布局图。有八个附录和拉丁字母顺序的目录索引[4]。

示例2:《寿命实验要领及处理数据方法》

以切削刀具为例,分析了某些参考文献中数据不可靠的原因,指出了进行寿命实验的要领。为获得可靠数据,推荐了一种简便、实用的数理统计方法[5]。

---

[1] 全国文献工作标准化技术委员会.文摘编写规则:GB 6447—1986[S].北京:中国标准出版社,1986:1.
[2] 武德俊.科技论文摘要写作与常见错误分析[J].科技资讯,2019,17(20):168-169.
[3] 朱月珍,主编.英语科技学术论文:撰写与投稿[M].武汉:华中科技大学出版社,2001:6.
[4] 同[1]:4.
[5] 同[1]:5.

示例 3：《核心期刊的概念和功能定位》

介绍了核心期刊概念的起源、理论依据和中国核心期刊评价体系；讨论了"核心期刊"的定义；分析了核心期刊的功能定位；针对核心期刊的功能泛化和异化，提出科学认识核心期刊的价值，准确界定核心期刊的功能[①]。

2. 报道性摘要

又被称为**资料性摘要**，指以提供内容梗概为目的，不加评论和补充解释，简明、确切地记述文献重要内容的短文[②]；一般适用于专题研究论文和实验报告型论文。它应该尽量完整和准确地体现原文的具体内容，特别强调指出研究的方法和结果、结论等[③]。

示例 1：《湘江水体中硒的分布》

为给综合防治湘江污染提供一定依据，对湘江水体中硒的分布进行了探讨。在湘江上游兴安县至洞庭湖的河口采集了 28 个底泥样品，用气相色谱法进行分析。结果表明：湘江底泥已受到不同程度的污染，其中有些硒含量超过本底值数十倍甚至数百倍，大多数样品中硒含量较一般土壤和底泥为高。还分析了污染严重的霞湾港水样，结果表明，此段江水中硒含量尚不高，在地面水最高容许浓度范围内[④]。

示例 2：《热密封法》（专利）

提出了一种加热密封法，即在纸板折叠箱闭合板的反面涂上一层极薄的防潮热塑性涂层。将加热空气通向待粘合的表面，表面接触点上的空气温度高于纸板的碳化点，由于气流通过纸箱的速率很高，纸箱受热持续时间极短，闭合板反面的涂层能保持不粘。表面的任一点在加热一段时间后很快就会粘合，条件是时间周期要短于该点与热空气接触的总时间。在这些条件下，用于使热塑性涂层软化的热量在粘合完成后便被纸板所吸收，纸板起了吸热器的作用而不需另有冷却

---

① 周健.核心期刊的概念和功能定位[J].中国科技术语,2015,17(2)：62-64.
② 全国文献工作标准化技术委员会.文摘编写规则：GB 6447—1986[S].北京：中国标准出版社,1986：1.
③ 朱月珍,主编.英语科技学术论文撰写与投稿[M].武汉：华中科技大学出版社,2001：7.
④ 同②：4.

装置①。

示例3：《简纸更替与中国古代基层统治重心的上移》

简纸更替对中国古代地方的行政管理与权力运作模式产生了重要影响。秦汉时期，由于简册书写不便，更因形体繁重，运输保管不易，以致户籍等各类基础帐簿只能在乡制作，最高呈至县级机构。这些文书所负载的管控民众、征发赋役的基层行政功能，也主要是在国家权力末端的乡一级机构展开。但乡吏介于官、民之间的政治身分以及鱼肉百姓的经济行为，向来为统治者所诟病；皇帝也因朝廷并不掌握赖以稽核的基础帐簿，无法遏制地方上计的严重造假而喟叹。纸张代替简册后，在帝国革除乡政弊端以及强化中央集权体制的内在驱动下，各种基础帐簿上移至县廷制作，基层事务亦随之由县令统揽。简纸更替虽为基层统治重心的上移提供了技术条件，但县廷并不具备直接面对分散个体小农的能力，随着唐后期地方社会结构的变化，新兴的士绅阶层逐渐登上乡村政治舞台，从而开启了后世"皇权不下县"的局面②。

学术界还将介于报道性摘要与指示性摘要之间的摘要称为**报道/指示性摘要**(informative-indicative abstract)，也称**半报道摘要**。言其特点是兼有两者的优点，对原始文献中的重要内容和情报信息予以详细摘述③。一般文摘员在做文摘时，可视情况编写此类文摘。而论文写作者通常就编写上述两种文摘就可以了。此处也不将报道/指示性摘要作为一类列出。

3. 结构性摘要

结构性摘要本质上是属于报道性摘要，但由于摘要中加入了"［目的/意义］""［方法/过程］""［结果/结论］"等提示语，方便作者将具体内容规范地表达出来，有利于编辑审稿和读者迅速了解论文所表达各项内容和结论，也有利于计算机检索，因此也有人称这种摘要为结构性摘要。简言之，结构性摘要指通过一种预先确定的命题或范畴系统来说明文献主题内容的一种摘要④。

示例：《睡美人与王子文献的识别方法研究》

［目的/意义］研究睡美人与王子文献的识别方法。分析唤醒机

---

① 全国文献工作标准化技术委员会.文摘编写规则：GB 6447—1986[S].北京：中国标准出版社，1986：4.
② 张荣强.简纸更替与中国古代基层统治重心的上移[J].中国社会科学，2019(9)：180-203，208.
③ 于鸣镝，张怀涛，主编.简明期刊学词典[M].北京：中国物价出版社，1999：13.
④ 李魁彩，编.情报与文献工作辞典[M].北京：中国城市经济社会出版社，1990：178.

制,为未来在学术交流体系中发现"王子"作者,发掘、唤醒低被引和零被引文献的潜在价值提供理论依据。[方法/过程]采用被引速率指标和睡美人指数两种客观指标识别1970—2005年临床医学四大名刊上发表的睡美人文献;基于以下4个原则寻找唤醒睡美人的王子文献:① 发表于被引突增的附近年份;② 本身被引次数较高;③ 与睡美人文献的同被引次数高;④ 在年度被引次数曲线上,王子文献对睡美人文献的"牵引或拉动"作用非常显著,即至少在睡美人文献引用突增的附近年份,王子文献的年度被引次数应高于睡美人文献。[结果/结论]由于考虑了全部引文窗的引文曲线,被引速率指标能够识别出那些被引生命周期长、至今仍持续不断高频被引的论文;睡美人指标能够快速识别出睡美人文献,但却无法反映年度被引次数达到峰值之后的引文曲线;将被引速率+发表最初5年年均被引次数两个指标结合起来能够更好地识别睡美人文献。分析发现,综述、指南、著作等"共识型"的文献对于引发那些提出了新思想但尚未被认可的睡美人文献的被引突增起到了关键作用。建议事后识别睡美人文献可采用客观指标与主观界定相结合的方法,事前预测睡美人文献要注意追踪其是否被"共识型"文献推荐和引用,学术评价要特别关注被引速率低的论文[1]。

有些英文研究文章和综合文献综述的结构性摘要的提示语用"研究议题(research problem)""研究问题(research questions)""文献综述(literature review)""方法论(methodology)""结果和结论(results and conclusions)";医学临床研究论文摘要的提示语用"背景(context)""目的(objective)""设计(design)""环境设置(setting)""介入(intervention)""主要测定结果(main outcome measure)""结果(results)"和"结论(conclusion)";案例研究论文摘要提示语用"背景(background)""研究问题(research question)""定位案例(situating the case)""方法论(methodology)""关于案例(about the case)""结论(conclusions)"等。这些均可为编写结构性摘要所参考。

09.3.2 摘要的编写

(1) 行文要求。客观、精炼、准确地揭示文献主题的内容。不得简单重复题名中已有信息。文字应简洁明了,逻辑严谨。用第三人

---

[1] 杜建,武夷山.睡美人与王子文献的识别方法研究[J].图书情报工作,2015,59(19):84-92.

称,不用"本文""作者"等为主语。句式要完整,可用连词和表示逻辑关系的短语加强连贯性。

（2）内容结构。长短适度,实证性的研究文章应该包括目的、方法、结果、结论等要素,结构要严谨,一般不分段。长摘要(学位论文摘要)才分段。

（3）文字数量。国际标准化组织对摘要长度做了明确规定,大多数实验研究性文章,字数在 1000~5000 字的,其摘要长度限于 100~250 个英文单词①。通常单篇学术论文的摘要为 200 字左右②。学位论文的"中文摘要一般字数为 300~600 字;外文摘要实词在 300 个左右。如遇特殊需要字数可以略多。"③在写作实践中,目前硕士论摘要多在 500 字至 800 字左右,博士论文摘要多在 1000 字至 2000 字左右,而普通学术论文在 200 字左右。

09.4 关键词

写完摘要,还要填写文章的关键词。**关键词**(keywords)是出现在文献的标题、摘要以及正文中,能够表达文献主题内容、可作为检索入口的未经过规范化的自然语言词汇④。关键词可由主题词和自由词组成。**主题词**(subject term)是为方便标引或检索文献而从自然语言的词汇里挑选出来并加以规范了的词或词组,如《汉语主题词表》⑤里的主题词。按照图书馆学的定义,主题词就是"各种主题法中用来表达文献主题内容的索引词的总称。一般包括标题词、单元词、叙词等规范化的索引词,有时还包括关键词等未经规范化处理的索引词。"⑥**自由词**(free term)则是未规范化且尚未收入主题词表中的词或词组。关键词的抽取,能从《汉语主题词表》中抽取最好,但实践中很少有人这么做,尤其是新的学术概念或语词主题词表里也没有。

---

① 朱月珍,主编.英语科技学术论文：撰写与投稿[M].2 版.武汉：华中科技大学出版社,2004.20.

② 全国文献工作标准化技术委员会.文摘编写规则：GB 6447—86[S].北京：中国标准出版社,1986：4.

③ 全国信息与文献标准化技术委员会.学位论文编写规则：GB/T 7713.1—2006[S].北京：中国标准出版社,2007：5.

④ 图书馆·情报与文献学名词审定委员会,编.图书馆·情报与文献学名词[M].北京：科学出版社,2019：116.

⑤ 中国科学技术情报研究所,北京图书馆,编.汉语主题词表[M].试用本.北京：科学技术文献出版社,1980.3.

⑥ 同④：115.

一般来说，一篇论文的关键词不超过5个，否则就不是关键词了，虽然国家标准《学位论文编写规则》(GB/T 7713.1—2006)①、《学术出版规范 关键词编写规则》(CY/T 173—2019)②规定每篇学位论文可选取3～8个词作为关键词，但也不必太多。

09.4.1 关键词的抽取原则

(1) 在选择或抽取关键词时，首先要对论文的**主题因素**(subject elements，构成学术论文主题的主体因素、方面因素、限定因素、时间因素和空间因素等)进行分析，即分析出整个论文中的**核心主题因素**(core subject elements，表达学术论文主题的关键性因素)、非核心主题因素进行分析，找出代表核心主题因素与重要相关的非核心主题因素的术语、概念。如《老年高血压患者生活质量分析》一文的核心主题关键词为："高血压；老年人；生活质量"，其中核心主题因素是"高血压"，非核心主题因素是"老年人""生活质量"③。

(2) 作为关键词的单词或术语一般在论文中有较高的使用频率，并同时具有专业具象含义，即应具有代表性、专指性、可检索性、规范性特征④。如图书馆学中的"文献""知识""图书馆""读者服务""参考咨询"等。而一些不能表示专业具象含义或语义性过于抽象、含糊的语词，如"理论""方法""途径""问题""特点""对策""建议""展望"等概念，以及一些动词，如"研究""防范""改进""提升""拓展""开发"等，不宜单独用作关键词，只能组成词组使用，如"图书馆学理论""阅读推广方法""数据伪造防范""阅览空间改进"等。

(3) 用简单的单词或术语，而不用复杂的复合词组。如讲图书馆建筑结构的文章，可用"图书馆""建筑结构"，或"图书馆建筑""建筑结构"两个关键词来表示，但不宜用"图书馆建筑结构"作关键词，因为组配形成的关键词太长，不便于计算机识别或检索使用。此外，还要注意应选择学科领域内公认的规范术语，如"脚踏车"应选用"自行车"，"电脑"应选用"计算机"；作品名称作为关键词时应加书名号，如"红楼

---

① 全国信息与文献标准化技术委员会.学位论文编写规则：GB/T 7713.1—2006[S].北京：中国标准出版社，2007：5.

② 全国新闻出版标准化技术委员会.学术出版规范 关键词编写规则：CY/T 173—2019[S/OL].行业标准信息服务平台，(2019-05-29)[2020-02-08]. http://hbba.sacinfo.org.cn/stdDetail/5e5296c079bcabc7d8215c53a550af5ba92f11629a8b2bfd61e3fe1acf6db08d.

③ 同②.

④ 袁晓燕，编著.科研学术论文写作概要[M].长沙：国防科技大学出版社，2007：36.

梦"应为"《红楼梦》";特定含义的词作为关键词时应加双引号,如《"一带一路"与中国经济发展》的关键词为:"一带一路";经济发展;产业结构升级;全球价值链①。

(4) 注意发现或抽象出隐性主题,并选用适宜的关键词表示出来。文章中直接、明确表达出来的主题叫**显性主题**,它是较易辨识的;但有些文章中没有直接、明确表达出来,而是隐含在不同字面形式中的主题就是**隐性主题**②。如杨琳的《〈金瓶梅词话〉发现始末考辨》(载《中国典籍与文化》2019 年 1 期)一文,其关键词应该是"金瓶梅词话;版本;流传史;明代小说"。因为该文考证的就是 1931 年《金瓶梅词话》万历丁巳年(1617 年)本发现于山西介休县的过程。"流传史;明代小说"就是该篇文章的隐性主题。

09.4.2 关键词的排列方式

关键词应按照反映主题的重要性排序。表达核心主题因素的关键词排在前面,表达非核心主题因素的关键词排在后面③。具体的方式主要有以下几种:

(1) "研究对象——高度相关面——一般相关面——弱度相关面"。如《合著论文作者贡献声明的学术规范框架研究》(载《中国科技期刊研究》2019 年 11 期)一文④,其关键词的排列就属于这个类型,应该为:"作者贡献声明;元数据框架;署名规范;合著论文;学术期刊"。

(2) "研究对象——上位(下位)面——上上位(下下位)面"。《核心期刊的概念和功能定位》(载《中国科技术语》2015 年 2 期)一文⑤,其关键词的排列就类似于这个类型,应该为:"核心期刊;期刊评价;成果评定;学术评价;科研管理"。

(3) "研究对象——可拓面 1——可拓面 2——可拓面 3"。如《网

---

① 全国新闻出版标准化技术委员会.学术出版规范 关键词编写规则:CY/T 173—2019[S/OL].行业标准信息服务平台,(2019-05-29)[2020-02-08]. http:// hbba. sacinfo. org. cn/stdDetail/5e5296c079bcabc7d8215c53a550af5ba92f11629a8b2bfd61e3fe1acf6db08d.

② 曹玉强,编著.中文文献标引工作实用手册[M].北京:知识产权出版社,2019:7.

③ 同①.

④ 张闪闪,洪凌子.合著论文作者贡献声明的学术规范框架研究[J].中国科技期刊研究,2019,30(11):1164-1170.

⑤ 周健.核心期刊的概念和功能定位[J].中国科技术语,2015,17(2):62-64.

贷平台的利率究竟代表了什么?》(载《经济研究》2019 年 5 期)[①],其关键词的排列顺序可以是："利率;网贷平台;网贷风险;网贷市场"。

(4)"研究对象——相关方面——相关空间——相关时间"。如《中国图书馆学教育九十年回望与反思》一文(载《中国图书馆学报》2009 年 6 期)[②],关键词的排列顺序就可以是："图书馆学教育;中国图书馆学;教育发展史"。

09.5　目次

目次(contents)也称目录,是学位论文各章节及相应页码的顺序列表[③]。因其层次分明,基本具有正文大纲性质。浏览目次就可了解正文的基本内容。目次的指引功能,还便于读者确定阅读其中某一部分,并快捷地找到相应位置。目次单另编排,就形成了一个目次表,其所在页码称为目次页。**目次页**(contents page)是论文中内容标题的集合,包括引言(前言)、章节或大标题序号和名称、小结(结论或讨论)、参考文注释、索引等[④]。目次页一般排在学位论文或学术著作的前言、序言之前。目次的编写要求如下:

09.5.1　章节标题不要太长

按照国家标准《学位论文编写规则》(GB/T 7713.1—2006)的要求,学位论文的题名字数一般不超过 25 个汉字[⑤],那么学位论文目次里的章节标题,字数也应该按此进行控制,不能太长。章节标题文字太长还要回行,不仅影响了目次的美观与协调,也使得读者费力。

09.5.2　章节编号不要超过四级

章节的编号可以用"第一章""第一节"的汉语表现形式,也可以采用阿拉伯数字"1""1.1""1.1.1"等形式。为使章节编号易于辨认和引用,章节的层次划分一般不超过四级,否则目次页会显得繁复、杂乱。

---

① 向虹宇,王正位,江静琳,等.网贷平台的利率究竟代表了什么?[J].经济研究,2019,54(5):47-62.

② 王子舟.中国图书馆学教育九十年回望与反思[J].中国图书馆学报,2009(6):70-78,96.

③ 全国信息与文献标准化技术委员会.学位论文编写规则:GB/T 7713.1—2006[S].北京:中国标准出版社,2007:2.

④ 同③.

⑤ 同③:4.

尽管有的正文内容章节细化到了四级以上,但是在目次页上以保留三级章节标题为宜①。

09.5.3 正文中图表清单要列在目次页之后

学位论文中如果图表较多,可以分别列出清单,即编写图表目录。图表清单分图清单和表清单。图的清单在前,应列出序号、图题和页码;表的清单在后,应列出序号、表题和页码②。如果正文中图多表少,或者图少表多,则可将图和表合在一起列出图表清单,图前表后。图表清单宜另起一页,置于目次页之后③。

示例:

图表清单

图 1-1 水射流分类示意图 ·· 2
图 1-2 后混合式磨料水射流发生原理示意图 ····················· 5
图 1-3 前混合磨料射流发生原理示意图 ···························· 6
  ……④

09.5.4 如有注释表也可集中置于图表清单之后

注释表是由符号、标志、缩略词、首字母缩写、计量单位、术语等注释说明汇集而成的⑤。

示例:

注释表⑥

λ	旅客需求泊松强度	P	随机分布函数
t	机票预售时间	f	机票价格
s	机票销售收益	k	旅客人数
$E()$	数学期望	n	已订票旅客人数

……

---

① 全国信息与文献标准化技术委员会第七分校技术委员会.科技文献的章节编号方法:CY/T 35—2001[S].北京:印刷工业出版社,2001:1-6.
② 全国信息与文献标准化技术委员会.学位论文编写规则:GB/T 7713.1—2006[S].北京:中国标准出版社,2007:5.
③ 姚养无,编著.科技论文写作基础[M].北京:国防工业出版社,2017:69.
④ 刘小健.磨料浆体射流技术及其机理研究[M]//博士学位论文编辑部,编.2006年上海大学博士学位论文.第2辑.上海:上海大学出版社,2010:138.
⑤ 同②.
⑥ 周蕾.航空收益管理中的定价模型研究[M].南京:东南大学出版社,2015:162.

09.6 绪论

绪论(introduction)又称**导论**、**引言**、**前言**等,是论文开头的引述。功能是说明论文撰写的目的、方法、资料来源,简要地说明要解决的问题或论证的假设是什么,以使读者对论文研究有一个前提的了解。普通学术论文,因篇幅不长,正文的开始就是自然而然的引言,因此就没有必要再冠以"绪论"这样的标题。但是学位论文的绪论则要单另成章,成为学位论文正文的起首章节。学位论文的绪论,一般是作者对本篇论文基本特征的简介,如说明研究工作的缘起、背景、目的、意义、编写体制,以及资助、支持、协作的经过等①。根据大量硕、博士生毕业论文的写作实例,学位论文绪论主要由以下几部分组成:

09.6.1 选题的意义

或称为"选题的缘由""问题的提出""选题背景""研究背景"等,主要是阐述为什么选择此论文题目,交代一下研究背景,包括本研究与有关领域中以前的研究有怎样的联系?阐述本研究的重要性在哪里,即研究该命题有怎样的学术价值和实践意义。

09.6.2 研究目的

提出本研究要解决的问题是什么?主要假设、次要假设以及目标是什么?本研究对于理论和实践的启发是什么?本节内容如果不多,也可合并到"选题的意义"中。

09.6.3 相关概念界定

即对本论文的主题概念及其相关概念进行定义或界定。如果是主题概念非常明确,相关概念也没有歧义,这一节也可以省略,直接进入下一节"文献研究综述"。如果主题概念是新语词或相关学术概念需要厘定的,则本节不能省略。

09.6.4 相关文献(研究)综述

对本选题相关的国内外学术研究现状、进展,进行综合评述。做文献综述时,要注意前后顺序,如采用先国外、后国内,先综合内容、后专门内容等。如果是博士生毕业论文,文献研究综述(历史回顾、文献回溯)应该单独成章,放在正文部分,并用充分、足够的文字进行叙述。

---

① 全国信息与文献标准化技术委员会.学位论文编写规则:GB/T 7713.1—2006[S].北京:中国标准出版社,2007:5.

09.6.5 研究内容

或称为"**论文结构**",即讲清楚本论文主体内容由几章构成,每章的主要内容是什么,重点解决或阐述了什么问题以及各章之间的逻辑关系如何。

09.6.6 主要研究方法

交代论文应用的主要研究方法是什么。注意不属于研究方法的内容不要列进来;所罗列的研究方法内容上不能交叉。如列出"文献研究法""网络研究法"等,"网络研究法"不仅不是研究方法,而且网络文献也是文献的一种,不宜与文献研究法并列。此外,研究方法不能罗列过多,列出主要应用的两三种即可。

09.6.7 创新与局限

阐述本论文将完成的创新是什么?本论文现有的研究局限,包括客观条件的限制与主观努力的不足有哪些。可以以罗列形式表述出来。注意在表述论文有可能实现的创新时,要慎言,实事求是,不能言过其实。

09.7 正文

正文(body text)是一部作品的行文,有别于章节开篇、副标题等展示性文本[①]。它是学术论文的核心部分,占全文的主要篇幅。如果说引言是提出问题,正文则是分析问题和解决问题。这部分是作者研究成果的学术性和创造性的集中体现,它决定着论文写作的成败和学术、技术水平的高低[②]。国家标准《学位论文编写规则》(GB/T 7713.1—2006)将绪论和正文合称为"**主体部分**",称"主体部分一般从引言(绪论)开始,以结论或讨论结束。""主体部分由于涉及的学科、选题、研究方法、结果表达方式等有很大的差异,不能作统一的规定。但是,必须实事求是、客观真切、准备完备、合乎逻辑、层次分明、简练可读。"[③]

09.7.1 论文的论述方式

正文的论述方式可以有两种形式:一种是将科学研究的全过程

---

① 美国芝加哥大学出版社,编著.芝加哥手册:写作、编辑和出版指南[M].吴波,余慧明,郑起,等译.16版.北京:高等教育出版社,2014:920.
② 科技论文正文书写的要求[J].中国现代医药杂志,2015,17(4):94.
③ 全国信息与文献标准化技术委员会.学位论文编写规则:GB/T 7713.1—2006[S].北京:中国标准出版社,2007:5.

作为一个整体,对有关各方面作综合性的论述;另一种是将科学研究的全过程按研究内容的实际情况划分为几个阶段,再对各个阶段的成果依次进行论述。由于研究对象、研究方法和研究成果的不同以及学科的不同,对正文的写作和编排不能作出统一的规定,但一般科技论文正文部分都应包括研究的对象、方法、结果和讨论这几个部分[①]。

09.7.2 论文的写作要求

论文总的写作要求可简述为:主题明确、结构严谨、论证充分、结论清楚[②]。论文内应尽量利用事实和数据说理。凡是用简要语言能够讲述清楚的内容,应用文字陈述;用文字不容易说明白或说起来比较烦琐的,可用图或表来说明。图或表要具有自明性,即图表本身给出的信息就能够表达清楚要说明的问题。避免用图和表反映相同的数据。图和表要精心选择和设计,删去可有可无的或重复表达同一内容的图和表。引用的资料,尤其是引用他人的成果应注明出处[③]。

切忌用教科书式的方法撰写论文,对已有的知识避免重复论证和描述,尽量采用标注参考文献的方法;对用到的某些数学辅助手段,应防止过分注意细节的数学推演,必要时可采用附录的形式供读者选阅[④]。

正文撰写中涉及量和单位、插图、表格、数学式、化学式、数字用法、语言文字和标点符号、参考文献等,都应符合有关国家标准[⑤]。

09.7.3 章节编号的分级

从绪论开始到正文,学位论文的章节编号要统一格式和方法。为使章节编号易于辨认和引用,章节的层次划分一般不超过四级,每一级标题的末尾不加标点。当文章的结构复杂,需将章节的层次再细化时,则采用扩充类型的章节编号[⑥]。

(1) 文科类的论文。一般文科类的论文采用汉字与阿拉伯数字

---

① 科技论文正文书写的要求[J].中国现代医药杂志,2015,17(4):94.

② 王文跕,田保杰,主编.科技论文的写作与发表[M].北京:国防工业出版社,2007:54.

③ 同①.

④ 同①.

⑤ 同①.

⑥ 全国信息与文献标准化技术委员会第七分校技术委员会.科技文献的章节编号方法:CY/T 35—2001[S].北京:印刷工业出版社,2001:1-6.

混用方法编号,第一级为"第一章""第二章""第三章"或"一""二""三"等,第二级为"第一节""第二节""第三节"或"(一)""(二)""(三)"等,第三级为"1.""2.""3."等,第四级为"(1)""(2)""(3)"等。

(2) 理工类的论文。一般采用分级阿拉伯数字编号,第一级为"1""2""3"等,第二级为"1.1""1.2""1.3"等,第三级为"1.1.1""1.1.2""1.1.3"等,第四级为"1.1.1.1""1.1.1.2""1.1.1.3"等[①]。如表09-1所示。

表09-1 章节层次名称编号级次表[②]

类型	级次	名称	编号	说明
向上扩充类型			0 概论	如章数较多,为层次清晰、使用方便,可以组合若干章为一篇,如:第1篇、第2篇。篇的编号后仍保持该文献章的连续性。
	上1级	篇	第1篇	
基本类型	第1级	章	1……	章节编号在页面上居左。
	第2级	节	1.1……	
	第3级	节	1.1.1……	
	第4级	节	1.1.1.1……	
向下扩充类型	下1级	条	1.……	如章节的层次较多,可在基本类型章节编号的基础上向下扩充层次的编号,用增加带符号的阿拉伯数字方式表示。
	下2级	款	1)……	
	下3级	项	(1)……	
	下4级	段	①……	

09.7.4 章节编号的排列格式

(1) 编号数字与标题之间应有一字空,基本类型章节标题末一般不加符号。

(2) 基本类型章节编号全部顶格排,正文另起行;章的编号也可以居中排,但全文献应统一。

(3) 向上扩充类型"篇"的编号及其标题之间应有一字空,并居中排。

(4) 向下扩充类型"条、款、项、段"的编号前应有二字空,正文接排,标题与正文之间应有一字空。在正文中书写向下增加的4级层次时,其后不加量词"条、款、项、段"等字样,只在引用时书写成"3条、5

---

① 施新,主编.毕业设计(论文)写作指导[M].重庆:重庆大学出版社,2011:22.
② 全国信息与文献标准化技术委员会第七分校技术委员会.科技文献的章节编号方法:CY/T 35—2001[S].北京:印刷工业出版社,2001:1-6.

款、7项、9段"等。

(5) 为了版式的美化,各级编号的排列格式可以变化,但全书应统一。

(6) 篇、章、节、条、款、项、段,都应有标题。标题文字要精练,一般不超过15个字①。

09.7.5 列项说明的编号、符号

正文内容需要列项说明时,可在各项前加汉字序次语,也可在各项前加编号,在各项前加符号。

(1) 列项说明也可在各项前用汉字序次语,如:第一,第二,第三;其一,其二,其三;首先,其次,再次;一、二、三;甲、乙、丙等。需要注意的是序次语:"第一""其一""首先"的后面只能用逗号,不用顿号;序次语"一""甲"的后面只能用顿号,不用逗号。一般汉字序次语不再细分②。

(2) 理工类论文列项说明的编号,用带半括号的英文小写字母,如需细分时用带双括号的英文小写字母。只有基本类型而无向下扩充类型科技文献的列项说明,也可用带半括号的阿拉伯数字。如需细分时用带双括号的阿拉伯数字③。

(3) 列项说明的符号。列项说明可在各项前用破折号"——",也可用实心圆或其他符号,如:·、◆、■、◇、等④。

示例1:

下列各类仪器的任何一种都不需要开关:

——正常操作状态下,功耗不超过10W的仪器;

---

① 全国信息与文献标准化技术委员会第七分校技术委员会.科技文献的章节编号方法:CY/T 35—2001[S].北京:印刷工业出版社,2001:1-6.

② 同①.

③ 同①.

④ 同①.

——在任何故障状态下使用后,2min 内测得功耗不超过 50W 的仪器;

——用于连续操作的仪器。

示例 2:

仪器的震动可能产生于:

● 转动部件的不平衡;

● 仪器座的轻微变形;

● 滚动轴承;

● 气动负载①。

09.7.6　图及图的编号

学位论文包括学术论文的内容,凡是用文字能够表述清楚的应用文字来叙述,用文字不容易说明的可用图来表达。图是论文中的重要组成部分,要具有自明性,即只看图,不阅读正文,也可理解其意。

(1) 图的类型。包括坐标图、曲线图、构造图、示意图、框图、记录图、布置图、地图、素描图、照片、图版等。**坐标图**是用来展示两个量化指标之间或一个连续变量(通常用 y 轴表示)和各组受试之间关系的典型方法;**示意图**一般用来展示像过程中受试流动这样的非量化信息,例如流程图;**框图**是表示一个系统各部分和各环节之间关系的图示;**地图**一般用来展示空间关系;**素描图**以图画的形式展示信息;照片包含的是信息的直观视觉表现②。

(2) 图应有图题和编号。**图题**即图的名称,置于图的编号之后。编号和图题之间应一字空。编号和图题要放在图下方位置③④。"示例"或"注"中的图均不编号。

(3) 编号的序列。编号可以按照先后顺序表示,如"图 1""图 2"等,只有一幅图时,也应编号为"图 1";多章的文献,图的编号可以分章

---

① 全国信息与文献标准化技术委员会第七分校技术委员会.科技文献的章节编号方法:CY/T 35—2001[S].北京:印刷工业出版社,2001:1-6.

② 美国心理协会,编. APA 格式:国际社会科学学术写作规范手册[M].席仲恩,译.重庆:重庆大学出版社,2011:143.

③ 全国信息与文献标准化技术委员会 学位论文编写规则:GB/T 7713.1—2006[S].北京:中国标准出版社,2007:5-6.

④ 同①。

编号排序,如"图 1-1"(第一章第一幅图)、"图 3-2"(第三章第二幅图)等[①]。如果某幅图需要转页接排,在随后接排该图的各页上应重复图的编号、图题(可选)和"(续)",如"图×(续)"。

(4) 如果图中所有量的单位均相同,应在图的右上方用一句适当的关于单位的陈述(如"单位为毫米")表示,否则应在每个数值后标明其单位(用符号表示);在图中应使用标引序号说明或图脚注代替文字描述,要置于图中下方;"说明"之后还可以设置图注,只有一个图注时标明"注:",有多个图注时应标明"注1:""注2:";图注之后还可以有图的脚注,使用上标[a]、[b]、[c]对脚注进行编号[②]。

示例:

单位为毫米

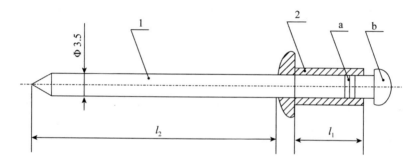

l_1	l_2
6	27
12	
20	
30	

说明:

1——钉芯;

2——钉体。

[①] 全国信息与文献标准化技术委员会第七分校技术委员会.科技文献的章节编号方法:CY/T 35—2001[S].北京:印刷工业出版社,2001:1-6.

[②] 全国标准化原理与方法标准化技术委员会.标准化工作导则 第1部分:标准化文件的结构和起草规则:GB/T 1.1—2020[S].北京:中国标准出版社,2020:25-30.

钉芯的设计应保证：安装时，钉体变形、胀粗，之后钉芯抽断。
注：此图所示为开口型平圆头抽芯铆钉。
[a] 断裂槽应滚压成型。
[b] 钉芯头的形状与尺寸由制造者确定。

图×　抽芯铆钉[①]

（5）照片图要求主题和主要显示部分的轮廓鲜明，便于制版。如用放大缩小的复制品，必须清晰，反差适中。照片上应该有表示目的物尺寸的标度[②]。

09.7.7　表及表的编号

一个简单的表格可以呈现好几个段落才能描述清楚的问题。表格适合于表现科学、统计、金融以及技术方面的内容。同一论文中的所有表格的表题、缩写词、行距、字体、缩排等主要格式，一定要全文保持一致[③]。表格本身也要具有自明性。

（1）**表应有表题和编号。表题**即表的名称，置于表的编号之后。编号和表题之间应一字空。编号和表题的位置与图不同，是放在表上方的位置[④][⑤]。表注（表的说明文字）是对表中缩写、符号，以及栏、行、单元格的解释或说明，要置于表中下方[⑥]。只有一个表注时标明"注："，有多个表注时应标明"注1：""注2："等；表注之后还可以有表的脚注，使用上标[a]、[b]、[c]对脚注进行编号。

示例：

---

① 全国标准化原理与方法标准化技术委员会.标准化工作导则　第1部分：标准化文件的结构和起草规则 GB/T 1.1—2020[S].北京：中国标准出版社，2020：25-30.
② 全国信息与文献标准化技术委员会.学位论文编写规则：GB/T 7713.1—2006[S].北京：中国标准出版社，2007：5.
③ 美国芝加哥大学出版社，编著.芝加哥手册：写作、编辑和出版指南[M].吴波，余慧明，郑起，等译.16版.北京：高等教育出版社，2014：118-119.
④ 同②.
⑤ 全国信息与文献标准化技术委员会第七分校技术委员会.科技文献的章节编号方法：CY/T 35—2001[S].北京：印刷工业出版社，2001：1-6.
⑥ 美国心理协会，编.APA格式：国际社会科学学术写作规范手册[M].席仲恩，译.重庆：重庆大学出版社，2011：132.

表×　SI 基本单位[①]

量的名称	单位名称	单位符号
长度	米	m
质量[a]	千克(公斤)[b]	kg
时间	秒	s
电流	安[培]	A
热力学温度	开[尔文]	K
物质的量	摩[尔]	mol
发光强度	坎[德拉]	cd

注1：本标准所称的符号，除特殊指明外，均指我国法定计量单位中所规定的符号以及国际符号。

注2：无方括号的量的名称与单位名称均为全称。方括号中的字，在不致引起混淆、误解的情况下，可以省略。去掉方括号中的字即为其名称的简称。

[a] 人民生活和贸易中，质量习惯称为重量。
[b] 圆括号中的名称，是它前面的名称的同义词。

（2）编号的序列。编号可以按照先后顺序表示，如"表 1""表 2"等，只有一张表时，也应编号为"表 1"；多章的文献，表的编号可以分章编号排序，如"表 1-1"（第一章第一张表）、"表 3-2"（第三章第二张表）等[②]。注意，论文中有图有表，图和表的编号要各自分排序列，不得混在一起排序。

（3）如果某个表需要转页接排，在随后的各页上应重复表的编号。编号后跟表题（可省略）和"（续）"，置于表上方居中位置，如"表×（续）"。续表均应重复**表头**（不含数据的表格第一行，即表格内容项目的文字说明行）[③]。

09.7.8　定理、公式的编号

（1）定理、公式的排列也要按先后顺序，如"**定理 3**""**定理 4**""**式 7**""**式 8**"等。定理、公式一般要另起行。只有一个定理时，也应编号为"**定理 1**"。公式不必全编号，为了便于互相参照时才编号。多章的文献，定理、公式的编号可以分章编号排序，如"**定理 1-1**"（第一章第一个

---

①　白殿一.标准的编写[M].北京：中国标准出版社，2009：142.
②　全国信息与文献标准化技术委员会第七分校技术委员会.科技文献的章节编号方法：CY/T 35—2001[S].北京：印刷工业出版社，2001：1-6.
③　全国信息与文献标准化技术委员会.学位论文编写规则：GB/T 7713.1—2006[S].北京：中国标准出版社，2007：5-6.

定理)、"式(3-2)"(第三章第二个公式)等①。

(2) 定理另起行时,"定理"两字及其编号用黑体,如:**定理 3**、**定理 2-1**。定理编号与该定理文字之间应有一字空②。

(3) 公式另起行时,如果要排在左右居中的位置,公式编号应该标注所在行的(当公式有续行时,应标注在最后一行)的最右边,此时公式编号前不写"式"字,公式与编号之间可用"……"表示连接。

示例:

$$w_1 = u_{11} - u_{12}u_{21} \qquad \cdots (5)③$$

09.8　作者贡献声明、致谢

09.8.1　作者贡献声明

作者贡献声明(author contributions statement),也称**作者贡献说明**,是合作者在投稿或论文中对每位署名作者具体都做了怎样贡献的声明。属于学术期刊实行的一种学术规范方式,有利于分清每位作者所做出的实质贡献以及承担的相应责任,也便于后续知识发展的回溯工作④。作者署名揭示了作者次序并被广泛认可和使用,作者贡献声明则是对每位作者所做贡献的详细说明,二者具有相互补充之功能⑤。作者贡献声明通常放置在论文的结尾处。

(1) 作者贡献的内容,主要涉及:确定论文选题、提出(制定)研究思路、设计研究方案、撰写(起草)论文、修改论文、构建模型、数据收集、数据清洗、数据处理、数据分析、算法设计、系统设计与开发、进行实验/研究、文献/资料调研与整理、提供指导与建议、问卷设计与发放、绘制图表、统稿、最终版本修正等⑥。

(2) 编写时,应按顺序说明不同作者对论文的贡献。主要贡献者

---

① 全国信息与文献标准化技术委员会第七分校技术委员会.科技文献的章节编号方法:CY/T 35—2001[S].北京:印刷工业出版社,2001:1-6.
② 同①.
③ 全国信息与文献标准化技术委员会.学位论文编写规则:GB/T 7713.1—2006[S].北京:中国标准出版社,2007:5-6.
④ 张闪闪.作者贡献声明对学术期刊的影响[J].编辑学报,2018,30(4):353-357.
⑤ YANG S L,WOLFRAM D,WANG F F. The relationship between the author byline and contribution lists: a comparison of three general medical journals[J]. Scientometrics,2017,110(3):1273-1296.
⑥ 丁敬达,王新明.作者贡献声明及与作者署名之间的关系:基于 3 种图情学期刊的实证研究[J].图书情报工作,2017,61(24):63-70.

在前,次要贡献者在后。

示例:《作者贡献声明及与作者署名之间的关系:基于 3 种图情学期刊的实证研究》

作者贡献说明:

丁敬达:提出论文选题与研究思路,修订研究方案,撰写并修改论文;

王新明:设计研究方案,数据采集与处理,撰写论文。

09.8.2 致谢

致谢(acknowledgement)是对研究给予实质性帮助但不符合作者条件的单位或个人的致敬与感谢。"致谢"通常位于作品尾部。因致谢内容能记录在案,为保障致谢内容的真实性,作者应在投稿时附上被致谢者认可的亲笔签名(或影印件),收稿编辑在最后确定用稿前也要对被致谢者进行核实[①]。被感谢方包括:

(1) 对本研究提供经费资助或技术支持的单位或个人;
(2) 为完成本研究提供了便利条件的单位或个人;
(3) 协助修改和提出重要建议的人;
(4) 给予资料、图片、观点和设想等转载和引用权的所有者;
(5) 其他做出贡献又不能成为作者的人[②]。

09.9 附录

附录(appendix)是指附在正文后面与正文有关的文字或参考资料[③]。即因内容太多,篇幅太长而不便于写入论文,但又必须向读者交代清楚的一些重要材料。主要是因为有些内容意犹未尽,列入正文中撰写又恐影响主体突出,为此在论文的最后部分用补充附录的方法进行弥补[④]。

09.9.1 附录的内容

附录作为主体部分的补充,并不是必需的。一般下列内容可以作

[①] 刘协祯.谈科技论文的致谢[J].编辑学报,1992(3):181.
[②] 董琳.科技论文作者的署名和致谢[J].中国计划生育学杂志,2007(4):255-256.
[③] 鞠英杰,主编.信息描述[M].合肥:合肥工业大学出版社,2010:30.
[④] 曾峥,等.数学教师专业发展的理论与探索[M].广州:暨南大学出版社,2004:101.

为附录编于论文之后[①]:

(1) 为了整篇论文材料的完整,但编入正文又有损于编排的条理性和逻辑性,这些材料包括比正文更为详尽的信息、研究方法和更深入的技术叙述,对了解正文内容有用的补充信息等。

(2) 由于篇幅过大或取材于复制品而不便于编入正文的材料。

(3) 不便于编入正文的罕见珍贵资料。

(4) 对一般读者并非必要阅读,但对本专业同行有参考价值的资料。

(5) 正文中未被引用但被阅读或具有补充信息的文献。

(6) 某些重要的原始数据、数学推导、结构图、统计表、计算机打印输出件等。

09.9.2 附录的编号

(1) 每个附录应该有编号、标题。编号用罗马字母(即正体大写拉丁字母),如"附录 A""附录 B""附录 C"等。附录编号及其标题之间应有一字空,置于附录正文的上方。只有一个附录时也必须编号,为"附录 A"[②]。

(2) 附录中的章、节、图、表、定理、公式的编号,应与正文编号区分开,即在阿拉伯数码前应冠以附录的编号。如"A1""B1.1","图 C1""图 D3","表 E5""表 F7","**定理 A1**""**定理 B2**","式(C3)""式(D46)"等[③]。

[①] 全国信息与文献标准化技术委员会.学位论文编写规则:GB/T 7713.1—2006[S]. 北京:中国标准出版社,2007:7.
[②] 同①:3.
[③] 同①:3.

10 写作规范

10.1 术语的定义

术语(term, terminology)为"各门学科的专门用语,在专业范围内表示单一的专门概念,如语言学术语'主语'、哲学术语'物质'、政治经济学术语'商品'等。在一定条件下,某些术语可由专门意义引申出一般的意义,从而获得全民性,成为一般词语。例如'腐蚀''消化'等。"① 简言之,术语可以表述为"表示相对单一或相对确定概念的专门用语"②。术语有**简单术语**(simple term)、**复合术语**(compound term)之别,前者指只有一个词根的术语,如声、光、电、葡萄等;后者是由两个或更多的词根构成的术语,如声波、光束、电压、葡萄干等。此外,取自另一种语种或另一专业领域的术语,称作**借用术语**(borrowed term)③。

10.1.1 定义及其结构、类型

为术语下定义,要先了解什么是定义。**定义**(definition)是"描述一个概念并区别于其他相关概念的表述。"④

1. 定义的结构

定义是由被定义项、定义项和定义联项三个部分组成的。**被定义项**(definiendum)是要予以定义的词或词组,而**定义项**(definiens)是进行该定义的词或词组,**定义联项**(connected term of definition)是表示被定义项与定义项之间的必然联系的语词,其中比较常用的语词为"是""是指""就是"等。例如,在"'老虎'意指原生于印度和亚洲丛林的一种巨大的有斑纹的凶猛的猫科动物"这一定义表述中,"老虎"一词是被定义项,而"意指"这个词被称为"定义联项",其后的那一切就

---

① 语言学名词审定委员会,编.语言学名词[M].北京:商务印书馆,2011:91.
② 屈文生.从词典出发:法律术语译名统一与规范化的翻译史研究[M].上海:上海人民出版社,2013:6.
③ 中国标准研究中心.术语工作 词汇 第1部分:理论与应用:GB 15237.1—2000[S].北京:中国标准出版社,2001:3-4.
④ 同③.

是定义项,定义就是这样将一种意义"指派"给它的被定义项①。

2. 定义的类型

定义可分为内涵定义、外延定义。

(1) 内涵定义(intensional definition)。是用上位概念和区别特征描述概念内涵的定义②。它是反映概念所对应事物具有的本质属性的一种定义,一种常用的科学定义的方式③:

定义=上位概念+用于区分所定义概念与其他并列概念的区别特征

例如,"货船"的内涵定义为"运载货物、以机械为动力的船舶"。这里"船舶"就是上位概念,"运载货物"和"以机械为动力"是区别特征。**上位概念**(superordinate concept)也称"种概念",与下位概念(也称"属概念")相对,是具有从属关系的两个概念之中外延较大的概念。如"精神"和"科学精神"两个概念间,"精神"是种概念,即上位概念;"科学精神"是属概念,即下位概念。

(2) 外延定义(extensional definition)。是列举根据同一准则划分出的全部下位概念来描述一个概念的定义④,故也称为**列举(式)定义**。在给术语下定义时,通常在内涵定义难以撰写时,才使用外延定义。当被列举的概念数目有限,概念的列表完备以及为大众所熟知时,可以采用外延定义。如"太阳系行星"的外延定义为"水星、金星、地球、火星、木星、土星、天王星和海王星的总称";"词缀指前缀、中缀和后缀"。**下位概念**(subordinate concept)也称"属概念",与上位概念(也称"种概念")相对,是具有从属关系的两个概念间,外延较小的概念。

10.1.2 定义规则

定义规则(definition rule)是给术语作出正确定义所遵守的规则。定义规则有:

1. 定义项中不能直接地或间接地包括被定义项

定义项中包括被定义项会犯"循环定义"(也称"同语反复")的错误。**循环定义**(circular definition)是指下定义时,定义项直接或间接

---

① [美]赫尔利.简明逻辑学导论[M].陈波,等译.10版.北京:世界图书出版公司北京公司,2010:66-67.
② 中国标准研究中心.术语工作 词汇 第1部分:理论与应用:GB 15237.1—2000[S].北京:中国标准出版社,2001:3.
③ 白殿一.标准的编写[M].北京:中国标准出版社,2009:82-83.
④ 同②.

地包括了被定义项所犯的错误。这样就达不到明确被定义概念的目的。例如,"民主主义者是信仰民主主义的人",这个定义的定义项直接地包括了被定义项中"民主主义"这个概念;又如,"生命是有机体的新陈代谢",此定义中定义项包含了"有机体"这个概念,而"有机体"这个概念又需要用生命来说明,因此,这个定义的定义项间接地包括了被定义项,实际上并不能使人们了解生命的本质属性。定义项直接地包括被定义项的错误,是比较少的。但是,定义项间接地包括被定义项的错误,是人们常犯的①。再如,在同一作品表述"艺术品是引发人类美感的制品"和"美感是人欣赏艺术品时产生的心理感受",这两个定义就属于在同一概念体系中的循环解释②。

2. 定义项的外延与被定义项的外延必须全同

定义项的外延与被定义项的外延全同才能达到用定义项明确被定义项的目的。例如,"等边三角形就是三边相等的三角形",这是一个正确的定义。凡是三边都相等的三角形都是等边三角形,而且凡等边三角形也都是三边都相等的三角形。因此,"三边相等的三角形"的外延与"等边三角形"的外延是全同的。违反这条规则就要犯**"定义过宽"**(too broad definition)或**"定义过窄"**(too narrow definition)的错误③。如"工业部门就是社会生产部门",就是定义过宽,即定义项的外延大于被定义项的外延,因为定义项"社会生产部门"不仅包括被定义项"工业部门",还包括"农业部门""交通运输部门"等;而"工业部门就是从事机器制造的社会生产部门",就是定义过窄,即定义项的外延小于被定义项的外延,因为被定义项"工业部门"不仅包括定义项"从事机器制造的社会生产部门",还包括"从事生活资料制造的社会生产部门""从事自然资源采掘的社会生产部门"等④。

3. 除非必要,定义项不应包含否定语词

否定语词是反映事物不具有某种属性的语词,它不能指明事物具有某种属性。如果定义项中包含了否定语词,那么,定义项只能表示被定义项不具有某种属性,而不能反映被定义项具有某种属性。这样,就没有达到明确被定义项的目的。如"曲线就是不直的线",这个

---

① 《逻辑学辞典》编辑委员会,编.逻辑学辞典[M].长春:吉林人民出版社,1983:505-506,786-787.

② 国家质量技术监督局国家标准技术审查部,编.标准制定和编写实用问答:2001版[M].北京:中国标准出版社,2001:95.

③ 同①.

④ 冯契,主编.哲学大辞典[M].上海:上海辞书出版社,2001:上册,278.

定义包含了否定语词,因它只表示"曲线"不具有"直的"这一属性,而没有揭示出"曲线"具有什么特有属性,所以是不正确的[①]。再如"菱形不是长方形"这一定义,就是不正确使用了否定词的定义,因为"菱形"不是否定性的概念,可表述为"是在一个平面内,有一组邻边相等的平行四边形"。所以,只有在概念本身是否定性的情况下,才可使用否定定义。如"平行线就是在同一个平面内,两条不相交的直线""无性繁殖是不通过生殖细胞的结合而由亲体直接产生子代的繁殖方式",这是正确使用了否定定义[②]。

4. 定义项不能包括含混的概念或语词,不得用比喻

一个定义的定义项,如果包括了含混的概念或语词,那么这个定义项本身就是不明确的。不明确的定义项起不到明确被定义项的作用。例如德国哲学家杜林给生命下定义时称,"生命是通过塑造出来的模式化而进行的新陈代谢"。这个定义的定义项就包含了"塑造出来的模式化"这一不可捉摸的含混概念,因此遭到了恩格斯的批评,称这是"毫无意义的胡说八道。"[③]又如"年鉴是知识的密集,信息的密集,时间的密集,人才的密集型的资料性工具书"[④],这个定义中的"时间的密集""人才的密集"就不能一望而知确指的是什么。此外,定义项中也不能用比喻。因为比喻不能直接地揭示事物的特有属性。如"儿童就是祖国的花朵""书籍是人类进步的阶梯",这只是对被解释对象的形象的说明,而不能作为科学的定义。

10.1.3 术语编写注意事项

(1) 定义要简明。即定义必须准确、简洁,除指明上位概念外,只需写明区别特征。例如,"船舶是水路交通工具,依靠人力或机械驱动。"这里的"依靠人力或机械驱动"是冗余的,应删除[⑤]。

(2) 对某术语或概念下定义时,应该查找一下是否已有定义。如果已有定义可以使用,则不必重复定义。若已有定义有多种表述,可以择优而用。如语法的定义有数种:"是语言结构的规律""是词的构

[①] 《逻辑学辞典》编辑委员会,编.逻辑学辞典[M].长春:吉林人民出版社,1983:505-506.

[②] 国家质量技术监督局国家标准技术审查部,编.标准制定和编写实用问答:2001 版[M].北京:中国标准出版社,2001:95.

[③] 同①.

[④] 肖东发,等.年鉴学概论[M].北京:中国书籍出版社,1991:74.

[⑤] 同②.

成和变化的规律和组词成句规则的总和,也就是语言中词和句子的结构规律""语法是词、词组、句子的结构和运用规则"等,如果从简明、确切的要求看,第三个定义更符合"语法"的定义要求"[①]。

(3) 一个术语有多个名称时,可以选取一个最佳术语作为优先术语,而另一个设为许用术语。**优先术语**(preferred item)是推荐使用的**术语**,**许用术语**(alternative item)为该术语的别称,可用"简称""又称""也称""俗称"等方式表示,或用文中夹注的方式予以保留。例如"科学研究"简称"科研",也称"学术研究",是指建构新知识并使其理论化或验证化的活动。

(4) 术语的英文对应词应该全部小写(特殊含义的英文词除外),且名词为单数,动词为原形[②]。如"无形学院(invisible college)""影响因子(impact factor)""杜威十进分类法(Dewey Decimal Classification)""布拉德福定律(Bradford's Law)"等。

10.2 专有名词翻译

名词可分为普通名词和专有名词。**专有名词**(proper noun)是表示个别的人、地、事物等所特有的名词。例如:John is a student.(约翰是一名学生。)student 即是普通名词,John 即是专有名词[③]。专有名词主要包括人名、地名、时间名、报刊名、单位团体名等。

10.2.1 专有名词翻译原则

在翻译外国专有名词时,应遵循以下几个基本原则:

1. 约定俗成原则

翻译外文文献的专有名词时,首先要查考是否已经有了中译名。如果有些中译名已经存在较长时间,并被人们所熟知认可,广为使用,即使译名未严格按照翻译要求来翻译,那也不宜再重译或改译。例如 Adam Smith 是英国著名古典政治经济学家亚当·斯密,严复的译名已沿用一百多年,现无必要再改翻成"亚当·史密斯";英国剧作家 George Bernard Shaw,被巴金等译成萧伯纳,把姓还移到了前面,如果按标准音译 Bernard,则应译作"伯纳德"。再如,澳门葡语为"Macau"(英语 Macao),是早期葡萄牙人依当地"妈阁"而命名的,沿用

---

① 张静.语言·语用·语法[M].郑州:文心出版社,1994:949.
② 张利华,编著.编辑谈标准编写[M].北京:中国标准出版社,2013:73.
③ 薄冰,何政安,编著.薄冰英语语法[M].北京:开明出版社,2014:12.

至今无必要更改了;还有,Marriott Group 已通行译为"万豪集团",就不能再译为"马里奥特公司"了。

同理,汉语专有名词在译为英语时,也存在约定俗成要求。现行翻译遵循的是汉语拼音标准,但 20 世纪 60 年代以前,人们遵从的是威妥玛式拼音法(Wade-Giles romanization),蒋介石被译为 Chiang Kai-shek,茅台被译成 Moutai。现在,Kungfu(功夫)、I Ching(易经)、Tai chi(太极)等还被吸纳进英文的外来语。

2. 名从主人原则

专有名词的翻译应该尽量依照专有名词对象所属国家或民族的读音和写法①。特别是在人名、地名等专有名词翻译时,所属国及其语言已有使用的汉译称谓,则要尊重其使用。例如末代港督 Chris Patten 的中文名字彭定康,就是其本人选择了自己的中文名字;曾任澳大利亚总理的 Kevin Michael Rudd(凯文·迈克尔·拉德),他在大学期间曾修读中国文学和历史,自己给自己取了中文名"陆克文",故中国人称其汉语译名就为"陆克文"。

韩国的首都以前称作"汉城",我国文献中,这个称谓从明清以来就有了。但韩国从 1946 年以来确定其为"Seoul"(罗马字母音"瑟乌尔",意为"京师""首都")。1992 年中韩建交后,韩方一直致力于推动中方放弃"汉城"名的使用。尽管早已约定俗成,但 2005 年以后,中国遵从名从主人原则,接受这个韩国的方案叫"首尔",不再称为"汉城"②。

不过也有不同情况,2003 年柬埔寨首相洪森(Hun Sen),因华人朋友建议而改名寓意更好的"云升",柬埔寨通过中国外交部致函新华社把首相译名改了过来。但由于使用过程中,已经习惯了叫"洪森"的华裔柬埔寨人觉得很别扭,并因在政府部门的法律文书中,两个名字并存造成了很多麻烦,于是不到一年新华社又被通知把"云升"改回了"洪森"③。这个例子说明,除非必要,约定俗成原则优先于名从主人原则。

3. 归口权威原则

在上述两种原则找不到依据的情况下,还可以按照归口权威原则来翻译专有名词,即找到权威单位的翻译规范要求确定译名。2000 年

---

① 江雯雯,张莉.浅析专有名词翻译原则和策略[J].安徽教育科研,2018(2):36-37.
② 龚益.社科术语工作的原则与方法[M].北京:商务印书馆,2009:295-299.
③ 漆菲.外国政要译名背后的故事[J].政府法制,2009(12):40.

通过的《中华人民共和国国家通用语言文字法》第二十五条规定："外国人名、地名等专有名词和科学技术术语译成国家通用语言文字,由国务院语言文字工作部门或者其他有关部门组织审定。"①目前,在国家语言文字工作部门尚未颁布专有名词翻译规范的指导意见情况下,某些权威工具书就具有了规范性指导意义,如新华社译名室编写的《英语姓名译名手册》(第四版,商务印发馆,2004年)等一套翻译参考资料,除了英语的还出版了西、意、葡、罗、俄、法、德、日等译名手册。此外,新华通讯社译名室编《世界人名翻译大辞典》(中国对外翻译出版公司,1993年),收词达65万条,涉及100多个国家和地区,也是外国人名翻译的重要参考工具。其他如中国地名委员会编辑的《外国地名译名手册》《美国地名译名手册》《联邦德国地名译名手册》《苏联地名译名手册》等,亦为外国地名的汉译权威工具书。

4. 按实定名原则

按实定名,指根据专有名词指称对象的具体内容来确定名称②。新专有名词的翻译,由于没有可借助的参考工具,其难度是很大的。一般要遵循"按实定名"的原则,充分利用译入语的语料资源,结合译入语的构词规律,才能达到名词的准确翻译。例如,奥运水上项目 synchronized swimming 因其命名在专业性、科学性和理据性上均有不足之处,2017年7月被国际泳联(Fédération Internationale de Natation,FINA)改为 artistic swimming(艺术游泳)。不过中文名称未变,依然称之为"花样游泳"。因为"花样游泳"在最初翻译命名时,未将自己的视野囿于 synchronized(同步的、同时的)这个词的字面含义,其"花样"一词,指的是不同的动作式样和技巧的种类,这就比源语中的 synchronized 更能凸显该概念的本质特征,具有较强的概括性,可谓比源语更胜一筹。"花样+项目"的命名方式,还可以构成"花样溜冰""花样跳水""花样跳绳"等同样模式的词语,符合术语概念系统的可扩充性要求。这种逻辑关系的明确对于项目的理解和推广是非常必要的。因此,"花样游泳"就是创造性翻译专有名词的成功范例③。

---

① 中华人民共和国国家通用语言文字法[EB/OL]. 中国政府网,(2005-08-31)[2020-03-21]. http://www.gov.cn/ziliao/flfg/2005-08/31/content_27920.htm.
② 汪雯雯,张莉. 浅析专有名词翻译原则和策略[J]. 安徽教育科研,2018(2):36-37.
③ 郑安文. 基于术语学视角的体育专有名词翻译研究:从 synchronized swimming 的更名及汉译谈起[J]. 中国科技术语,2018,20(5):32-36.

10.2.2 专有名词译名的书写

在学术论文写作中,为方便读者的阅读理解,专有名词译名第一次出现时,应当先写汉译名称,然后再在后面的括号里标注外文原名全称。之后,再次出现该专有名词时,外文原名可以省略,或者仅使用其简称。除非某些人名和地名已有非常通行的译法名称时(如"黑格尔""纽约"之类)才可以直接使用汉译名①。

1. 人名译名的书写

(1) 人名译名与原名的关联。在论文写作中,译名第一次出现时,一般先写汉译名称,再在括号中补足外文原名;外文原名应名在前,姓在后,再跟写生卒年。例如:赛珍珠(Pearl S. Buck,1892—1973)。如果人名翻译中,健在人世者,则应只写生年,后面加一字线"—",例如:尤尔根·哈贝马斯(Jürgen Habermas,1929—)。俄语人名在翻译时,汉译人名后括号里应该使用俄语,而非英语等其他非本民族语言。法文名字中常带有 Le、La 等冠词以及 de 等介词,译成中文时,应与姓连译,如 La Fantaine 为"拉方丹",de Gaulle 为"戴高乐"等。

(2) 人名译名中的标点。外国人名内各部分的分界,如教名(或父名)、本人名、姓之间原文的空格,在汉译名中以间隔号"·"表示。如 Edward Adam Davis 译写为"爱德华·亚当·戴维斯";John Henry Smith 译写为"约翰·亨利·史密斯"。外文原名书写时也可将名字缩写为一个字头,但姓不能缩写,如 G. W. Thomson,D. C. Sullivan 等。当外国人名里外文缩写字母与中文译名并用时,外文缩写字母后面不用中文间隔号,应用下脚点(齐线小圆点)。例如:E. 策勒尔;D. H. 劳伦斯;罗伯特·A. 洛维特;E. 弗莱舍尔·冯·马克索夫等②。但目前也有学者建议,在缩写字母后不应用下脚点(因为不属于汉语的标点符号),而一律使用间隔号,例如:G·W·汤姆森;D·C·沙利文;罗伯特·A·洛维特等,并认为这是一种发展趋势③。

(3) 译名称谓选择方法。有些外文人名在翻译时会出现多种译名,如 Aaron 的译名有阿伦、亚伦、艾伦、阿龙等,如果根据同名同译原

---

① 《中国语言学论丛》稿例[M]//黄正德,主编. 中国语言学论丛:第 2 辑[M]. 北京:北京语言文化大学出版社,1999:149-151.
② 教育部语言文字信息管理司,组编.《标点符号用法》解读[M]. 北京:语文出版社,2012:86.
③ 曾建林. 论中文出版物外国人名翻译中字母后的标点使用:兼与《〈标点符号〉解读》商榷[J]. 中国出版,2015(11):49-52.

则就应该统一为"阿伦"。《英语姓名译名手册》根据同名同译原则,将凡叫 Robert 名字的,一律汉译为"罗伯特";凡以 Smith 为姓氏的,汉译名统一用"史密斯",尽可能地减少一名多读或同名异音的情况,力求汉语译名尽可能一致①。但为了表示性别特征,男女通用的教名,女性尽量选用有女性特征的汉字,如 Chris,男名译为"克里斯",女名译为"克丽丝";Hillary,男名译为"希拉里",女名则译为"希拉丽"。具体情况可参照新华通讯社译名室编辑的《英语姓名译名手册》(第四版,商务印书馆,2004年)来拟定。

(4) 中文姓名的英译。根据国家标准《中国人名汉语拼音字母拼写规则》(GB/T 28039—2011)的要求,使用汉语拼音,以姓前名后、名的部分不要空格的方式来表达。首字母要大写。例如:Qian Zhongshu(钱钟书),不能写成 Qian Zhong Shu,Qian ZhongShu,或 Qian Zhong-shu,港台地区中文姓名除外。另外,复姓要连写,例如 Zhuge Liang(诸葛亮),"诸葛"是姓;双姓组合(并列姓氏)作为姓氏部分,之间要加连接号,例如:Liu-Yang Fan(刘杨帆),Zheng-Li Shufang(郑李淑芳)等②。

姓和名的首字母大写规则,在某种情况下也可以改为全部大写,或姓大写,名小写(首字母大写外)。例如:QIAN Zhongshu(钱钟书),FANG Zhouzi(方舟子)等。中国人起英文名时,会与汉语拼音的姓组合,书写时一如其例。例如 Peter Zhou,Mary Yang;Charles Zhang(张朝阳,搜狐总裁);Juliet Wu(吴士宏,IT 界知名人士)等。

2. 地名、建筑译名的书写

外国地名的翻译除了可以参考中国地名委员会编辑的《外国地名译名手册》(中型本,2003年)、《世界地名翻译大辞典》(2008年)等,还可以参考中国大百科全书出版社编辑出版的《世界地名录》(1984年)等。现有译名无循的地名,可根据地名委员会的《外国地名汉字译写通则》、国家标准《外语地名汉字译写导则》(GB/T 17693—2008)中所含英、法、德、俄、西、阿、葡、蒙等八种语言来翻译。

行文中外国地名一般先写汉译名称,再在括号中写入外文原名。例如:格兰德河(Rio Grande);如果外文地名原名相同,可在括号中注明所

---

① 《英语姓名译名手册》说明[M]//新华通讯社译名资料组,编.英语姓名译名手册.2次修订.北京:商务印书馆,1985.

② 教育部语言文字应用研究所.中国人名汉语拼音字母拼写规则:GB/T 28039—2011[S].北京:中国标准出版社,2012:1-3.

在国家。例如：剑桥(Cambridge,UK)；坎布里奇(Cambridge,USA)。

在当地政府规定的名称以外,如另有通用名称,则以前者为译写依据,必要时可括注后者的译名。如：厄瓜多尔的科隆群岛是按当地政府规定的名称 Archipiélago de Colón 译写的,可括注通用名称 Islas Galapagos 的译名"加拉帕戈斯群岛"[1]。书写时可以表述为：科隆群岛(官方称谓 Archipiélago de Colón,通用名称为 Islas Galapagos,即加拉帕戈斯群岛)。凡有本民族语名称并有外来语惯用名称的地名,以前者为正名,后者为副名[2]。如：摩洛哥城市 Dar-el-Beida 是本民族语名称,Casablanca 是其外来语惯用名称,译写时应为：达尔贝达(本民族名 Dar-el-Beida,外来语为 Casablanca,即卡萨布兰卡)。此外,由于历史原因造成两个译称的地名,可以在书写时列出两个译名,例如：符拉迪沃斯托克(Владивосток,原名海参崴)[3]。

著名建筑的译名有时会有多种称谓,最好采用通用称谓。如雅典卫城的 Parthenon Temple,有帕特农神殿、帕提农神庙、帕台农神庙、巴特农神庙、巴台农神庙等多种汉译名。按照归口权威原则,应该翻译为"帕特农神庙",因为教育部组织编写的义务教育教科书《世界历史》(2018 年)[4]、世界历史名词审定委员会编的《世界历史名词》(2013 年)就使用的"帕特农神庙"[5]。用搜索引擎搜索互联网,"帕特农神庙"的译名使用频率也高于其他各种译名。

汉语地名的英译一般也照音译。由于"山"和"陕"发音一样,一般将山西译作 Shanxi,而将陕西译作 Shaanxi(国外有的分别作 Shansi 和 Shensi)。少数民族地区的地名一般要根据习惯或少数民族文字的发音译,例如西藏是 Tibert,内蒙古是 Nei Mongol 或 Inner Mongolia,乌鲁木齐是 Urumqi,呼和浩特是 Hohhot[6]。香港是 Hong Kong,按粤语发音标音的。

中国著名的古建筑、游览景区名一般已经都有了明确的译名,如紫禁城(The Forbidden City)；颐和园(The Summer Palace)；九寨沟

---

[1] 外国地名汉字译写通则[M]//中国地名委员会,编.外国地名译名手册.北京：商务印书馆,1983：556-559.
[2] 同[1].
[3] 黄建华,陈楚祥.双语词典学导论[M].北京：商务印书馆,1997：210.
[4] 侯建新,徐斌,主编.义务教育教科书：世界历史(九年级)[M].北京：人民教育出版社,2018：上册,27.
[5] 世界历史名词审定委员会,编.世界历史名词[M].北京：商务印书馆,2013：76.
[6] 秦贻.专有名词的翻译原则和技巧[J].湖北工学院学报,2004,19(6)：60-63.

国家级自然保护区(Jiuzhaigou Valley Scenic and Historic Interest Area);拙政园(Humble Administrator Garden)等。然而其余大部分景区里的景点还没有足够权威的译名,有时需要译者自己翻译。根据国内已经颁布的一些公示语译写规范来看,景区里的景点名称属于"实体名称"规范的范畴,一般由专名和通名构成。专名是表示某一特定景观的独特名称,类似人的名;通名则是表示景观类别的名称,类似人的姓,如"专名+通名"的景点名称:涵青(专名)亭(通名);闻木樨香(专名)轩(通名)[1]。为了方便译写,某些省市公示语译写地方标准将景点细分为"冠名+专名+属性名+通名"。例如:苏州网师园里的五峰书屋,是五峰(专名)书(属性名)屋(通名)构成的;西安碑林博物馆,是西安(冠名)碑林(专名)博物馆(通名)构成的。一般情况下通名、专名和属性名采用意译法,冠名采用音译法[2],因此西安碑林博物馆可以翻译为 Xi'an Forest of Steles Museum。

3. 报刊、组织机构名的译写

(1) 报刊名的译写。英文报刊名也属于专有名词范围,有些英语主要报刊,历史悠久,汉译名已经固定,故应依据约定俗成原则循例使用,不能贸然去译。例如,英国的《卫报》(*The Guardian*),是英国的全国性综合内容日报,与《泰晤士报》(*The Times*)、《每日电讯报》(*The Daily Telegraph*)被合称为英国三大报,类似我国的《光明日报》,读者多为知识界和年轻人,在欧洲知识界广有影响,但有人轻易地将其译为《守护者报》就不对了。同理,英国《星期日泰晤士报》(*The Sunday Times*),不能译为《周日时报》;美国《基督教科学箴言报》(*The Christian Science Monitor*),不能译为《基督科学箴言报》或《基督教科学报》[3]。

在翻译这些英语报刊名称时要特别注意名称中是否有定冠词 The,用与不用 The 的报刊名在汉译时会有很大不同,以 Star 为例,如果 Star 系英国、美国、加拿大、马来西亚、新加坡、斯里兰卡、牙买加、毛里求斯和波多黎各等国家出的这十来种报纸,应汉译为《明星报》;如果在 Star 之前用了 The,则是南非出的一份英文报纸,就要译为《星

---

[1] 陶潇婷.苏州园林景点通名英译实证研究[J].青岛农业大学学报(社会科学版),2014,26(1):83-87.

[2] 乌永志.文化遗产类旅游景点名称汉英翻译规范研究[J].外语教学,2012,33(2):93-97.

[3] 程林.英美报刊名称翻译浅谈[J].科技英语学习,2005(5):61-62.

报》了①。

(2) 组织机构名的译写。翻译外国的组织机构名称时,可依归口权威的原则找到规范的译称使用;翻译中国的组织机构名称时,可以依据名从主人的原则选用该组织机构自己认同的外文名来使用。

不过,在没有依据可循的情况下,某些翻译中的常识还是应该掌握的。例如:factory,plant,works,mill 等都有"工厂"的含义,factory 指能成批生产成品或商品的地方或单位,用得最多,有汽车厂(automobile factory)、轴承厂(bearing factory)等;plant 多指重工业或军事工业企业,也可指自动化、电子、冶炼和机械厂,有兵工厂(arms plant)、水泥厂(cement plant)等;综合性的工厂则用 work,有钢铁厂(iron and steel works)、自来水厂(water work)等;mill 原指古代磨坊,后来沿用于现代面粉厂,叫 flour mill,而且引申到轻工业方面的纺织厂和造纸厂②。

研究所通常用 institute 表示。例如:应用化学研究所(institute of applied chemistry),传染病防治院(counter-epidemic institute)等。大学名称的翻译中,University,College,Institute,Academy,Conservatory,School 的含义是有区别的,University 是指能够授予硕博士学位的一个研究生院和数个学院,或能授予学士学位的本科生院;College 是指 18 岁以上入学获得学士学位的高等院校,不能招收研究生的高校是不宜成为 University 的;Institute 多用于为传授技术科目而设立的学校,适合于翻译工科院校,如麻省理工学院(Massachusetts Institute of Technology)、哈尔滨工业大学(Harbin Institute of Technology)等;School 多指古朴自然、有历史声望的名校,在中国多指综合性大学里的学院,如北京大学光华管理学院(Guanghua School of Management,Peking University)、中山大学法学院(Sun Yat-sen University School of Law)等③。

10.3　全称、简称(缩略语)

全称在汉语里通常指事物包括社会实体正式名称的完整称呼。

---

① 郭著章,李庆生,编著.英汉互译实用教程[M].修订本.武汉:武汉大学出版社,1996:140.

② 何岚湘,主编.新E代汉英翻译教程[M].北京:中央广播电视大学出版社,2009:45-48.

③ 同②.

简称又称**缩略语**、**缩写**,是对较为复杂的名称的简化形式①。一般汉语词组超过了三个字,在求简、节律原则的要求下,就有简化的需求,如"劳动模范"简称为"劳模","社会科学"简化为"社科","奥林匹克运动会"简化为"奥运会"等。学术论文写作中,为了使清晰最大化,应该尽量减少使用简称(缩略语)。通常只有在以下两种情况下才使用:其一,缩写已经约定俗成,读者对缩写比对全称还要熟悉;其二,缩写可以节省可观的篇幅,并能避免笨拙的重复②。

10.3.1 汉语简称的缩略方式

在汉语中,有些名词或固定词组可以缩略成简短的语言单位,这种简短的语言单位就形成了简称。常见的简称缩略有以下几种方式③:

(1)取每个词的前一个语素。如:"电视大学——电大""建筑材料——建材"。

(2)取前个词的前一个语素和后个词的后一个语素。如:"民族学院——民院""珠穆朗玛峰——珠峰"。

(3)选取名称中有代表性的语素或词。如:"中国共产党中央委员会——中共中央""长春电影制片厂——长影"。

(4)省略两个词中的一个相同语素。如:"理科、工科——理工科""病害、虫害——病虫害"。

(5)选取中心词。如:"中国人民解放军——解放军"。

除了以上形式外,还有一种简称的构成不是从原形简化而来的,如"鄂""豫""皖""黄埔军校"等,这种简称实际上是"别称",它也是一种简称形式。

10.3.2 英语简称的缩略方式

在英语中,**缩略语/词**(abbreviation)主要有以下几种类型:

(1)首字母缩略法。即选取短语中第一个字母组合成缩略语。主要有两种方式:① 首字母缩略词(initialism),即缩略语按每个字母读音,例如 VIP(very important person,贵宾),BBC(British Broadcasting Corporation,英国广播公司);GDP(Gross Domestic Product,

---

① 中国社会科学院语言研究所词典编辑室,编.现代汉语词典[M].北京:商务印书馆,2010:667.

② 美国心理协会,编.APA格式:国际社会科学学术写作规范手册[M].席仲恩,译.重庆:重庆大学出版社,2011:102-103.

③ 常忆辛.现代汉语常识简易问答[M].南宁:广西民族出版社,1986:67.

国内生产总值)。②首字母拼音词(acronym),即当作一个词来读音,例如 NASA(National Aeronautics and Space Administration,[næsə],美国国家航空航天局);TOEFL(The Test of English as a Foreign Language,[ˈtəʊf(ə)l],鉴定非英语为母语者的英语能力考试)①②。实际上,首字母缩略也并非都是各词的第一个字母,也可能是同一个词分为几个音节,例如:ID(identity,身份标识号码);KTV(karaok television,卡拉 ok)③。

(2)截短词缩略法(clipping)。通过截略原词的一部分来构成缩略语,有的按照每个字母读音,有的按照缩略后的词形读音。截词缩略语的构成大致有如下几种方法:①截除词首的(front clipping):phone(telephone,电话)。②截除词尾的(back clipping):bike(bicycle,自行车)。③截除首尾的(front and back clipping):Flu(influenza,流感)。④截除词腰的(middle clipping):symbology(symbolology,象征学),此类较为少见。⑤词组截词(phrase clipping),如 pub(public house,小酒店)。其中第一类和第二类最为常见④。

(3)拼缀缩略法(blending)。将两个词的音和意结合在一起,其中一个词或两个词都失去部分音节而组合的新词。例如:motol(motor+hotel,汽车旅馆);medicare(medical + care)医疗服务;brunch(breakfast+lunch,早午饭)⑤。

(4)省略句号法。只是缩写形式缩短,但读音与原词相同。例如 Mr.(mister,先生),Dr.(doctor,医生),Ltd.(limited,有限公司),Prof.(Professor,教授),Oct.(October,十月)等⑥。不过在英国英语中,Mr. 和 Dr. 这两个缩略词通常不加句号。其他源自拉丁语的缩略词一般要用句号。例如 e. g.(exempli gratia=for example),i. e.(id est=that is to say),etc.(et cetera=the other things)⑦。

---

① 马壮寰.语言研究论稿[M].北京:中华书局,2002:82.
② 李昶颖.浅论英语缩略语对汉语的影响[J].读与写(教育教学刊),2015,12(4):14-15.
③ 钱榕.汉英缩略语构词对比[D].河北大学,2011:40-41.
④ 同②.
⑤ 同②.
⑥ 马壮寰.语言研究论稿[M].北京:中华书局,2002:82.
⑦ [英]沃尔特,伍德福德,编.英语写作轻松学[M].黑玉芩,陈梽,李燕,译.北京:商务印书馆,2012:91.

10.3.3　全称和简称的使用规范

作品内容在首次提及机构、组织的名称时,如果该名称不具有众所周知的程度,只在一定范围里被人所知,则应该使用全称,并在文中夹注里注明其简称。之后,才可以为节省语言篇幅使用简称。如:"中国国家图书馆,以下简称'国图'","国际图书馆协会联合会(International Federation of Library Associations and Institutions,以下使用英文简称 IFLA)",或"国际图书馆协会联合会(International Federation of Library Associations and Institutions,IFLA,汉语简称'国际图联',以下使用汉语简称)"。

但有些事物或社会实体的简称不仅具有众所周知的程度,而且不受使用范围的限制,在哪儿都可以使用,这样的简称可以直接使用,不必在第一次使用时注明全称。如"艾滋病",全称为"获得性免疫缺陷综合征(acquired immunodeficiency syndrome,AIDS)",但它具有很高的认知度,故可以在作品行文中直接使用"艾滋病"。如使用英文简称,现多使用"AIDS"。再如,"美国"全称为"美利坚合众国(United States of America)",因其众所周知的程度很高,因此除了正式文件外,其他作品行文中可以直接简称"美国"。许多医学期刊还就此做出了明文规定。

示例:《论文中医学名词术语的使用[1]》

名词术语一般应用全称,若全称较长且反复使用,可以使用缩略语或简称,但在摘要和正文中第一次出现时,均应分别注明全称和简称。例如:流行性脑脊髓膜炎(流脑),阻塞性睡眠呼吸暂停综合征(obstructive sleep apnea syndrome,OSAS)。西文缩略语不宜拆开转行。不要使用临床口头简称(例如将"人工流产"简称"人流")。凡已被公知公认的缩略语可以不加注释直接使用。例如:DNA、RNA、HBsAg、HBsAb、PCR、CT、DIC 等。

10.3.4　英语缩略语的使用规范

在汉语写作中,以下三种形式的英语缩略语可以在行文中直接使用:第一种是纯字母词,即原封引进外语首字母缩略词和首字母拼音词,如上述提及的众所周知的 BBC、GDP、DNA、VIP 等,均属此类;第二种是半字母半意译词,即原样使用外语字母而对字母以外的部分进行意译处理,如 T 恤、B 超、e 经济、AA 制(聚餐时平摊或各付各账的

---

[1]　论文中医学名词术语的使用[J].中外医疗,2019(25):32.

方法)等;第三种是字母汉字合成词,即原封引入外文首字母缩略词并在其后再配一个同原词存在上下义关系的汉语语素,如 A 调、PH 值(氢氧离子浓度指数)、IT 业等①。

其他的众所周知的程度不高的,仅在一定范围内使用的,如果作为学术术语使用,则应在行文中第一次出现时,写出其全称,然后注明"以下使用简称"。如使用缩略语 ERP 时,可以先写"企业资源计划(Enterprise Resource Planning,简称 ERP,以下使用简称)"。还有,具有多种含义的英语缩略语,最好少使用,而尽量使用汉语。如 EMS 可为 Express Mail Service(邮政特快专递服务),也可为 Enterprises Mail Server(企业级电子邮件服务)②。《中华人民共和国国家通用语言文字法》第十一条规定:"汉语文出版物中需要使用外国语言文字的,应当用国家通用语言文字作必要的注释。"③因此,EMS,WTO 等外文字母词在汉语文作品中,不能单独使用来表述"邮政特快专递服务""世界贸易组织",而应表述为"EMS(邮政特快专递服务)""WTO(世界贸易组织)"等④。

10.4 标点符号用法

标点符号(punctuation),为辅助文字记录语言的符号,是书面语的有机组成部分,用来表示语句的停顿、语气以及标示某些成分(主要是词语)的特定性质和作用⑤。在学术论文写作中,有些常见的标点符号的用法存在着一些混乱现象,特别是在标号的使用方面存在一些问题。标号的作用是标明,主要标示某些成分(主要是词语)的特定性质和作用,包括引号、括号、破折号、省略号、着重号、连接号、间隔号、书名号、专名号、分隔号⑥。现依据国家标准《标点符号用法》(GB/T 15834—2011),归纳括号、连接号、书名号等方面的相关内容,做出如

---

① 曹炜.现代汉语词汇研究[M].北京:北京大学出版社,2004:97.
② 李昶颖.浅论英语缩略语对汉语的影响[J].读与写(教育教学刊),2015,12(4):14-15.
③ 国务院法制办公室,编.中华人民共和国教育法典[M].3 版.北京:中国法制出版社,2016:30.
④ 王兴全,方忠,编著.现代出版物语言文字使用规范[M].成都:电子科技大学出版社,2017:115-116.
⑤ 教育部语言文字信息管理司.标点符号用法:GB/T 15834—2011[S].北京:中国标准出版社,2012:1-2.
⑥ 同⑤.

下规范[①]。

10.4.1 括号的使用

括号是标号的一种，标示语段中的注释内容、补充说明或其他特定意义的语句。主要形式是圆括号"()"，适用范围最广。其他形式还有方括号"[ ]"、六角括号"〔〕"和方头括号"【】"等。

1. 圆括号的基本用法

(1) 标示注释内容或补充说明。例如："我校拥有特级教师(含已退休的)17 人""我们不但善于破坏一个旧世界，我们还将善于建设一个新世界！(热烈鼓掌)。"

(2) 标示序次语。例如："语言有三个要素：(1)声音；(2)结构；(3)意义。"再如："思想有三个条件：(一)事理；(二)心理；(三)伦理。"

(3) 标示引语的出处。例如："他说得好：'未画之前，不立一格；既画之后，不留一格。'(《板桥集·题画》)。"

(4) 标示汉语拼音注音，例如："'的(de)'这个字在现代汉语中最常用"。

2. 方括号、六角括号和方头括号用法

(1) 标示作者国籍或所属朝代时，可用方括号或六角括号。例如："[英]赫胥黎《进化论与伦理学》""〔唐〕杜甫著"。

(2) 标示公文发文字号中的发文年份时，可用六角括号。例如："国发〔2011〕3 号文件"。

(3) 标示被注释的词语时，可用六角括号或方头括号。例如："〔奇观〕奇伟的景象""【爱因斯坦】物理学家。生于德国，1933 年因受纳粹政权迫害，移居美国"。

(4) 报刊标示电讯、报道的开头，可用方头括号，例如："【新华社南京消息】"。

3. 括号套用的方法

除科技书刊中的数学、逻辑公式外，所有括号(特别是同一形式的括号)应尽量避免套用。必须套用括号时，宜采用不同的括号形式配合使用。例如："〔茸(róng)毛〕很细很细的毛。"

[①] 教育部语言文字信息管理司.标点符号用法：GB/T 15834—2011[S].北京：中国标准出版社，2012：7-22.

10.4.2 连接号的使用

连接号也是标号的一种,标示某些相关联成分之间的连接。形式有短横线"-"、一字线"—"和浪纹线(波浪线)"～"三种。中文的短横线(也称半字线)"-",长度占半个汉字宽度;一字线"—"和浪纹线"～",长度站一个汉字的宽度。连接号的基本用法如下:

1. 短横线的使用情况

(1) 化合物的名称或表格、插图的编号。例如:"3-戊酮为无色液体,对眼及皮肤有强烈的腐蚀性""参见下页表2-8、表2-9"。

(2) 连接号码,包括门牌号码、电话号码,以及用阿拉伯数字表示年月日等。例如:"安宁里东路26号院3-2-11室""联系电话:010-88842603;2011-02-15"。

(3) 在复合名词中起连接作用。例如:"吐鲁番-哈密盆地"。

(4) 某些产品的名称和型号。例如:"WZ-10直升机具有复杂天气和夜间作战的能力"。

(5) 汉语拼音、外来语内部的分合。例如:"shuōshuō-xiàoxiào(说说笑笑)""盎格鲁-撒克逊人""让-雅克·卢梭('让-雅克'为双名)""皮埃尔·孟戴斯-弗朗斯('孟戴斯-弗朗斯'为复姓)"。

2. 一字线或浪纹线的使用情况

(1) 连接几个相关的项目,表示递进式发展或工艺流程时用一字线。例如:"人类的发展可以分为古猿—猿人—古人—新人这四个阶段""方便面加工的工艺流程如下:原、辅料,水,添加剂—和面—熟化—压延—折花切条—蒸面—定量切断—油炸—冷却—包装。"后例中的"—"也可换用箭头"→"。

(2) 标示相关项目(如时间、地域等)的起止。例如:"沈括(1031—1095),宋朝人""2011年2月3日—10日""北京—上海特别旅客快车"。这些例子中也可使用浪纹线。

(3) 标示数值范围(由阿拉伯数字或汉字数字构成)的起止。例如:"25～30g""第五～八课"。由于一字线与数学中的负号相似,故科技论文写作中为避免混淆,对于时间、数目的起止多用浪纹线。

10.4.3 书名号的使用

书名号也是标号的一种,标示语段中出现的各种作品的名称。书名号的形式有双书名号"《》"和单书名号"〈〉"两种。国家标准《标点符号用法》(GB/T 15834—2011)在"附录"的"标点符号用法的补充规则""标点符号若干用法的说明"中规定:

（1）不能视为作品的课程、课题、奖品奖状、商标、证照、组织机构、会议、活动等名称，不应用书名号。下面均为书名号误用的示例：

示例1：下学期本中心将开设《现代企业财务管理》《市场营销》两门课程。

示例2：明天将召开《关于"两保两挂"的多视觉理论思考》课题立项会。

示例3：本市将向70岁以上(含70岁)老年人颁发《敬老证》。

示例4：本校共获得《最佳印象》《自我审美》《卡拉OK》等六个奖杯。

示例5：《闪光》牌电池经久耐用。

示例6：《文史杂志社》编辑力量比较雄厚。

示例7：本市将召开《全国食用天然色素应用研讨会》。

示例8：本报将于今年暑假举行《墨宝杯》书法大赛。

（2）有的名称应根据指称意义的不同确定是否用书名号。如文艺晚会指一项活动时，不用书名号；而特指一种节目名称时，可用书名号。再如展览作为一种文化传播的组织形式时，不用书名号；特定情况下将某项展览作为一种创作的作品时，可用书名号。

示例1：2008年重阳联欢晚会受到观众的称赞和好评。

示例2：本台将重播《2008年重阳联欢晚会》。

示例3："雪域明珠——中国西藏文化展"今天隆重开幕。

示例4：《大地飞歌艺术展》是一部大型现代艺术作品。

（3）书名号、引号在"题为……""以……为题"格式中的使用。"题为……""以……为题"中的"题"，如果是诗文、图书、报告或其他作品可作为篇名、书名看待时，可用书名号；如果是写作、科研、辩论、谈话的主题，非特定作品的标题，应用引号。即"题为……""以……为题"中的"题"应根据其类别分别按书名号和引号的用法处理。

示例1：有篇题为《柳宗元的诗》的文章，全文才2000字，引文不实却达11处之多。

示例2：今天一个以"地球·人口·资源·环境"为题的大型宣传活动在此间举行。

示例3：《我的老师》写于1956年9月，是作者应《教师报》之约而写的。

示例4："我的老师"这类题目，同学们也许都写过。

（4）其他情况。书名后面表示该作品所属类别的普通名词不标在书名号内,例如:"《我们》杂志";书名有时带有括注,如果是书名、篇名等的一部分,应放在书名号之内,反之则应放在书名号之外,例如:《琵琶行(并序)》《中华人民共和国民事诉讼法(试行)》《新政治协商会议筹备会组织条例(草案)》《百科知识》(彩图本)、《人民日报》(海外版)等;书名、篇名末尾如有叹号或问号,应放在书名号之内,例如:《日记何罪!》《如何做到同工又同酬?》等。

10.4.4 序次语之后的标点用法

序次语后面使用点号。点号的作用是点断,主要表示停顿和语气。包括逗号、顿号、分号、句号、冒号等句内点号,以及句号、问号、叹号等句外点号。文章中序次语的点号主要用句内点号,有以下几种表示方法:

(1) 用"首先""其次""最后","第一""第二""第三","其一""其二""其三"等做序次语时,后边用逗号。

(2) 用不带括号的汉字数字"一""二""三"等,或"天干地支"的"甲""乙""丙"等做序次语时,后边用顿号。

(3) 用不带括号的阿拉伯数字、拉丁字母或罗马数字做序次语时,后面用下脚点(该符号属于外文的标点符号)。

示例1:总之,语言的社会功能有三点:1.传递信息,交流思想;2.确定关系,调节关系;3.组织生活,组织生产。

示例2:本课一共讲解三个要点:A.生理停顿;B.逻辑停顿;C.语法停顿。

(4) 加括号的序次语后面不用任何点号。

示例1:受教育者应履行以下义务:(一)遵守法律、法规;(二)努力学习,完成规定的学习任务;(三)遵守所在学校或其他教育机构的制度。

示例2:科学家很重视下面几种才能:(1)想象力;(2)直觉的理解力;(3)数学能力。

(5) 阿拉伯数字与下脚点结合表示章节关系的序次语末尾不用任何点号。

示例:3 停顿

  3.1 生理停顿

  3.2 逻辑停顿

(6) 用于章节、条款的序次语后宜用空格表示停顿。

示例:第一课 春天来了

(7) 序次简单、叙述性较强的序次语后不用标点符号。

示例：语言的社会功能共有三点：一是传递信息；二是确定关系；三是组织生活。

(8) 同类数字形式的序次语，带括号的通常位于不带括号的下一层。通常第一层是带有顿号的汉字数字；第二层是带括号的汉字数字；第三层是带下脚点的阿拉伯数字；第四层是带括号的阿拉伯数字；再往下可以是带圈的阿拉伯数字或小写拉丁字母。一般可根据文章特点选择从某一层序次语开始行文，选定之后应顺着序次语的层次向下行文，但使用层次较低的序次语之后不宜反过来再使用层次更高的序次语。

示例：一、……
　　　　（一）……
　　　　　　1. ……
　　　　　　　　(1) ……
　　　　　　　　　　① /a. ……

10.5 数字用法

数字(numerals)，也称为**数码**，是一种表示数的书写符号。主要用来表达量化的信息。学术论文的写作中经常使用的数字，主要为阿拉伯数字、汉字数字和罗马数字。2011年国家质量监督检验检疫总局、中国国家标准化管理委员会正式公布了国家标准《出版物上数字用法》(GB/T 15835—2011)，对数字用法做了新的规定，并提出适用于各类出版物(文艺类出版物和重排古籍除外)，建议政府和企事业单位公文，以及教育、媒体和公共服务领域的数字用法，也可参照执行。现摘出该标准的一些规定，补充个别通行方式，分类陈述如下[①]。

10.5.1 阿拉伯数字的使用

1. 用于计量的数字

在使用数字进行计量的场合，为达到醒目、易于辨识的效果，应采用阿拉伯数字。

示例1：—125.03　　34.05%　　63%～68%　　1∶500
　　　　97/108

---

① 教育部语言文字信息管理司. 出版物上数字用法：GB/T 15835—2011[S]. 北京：中国标准出版社，2011：1-6.

当数值伴随有计量单位时,如:长度、容积、面积、体积、质量、温度、经纬度、音量、频率等等,特别是当计量单位以字母表达时,应采用阿拉伯数字。

示例 2:523.56 km(523.56 千米)　　346.87 L(346.87 升)
　　　　　5.34 m²(5.34 平方米)　　567 mm³(567 立方毫米)
　　　　　605 g(605 克)　　100～150 kg(100～150 千克)
　　　　　34～39 ℃(34～39 摄氏度)　　北纬 40°(40 度)
　　　　　120 dB(120 分贝)

表示量值时,单位符号应当置于数值之后,数值与单位符号间留一空隙。如在表示摄氏温度时,摄氏度的符号℃的前面应留空隙。唯一例外为平面角的单位度、分和秒,数值和单位符号之间不留空隙①。

2. 用于编号的数字

在使用数字进行编号的场合,为达到醒目、易于辨识的效果,应采用阿拉伯数字。

示例:电话号码:98888　　邮政编码:100871
　　　　通信地址:北京市海淀区复兴路 11 号
　　　　电子邮件地址:x186@186.net
　　　　网页地址:http://127.0.0.1　道路编号:101 国道
　　　　公文编号:国办发[1987]9 号　章节编号:4.1.2
　　　　产品型号:PH3000 型计算机
　　　　行政许可登记编号:0684D10004—828

3. 已定型的含阿拉伯数字的词语

现代社会生活中出现的事物、现象、事件,其名称的书写形式中包含阿拉伯数字,已经广泛使用且稳定下来,应采用阿拉伯数字。

示例:3G 手机　　MP3 播放器　　G8 峰会　　维生素 B12
　　　　97 号汽油　"5·27"事件　"12·5"枪击案

4. 多位数里使用千分撇或千分空

为便于阅读,四位以上的整数或小数,可采用以下两种方式分节:

(1)第一种方式:千分撇。整数部分每三位一组,以","分节。小数部分不分节。四位以内的整数可以不分节。

示例 1:624,000　　92,300,000　　19,351,235.235767　　1256

---

① 全国量和单位标准化技术委员会.有关量、单位和符号的一般原则:GB 3101—1993[S].北京:中国标准出版社,1994:12.

(2) 第二种方式：千分空。从小数点起，向左和向右每三位数字一组，组间空四分之一个汉字，即二分之一个阿拉伯数字的位置。四位以内的整数可以不加千分空。

示例 2：55 235 367.346 23　98 235 358.238 368

10.5.2　汉字数字的使用

汉字数字有大小写之分，一、二、三……为小写汉字数字，壹、贰、叁……为大写汉字数字。二者都可以在写作中使用，不过一般写作主要用小写，而大写多用于文书和商业票据，以防止篡改行为发生。另外，还有一些汉字具有数字的功能，如天干地支等，表现出了汉字数字的特点。

1. 表示非公历纪年

干支纪年、农历月日、历史朝代纪年及其他传统上采用汉字形式的非公历纪年等等，应采用汉字数字。

示例：丙寅年十月十五日　庚辰年八月五日　　腊月二十三
　　　秦文公四十四年　清咸丰十年九月二十日
　　　藏历阳木龙年八月二十六日　日本庆应三年

2. 表示概数

数字连用表示的概数、含"几"的概数，应采用汉字数字，两数之间不用顿号"、"隔开。

示例：三四个月　一二十个　四十五六岁　五六万套
　　　五六十年前　二十几　几千　一百几十　几万分之一

3. 已定型的含汉字数字的词语

汉语中长期使用已经稳定下来的包含汉字数字形式的词语，应采用汉字数字。

示例：万一　一律　一旦　三叶虫　四书五经　星期五
　　　四氧化三铁　八国联军　七上八下　一心一意
　　　不管三七二十一　一方面　二百五　半斤八两
　　　五省一市　五讲四美　相差十万八千里　八九不离十
　　　白发三千丈　不二法门　二八年华　五四运动
　　　"一·二八"事变　"一二·九"运动

4. 在某些领域可使用天干地支

中国古代的纪年主要用的就是天干地支（简称"干支"）。天干有 10 个：甲、乙、丙、丁、戊、己、庚、辛、壬、癸，地支有 12 个：子、丑、寅、卯、辰、巳、午、未、申、酉、戌、亥。10 个天干与 12 个地支依序相搭配，组成 60 个序数单位,形成一个轮回。古人以此作为年、月、日、时的序号,叫"干支纪法"。除了纪时以外,文章中序次语有时也可以使用干支。

此外,中国古代还用"五行"(木、火、土、金、水)、"四德"(元、亨、利、贞)、"千字文"(天地玄黄,宇宙洪荒……)等汉字本身所处位置做为序数使用。如武汉大学学生宿舍"老斋舍"的排序,就有"天字斋""地字斋""玄字斋"……。但文章中序次语一般不用这类表达方式。

10.5.3 阿拉伯数字与汉字数字均可使用

(1) 如果表达计量或编号所需要用到的数字个数不多,选择汉字数字还是阿拉伯数字在书写的简洁性和辨识的清晰性两方面没有明显差异时,两种形式均可使用。

示例:17 号楼(十七号楼)　3 倍(三倍)

　　　第 5 个工作日(第五个工作日)　100 多件(一百多件)

　　　20 余次(二十余次)　约 300 人(约三百人)

　　　40 左右(四十左右)　50 上下(五十上下)

　　　50 多人(五十多人)　第 25 页(第二十五页)

　　　第 8 天(第八天)　第 4 季度(第四季度)

　　　第 45 页(第四十五页)

　　　共 235 位同学(共二百三十五位同学)　0.5(零点五)

　　　76 岁(七十六岁)　120 周年(一百二十周年)

　　　1/3(三分之一)　公元前 8 世纪(公元前八世纪)

　　　20 世纪 80 年代(二十世纪八十年代)

　　　公元 253 年(公元二五三年)

　　　1997 年 7 月 1 日(一九九七年七月一日)

　　　下午 4 点 40 分(下午四点四十分)　4 个月(四个月)

　　　12 天(十二天)

(2) 如果要突出简洁醒目的表达效果,应使用阿拉伯数字;如果要突出庄重典雅的表达效果,应使用汉字数字。

示例:北京时间 2008 年 5 月 12 日 14 时 28 分　十一届全国人大
　　　一次会议(不写为"11 届全国人大 1 次会议")　六方会谈
　　　(不写为"6 方会谈")

(3) 在同一场合出现的数字,应遵循"同类别同形式"原则来选择数字的书写形式。如果两数字的表达功能类别相同(比如都是表达年、月、日时间的数字),或者两数字在上下文中所处的层级相同(比如文章目录中同级标题的编号),应选用相同的形式。反之,如果两数字的表达功能不同,或所处层级不同,可以选用不同的形式。

示例:2008 年 8 月 8 日

二〇〇八年八月八日(不写为"二〇〇八年 8 月 8 日")

第一章　第二章……第十二章(不写为"第一章　第二章……第 12 章")

第二章的下一级标题可以用阿拉伯数字编号:2.1,2.2,……

(4) 应避免相邻的两个阿拉伯数字造成歧义的情况。

示例:高三 3 个班　高三三个班(不写为"高 33 个班")

高三 2 班　高三(2)班(不写为"高 32 班")

(5) 有法律效力的文件、公告文件或财务文件中可同时采用汉字数字和阿拉伯数字。

示例:2008 年 4 月保险账户结算日利率为万分之一点五七五零(0.015750%)

35.5 元(35 元 5 角　三十五元五角　叁拾伍圆伍角)

(6) 如果一个数值很大,数值中的"万""亿"单位可以采用汉字数字,其余部分采用阿拉伯数字。

示例 1:我国 1982 年人口普查人数为 10 亿零 817 万 5288 人。

除上面情况之外的一般数值,不能同时采用阿拉伯数字与汉字数字。

示例 2:108 可以写作"一百零八",但不应写作"1 百零 8""一百 08"

4000 可以写作"四千",但不能写作"4 千"

10.5.4　罗马数字的使用

罗马数字(roman numerals)采用七个罗马字母做数字的基础,即Ⅰ(1)、V(5)、X(10)、L(50)、C(100)、D(500)、M(1000)。具体记数的方法是:① 相同的数字并列,表示相加,如Ⅲ=1+1+1=3,XX=10+10=20;② 不同的数并列,右边的小于左边的,表示相加,如Ⅷ=5+3=8,Ⅻ=10+2=12;③ 左边的小于右边的,表示右边的减去左边的,如Ⅳ=5-1=4,Ⅸ=10-1=9;④ 数字上是一横线,等于原数字的 1000 倍,如 $\overline{X}$=10000。

由于罗马数字书写繁难,现已很少使用。但在某些领域里的代码、型号等还在使用。如部分钟表表面仍有用它表示时数,音乐中的音级标记"级数"或"号数",图书在版编目数据的第三大段的标识:Ⅰ.书名首字,Ⅱ.作者名首字,Ⅲ.关键词。在学术论文写作、书稿出版时也有采用罗马数字的。

(1) 图书正文之外,起辅助说明作用或辅助参考作用部分称为**辅文**。正文前的辅文称为**前辅文**,如内容提要、冠图、序言、前言、目次等,**后辅文**则包括补遗、附录、注文、参考文献、索引、后记(跋语)等。前辅文中页数较多的前言或目录等,通常也需要编页码,此时可用罗马数字做页码序号。罗马数字有大、小写之分,前辅文页码可使用小写、正体罗马字母,这样有助于与正文阿拉伯数字页码序号相区别[1]。

(2) 丛书或多卷集图书的出版,分辑或分册可以用罗马数字来标序。如三联出版社在 20 世纪 80 年代推出的丛书"文化生活译丛",选收了国外优秀的散文、书信、回忆、杂感著述,也收入少数论述、专著。分辑出版,每辑十本。每辑的序号就是用罗马数字标明的。又如三联出版社出版的《吴宓日记》全十册、《吴宓日记》(续编)全十册,就是用罗马数字表明每册顺序的。

(3) 英语写作中多用罗马数字表示期刊的卷数和电影的集数,如:VolumeⅠ,EpisodeⅡ;表示事件发生的顺序和君王帝位的更袭,如:World WarⅠ(第一次世界大战),HenryⅡ(亨利二世)等[2]。

10.6　量和单位用法

量(quantity)是现象、物体或物质的特性,其大小可用一个数和一个参照对象表示[3]。如"今天气温 26℃",就表示出"天气"这个现象有冷热的特性,其大小(高低)程度可用"26"这个数和参照对象"摄氏度"来表示。量可表示长度、时间、质量、温度、电阻等一般意义量,也可指称某条街道的长度,某根导线的电阻,某份酒样乙醇的浓度等特定量;既可表示物理量等,也可以指称日常生活使用的量,物理量使用的单位是法定计量单位,生活使用的大多为一般量词。

表示量的大小时,参照对象通常由计量单位表示。**计量单位**(unit of measurement),可简称为**单位**(unit),是指社会公认的,用以与同类

---

[1] 姜俊清,主编.编校业务学习指南[M].哈尔滨:东北林业大学出版社,2008:72-74.
[2] 李凤奎.罗马数字及其在英文中最常见的几种用法[J].承德民族师专学报,1997(4):97-98.
[3] 全国法制计量管理计量技术委员会.通用计量术语及定义:JJF 1001—2011[S].北京:中国质检出版社,2012:1

量相比较的那个已知的标准量。计量单位可分为法定计量单位和非法定计量单位。《中华人民共和国计量法》第三条规定:"国际单位制计量单位和国家选定的其他计量单位,为国家法定计量单位。国家法定计量单位的名称、符号由国务院公布。"[1]例如:m=5 kg,m 是表示质量的符号,5 是该量值的数值,kg 是质量单位符号。kg(千克)就是一个法定计量单位,而"公斤""斤""两"等日常生活使用的"计数量"(非物理量)属于非法定计量单位。量的表达式为:量=数值×单位,按国家标准的正规表达为:$A=\{A\}\times[A]$。式中 A 是量的符号,表示其量值单位;$[A]$ 为单位;$\{A\}$ 即以 $[A]$ 为单位时量 A 的数值。

量和单位的名称、符号,在学术论文中出现的频率较高,使用规范的要求也越来越明确。1993 年修订的国家标准《有关量、单位和符号的一般原则》(GB 3101—1993)、《国际单位制及其应用》(GB 3100—1993),2011 年修订的国家计量技术规范《通用计量术语及定义》(JJF 1001—2011)等,都对使用量和单位的名称、符号、书写规则做出了相应细致的规范要求。现选择国家标准的相关规定陈述如下。

10.6.1 量名称的使用

(1) 不要使用已明文废止的旧名称。下面"示例"中括号里的名称是已经废弃的量的名称,一般情况下不能再使用。

示例:质量(重量)　密度(比重)　电流(电流强度)　粒子注量(粒子剂量)　质量热容,比热容(比热)

(2) 使用量名称的译名要规范,尤其是同一量名称出现多种写法的情况下。

示例:吉布斯自由能(吉卜斯自由能)　阿伏伽德罗常量(阿伏加德罗常数,阿佛加德罗常数)　费密能(费米能)　笛卡儿坐标(笛卡尔坐标)

括号中的量名称为不规范译名。舶来的量名称,国家有统一的规范的译名,不能用同音字随意替换译名用字。

(3) 不使用以"单位+数"构成的量名称。

示例:长度(米数)　装载质量(吨数)　功率(瓦数)　物质的量(摩尔数)

括号中使用的量名称是由"单位+数"构成的,常见于口语中,都

---

[1] 中华人民共和国计量法[EB/OL]. 中国人大网,(2018-08-04)[2020-03-23]. http://www.npc.gov.cn/npc/c30834/201801/a5889b4c77ab421c927627fb33336b55.shtml.

是不规范的量符号的使用[①]。严格地说,量的名称里不能含有单位。

10.6.2 量符号的使用

(1) 使用量的符号时用斜体字。量的符号通常是单个拉丁或希腊字母,有时带有下标或其他的说明性标记。无论正文的其他字体如何,量的符号都必须用斜体,符号后不附加圆点(正常语法句子结尾标点符号除外)。如力 F,程长 s,压强 p,功率 P 等。量的符号的下标有时也有用正体的,如 "C_g(g:气体)" "g_n(n:标准)" "$T_{1/2}$(1/2:一半)"等,什么情况使用正体,具体要求请核查相关国家标准的特殊说明[②]。另外,作为特例,pH 使用正体。矩阵、矢量和张量的量的符号,用黑斜体表示,如 $\boldsymbol{A}$,$\boldsymbol{a}$ 和 $\boldsymbol{e}$[③]。

(2) 注意组合量符号的使用。在量的基本运算中,组合量的方式可根据需要选择合适的表达方式[④]:

① 相乘构成的组合量,其符号有三种表示法,可任选一种使用,例如质量计算式:

$$m = nM = n \cdot M = n \times M$$

② 相除构成的组合量,其符号有两种表示法,可任选一种使用,例如浓度计算式:

$$c = n/V = n \cdot V^{-1}$$

③ 乘除构成的组合量,表示为:

$$c_B = c_A V_A / V_B = c_A V_A / V_B^{-1}$$

$$c_B = \frac{m/M_B}{V} = (mM_B)/V = mM_B^{-1}V^{-1}$$

为避免混淆,其符号中可以加括号,但同一行内不得有多于一条以上的斜线;在同一行内表示除的斜线(/)之后不得有乘号和除号。

(3) 注意下标的正确书写。下标符号应首选标准规定的符号,找不到标准规定的符号时,才可以用英语单词缩写、汉语拼音或汉字名称的缩写作下标。比如辐射能,国标规定的符号为 E_R。

① 下标的正斜体。凡量的符号和代表变动性数字、坐标轴名称

[①] 本节内容来源于:黎洪波,利来友,编.图书编辑校对实用手册[M].桂林:广西师范大学出版社,2016:114-115.

[②] 全国量和单位标准化技术委员会.有关量、单位和符号的一般原则:GB 3101—1993[S].北京:中国标准出版社,1994:9-10.

[③] 尤建忠,编著.现代校对实训教程[M].杭州:浙江工商大学出版社,2016:204.

[④] 陈昌国,曹渊,主编.实验化学导论:技术与方法[M].重庆:重庆大学出版社,2010:40.

及几何图形中表示点线面体的字母下标采用斜体印刷,其他下标(如表示理论值的 th,实验值的 exp)用正体印刷。

② 下标字母的大小写。一般原则为:其一,量的符号和单位的符号作下标,其字母大小写同原符号;其二,来源于人名的缩写作下标用大写体;其三,在某些特定情况下使用汉语拼音字母作下标,用小写体。

③ 由两个下标符号组成的复合下标,一般下标符号间加逗号分隔,两个下标的正斜体按各自情况分别处理,如最大静压 $p_{s,max}$ 和最小质量流量 $q_{m,min}$ 这里,s 是 static 的首字母,不是量,用正体下标;m 是质量的符号,用斜体下标①。

10.6.3 单位名称的使用

(1)使用法定而不使用已经废除的单位。如一些市制单位、英制单位和旧单位。市制单位,除了在文学书和古籍中可以使用外,现在都不能使用。公制单位,已基本废除,"公斤""公里"也尽量不要使用,而应改用"千克""千米"。英制单位确有必要出现时,如介绍国外产品,则采用括注的形式,如 147.32 厘米(58 英寸)液晶电视。常见的废弃的单位名称有:

① 有关长度的,公尺、公寸、公分、丝[米]、忽米、[市]里、[市]丈、[市]尺、[市]寸、码、呎、吋、浬等。

② 有关面积的,公亩、公顷、[市]亩、[市]分、[市]厘等。

③ 有关体积的,加仑、品脱、公升、立升、立方、立米等。

④ 有关质量的,公吨、[市]担、[市]斤、[市]两、[市]钱、公担、公两、公钱、盎司、磅等。

(2)个体单位的称谓要求。单位名称必须作为一个整体使用,不得拆开。例如,摄氏温度单位"摄氏度"表示的量值应写成并读成"20℃"或"20 摄氏度",不得写成并读成"摄氏 20 度"。单位的名称及其简称都已有明确的规定。简称在不致混淆的情况下可等效它的全称使用,习惯上只使用简称的单位可继续使用。在一些十进倍数单位中,如只用"毫安"而不用"毫安培",但也不排斥使用"毫安培"。

(3)组合单位的中文名称与其符号表示的顺序一致。符号中的乘号没有对应的名称,书写时不加任何符号也不留空隙,如力矩的单位 N·m 的名称写为"牛顿米"(也可简写为"牛米"),但不能写为"牛

---

① 尤建忠,编著.现代校对实训教程[M].杭州:浙江工商大学出版社,2016:205.

顿·米""牛·米"或"牛-米"等。除号的对应名称为"每"字。无论分母中有几个单位,"每"字只出现一次。例如,m/s 为"米每秒",W/(m·K)为"瓦每米开",但不能写为"瓦每米每开"。

(4)乘方形式的单位名称,其顺序是指数名称在单位的名称之前,相应指数名称由数字加"次方"两字组成。例如,加速度的单位 m/s^2 称为"米每二次方秒",而不是"米每秒每秒"或"米每秒平方"。如果长度的 2 次和 3 次幂是指面积和体积,则相应的指数名称为"平方"和"立方",并置于长度单位的名称之前,否则应称为"二次方"和"三次方"。例如,体积的单位符号 m^3 的名称为"立方米",不能称为"米立方"或"三次方米";面积的常用单位符号 km^2 的名称为"平方千米",不能称为"千米平方"或"二次方千米"。

(5)指数是负1的单位,或分子为1的单位,其名称是以"每"字开头。例如,℃$^{-1}$或 K^{-1},其名称为"每摄氏度"或"每开尔文",而不是"负一次方摄氏度"或"负一次方开尔文"等[①]。

10.6.4 单位符号的使用

(1)单位符号一律用正体字母。除来源于人名的单位符号第一个字母要大写外,其余均为小写字母(升的符号 L 和天文单位距离的符号 A 例外)。

示例:米(m) 秒(s) 坎[德拉](cd)
　　　　安[培](A) 帕[斯卡](Pa) 韦[伯](Wb)

方括号中的字,在不致引起混淆、误解的情况下,可以省略。去掉方括号中的字即为其简称。无方括号的单位名称、简称与全称同。

(2)当组合单位是由两个或两个以上的单位相乘而构成时,其组合单位的写法可采用下列形式之一:

$$N·m \quad Nm$$

第二种形式,也可以在单位符号之间不留空隙。但应注意,当单位符号同时又是词头符号时,应尽量将它置于右侧,以免引起混淆,如 mN 表示毫牛顿而非指米牛顿。

当用单位相除的方法构成组合单位时,其符号可采用下列形式之一:

$$m/s \quad m·s^{-1} \quad \frac{m}{s}$$

---

① 本节内容来源:尤建忠,编著.现代校对实训教程[M].杭州:浙江工商大学出版社,2016:205-207.

除加括号避免混淆外,单位符号中的斜线(/)不得超过一条。在复杂的情况下,也可以使用负指数。另外,加速单位 m/s 不能单位符号和中文名称混用写成 m/秒。单位无国际符号的例外,如加工单价为"元/m²",居住面积为"m²/人"等。

(3) 由两个或两个以上单位相乘所构成的组合单位,其中文符号形式为两个单位符号之间加居中圆点,例如:牛·米。

单位相除构成的组合单位,其中文符号可采用下列形式之一:

$$米/秒 \quad 米·秒^{-1} \quad \frac{米}{秒}$$

单位符号应写在全部数值之后,并与数值间留半个数字的空隙。

10.6.5 SI 词头符号的使用

SI 是国际单位制通用的缩写符号,全称为法语 Système International d'Unités(国际单位制),旧称"万国公制"。国际单位制中用于构成倍数和分数单位的词头被称为 **SI 词头**。SI 词头的符号使用的是拉丁文或希腊文字母,一共有 20 个,如表 10-1 所示[①]。

表 10-1 SI 词头

因数	词头名称		符号
	英文	中文	
10^{24}	yotta	尧[它]	Y
10^{21}	zetta	泽[它]	Z
10^{18}	exa	艾[可萨]	E
10^{15}	peta	拍[它]	P
10^{12}	tera	太[拉]	T
10^{9}	giga	吉[咖]	G
10^{6}	mega	兆	M
10^{3}	kilo	千	k
10^{2}	hecto	百	h
10^{1}	deca	十	da
10^{-1}	deci	分	d
10^{-2}	centi	厘	c
10^{-3}	milli	毫	m
10^{-6}	micro	微	μ
10^{-9}	nano	纳[诺]	n

---

① 全国量和单位标准化技术委员会.国际单位制及其应用:GB 3100—1993[M].北京:中国标准出版社,1994:4.

续表

因数	词头名称		符号
	英文	中文	
10^{-12}	pico	皮[可]	p
10^{-15}	femto	飞[母托]	f
10^{-18}	atto	阿[托]	a
10^{-21}	zepto	仄[普托]	z
10^{-24}	yocto	幺[科托]	y

(1) 为避免单位前的数值过大或过小,可以使用 SI 词头加在单位之前构成倍数单位(包括十进倍数单位和分数单位),但使用词头构成单位时,一般应使量的数值处于 0.1～1000 的范围内。如 0.00394 m,应该写成 3.94 mm,或 0.394 cm,"mm""cm"中前一个字母"m""c"就是词头 m(豪)和 c(厘)。又如 1401 Pa 可写成 1.401 kPa;3.1×10^{-9} s 可写成 31 ns。另外,有些国际单位制以外的单位,可以按习惯用 SI 词头构成倍数单位,如 MeV(兆电子伏特)、mL(毫升)等,但它们不属于国际单位制①。

(2) SI 词头符号一律用正体字母,SI 词头符号与单位符号之间,不得留空隙②。同时,不能混淆 SI 词头符号的大小写。7 个因数 $\geqslant 10^6$ 的词头 M(兆)、G(吉)、T(太)……,采用大写正体;13 个因数 $\leqslant 10^3$ 的词头 k(千)、h(百)、da(十)……,采用小写正体。否则在使用时会发生混淆造成错误。如 m(豪)、M(兆),不分大小写就会产生混乱。

(3) SI 词头在任何情况下不能单独使用,SI 词头与所紧接的单位符号(指 SI 基本单位和 SI 导出单位,而不是组合单位整体)应作为一个整体③,其间不得有任何符号。如在"1km²"中,k 就是一个 SI 词头,中文称"千"(英文称 kilo),$k=1000=10^3$。"1km²"是一平方千米,它不得写为"1 (km)²"或"1·km"。排版时,带有词头的单位符号不能中断移行。我国习惯用的数词如万(10^4)、亿(10^8)等不是 SI 词头,但可与单位符号构成组合单位。如 20 亿 kW·h、100 万 km 等。

---

① 全国量和单位标准化技术委员会.国际单位制及其应用:GB 3100—1993[M].北京:中国标准出版社,1994:5.

② 同①:6.

③ 同①:3-4.

11　引用、注释、著录与索引编制

11.1　引用

引用(quoting, citing)是指在学术研究中,以抄录或转述的方式利用他人的著作,借用前人的学术成果,供自己著作参证、注释或评论之用,以推陈出新,创造出新的成果,称为引用[1]。学者读过并且引用在自己著述中的文献即为**引用文献**(quotation, citation),引用的内容通常简称为"引文"。

引用的意义在于:通过归誉或溯源保护他人著作权,避免重复前人的研究成果,说明学术继承与发展关系,为自己提供证据和说明,有利于与他人的商榷,纠正自己的研究工作,为读者提供查找相关资料提供线索,有利于文献计量分析、统计等[2]。

11.1.1　引用伦理

引用伦理(ethic of quotation),又称**引用规范**,指在引用他人学术成果时要恪守的纪律,是学术伦理的重要组成部分。引用伦理的基本要求有以下各项[3][4]:

(1) 引用了他人学术成果,必须公开地做出引注,否则就是学术失信,造成抄袭或剽窃。

(2) 要合理引用、适度引用他人学术成果,即应以论证自己观点的必要性为限,不能过度引用。如引用他人文献过量,将他人文献的部分主体内容或主要观点当成了自己作品的部分主体内容或主要观点,尽管做了引注,这也是一种抄袭行为。

(3) 引用他人学术观点、材料要真实、准确,不能为满足自己需要随意曲解、改动;引用他人的观点,应尽可能追溯到最初原创者的论说。

---

[1]　教育部科学技术委员会学风建设委员会,编.高等学校科学技术学术规范指南[M].2版.北京:中国人民大学出版社,2017:26-27.

[2]　王子舟.图书馆学是什么[M].北京:北京大学出版社,2008:87-88.

[3]　教育部社会科学委员会学风建设委员会组,编.高校人文社会科学学术规范指南[M].北京:高等教育出版社,2009:23-26.

[4]　同[2].

（4）尽可能地找到引用资料的原始文本，如果不得已转引，必须做出"转引于："或"转引自："等类似的说明标注。

（5）引用资料要使用权威性的来源媒介及版本，如引用《史记》最好用中华书局的版本。

（6）不能漏引(也称"匿引"，即引用了他人的成果却不做标注)，有些作者明明吸收了他人的材料或观点，但在引用文献中故意不列出，轻者为掠人之美，重者则构成剽窃。

（7）不能过度自引，否则有冀图增加自己作品引用量，获取不当社会评价的嫌疑。

（8）要杜绝伪引出现，包括转引当直引、无关引用、译著充原著等。

（9）反对轻易崇引，如不切实际需要地引用权威的作品，以抬高自己的"门面"。

（10）引用未公开出版的文献必须征得原作者同意，否则会伤及他人隐私或被引文献发表的价值。

11.1.2　引用类型

引用可分为直接引用、间接引用、转引三种类型。

1. 直接引用

直接引用（direct quotation）也称"**明引**"，是指所引用的部分一字不改地照录原话，引文前后加引号[1]。直接引用需处理好以下的情况[2]：

（1）直接引用的材料必须和原始材料在用词、拼写以及内部标点符号方面完全一样，即使原始材料不正确也应照录。必要时，可对原始材料中紧靠错误后的地方插入方括号，在方括号中写"原文如此"字样。此外，方括号还可以表示引用者的其他插入语（绝不要使用圆括号，否则会混淆引文自身与引用者说明语的界限），即在被说明对象后加方括号"[ ]"，里面添加说明语，"字迹模糊不可辨""此字应当为'某'字""着重号为引者所加"等[3]。

---

[1]　教育部科学技术委员会学风建设委员会，编. 高等学校科学技术学术规范指南[M]. 2版. 北京：中国人民大学出版社，2017：27.

[2]　美国心理协会，编. APA格式：国际社会科学学术写作规范手册[M]. 席仲恩，译. 重庆：重庆大学出版社，2011：160-163.

[3]　美国芝加哥大学出版社，编著. 芝加哥手册：写作、编辑和出版指南[M]. 吴波，余慧明，郑起，等译. 16版. 北京：高等教育出版社，2014：658-660.

(2) 如果引号内的引文过长,其中含有一些被认为可省略的内容,那么可以将引号内的文字用省略号代替,具体方法有:其一,省略一句话中间的部分,如"×××……×××";其二,省略一句话后面的部分,如"×××……。××××";其三,省略一句话前面的部分,如"×××。……×××"①。注意,尽量不要在任何直接引语的开始或末尾使用省略号。

(3) 如果所引材料是一段或几段文字(英文中超过40个以上英语单词),就要用一个独立的文本块来展示,引文不要用引号围起来。这种整块植入的引文要另起一行开始,并从左右两边各缩进两格(英语文献为半英寸,和段缩进距离一样长)。整块引用文字要使用楷体,以便和正文其他部分区别开来。如果引用的文字不止一段,第一段之后的其他各段,其第一行要进一步左缩进两格。在整块引文的末尾标点符号之后,做出来源标注,或直接用圆括号引入引文的来源信息,以及引文的页码或段码。

2. 间接引用

间接引用(indirect quotation)也称"**转述**""**暗引**",是指使用自己的语言来表述引文中的相关内容并加以标注②。即作者综合转述别人文章某一部分的意思,用自己的表达去阐述他人的观点、意见和理论,又称**释义**(paraphrase)③。

通常被引用文本内容容量较大,不易直接引用时,可以撮其大要、精编原话而进行间接引用。不过,间接引用要有引用起始标语,如"某某文献认为,""某某先生认为""某某说过:"等,然后在结尾的地方做出标注符号,以指示来源文献。

间接引用要注意的是,在用自己的语言转述或复述他人的观点时,要做到真实、准确,不能断章取义,曲解原文。否则就违背了学术诚信的"诚实""尊重"的原则,变成了学术失信。

3. 转引

转引(quoting from a secondary source)是指由于某种原因未能得到来源文献引文的完整内容,而从其他引用了该篇引文的文献(中

---

① [美]查尔斯·李普森.诚实做学问:从大一到教授[M].郜元宝,李小杰,译.上海:华东师范大学出版社,2006:34-36.
② 教育部科学技术委员会学风建设委员会,编.高等学校科学技术学术规范指南[M].2版.北京:中国人民大学出版社,2017:15.
③ 同②:27.

介文献)中转录该引文内容的现象[①]。通俗地说就是未见到 A 文献,而将 B 文献引用 A 文献的内容拿来进行引用,并声称引用了 A 文献。转引的前提是难以获得 A 文献,不得已使用了 B 文献引述 A 文献的内容。转引是允许的,但是转引需遵循以下要求:

(1) 由于转引容易发生断章取义、以讹传讹的现象,故在学术引用中,有条件能够进行直接引用或间接引用的,就不能进行转引,否则会被视为学术失范或研究懒惰。

(2) 在列出引文出处时,既要列出被引用的原始文献,也要列出中介文献。中间用"转引于:"做连接语。如果仅列出中介文献,而无原始文献,会导致引文信息不完善的错误;如果只列出原始文献,而无中介文献,这不仅会导致引文信息不完善的错误,还涉嫌引用造假。

11.1.3 引文标注方式

引文(quotation,citation)既指"引语"(引用他人的文字),也指"引语"的来源文献出处,即参考文献[②]。**引文标注**(annotation of citation),是对引语来源出处进行的标识。正文中的引文标注通常有两种方式:顺序编码制和著者-出版年制。中文写作多使用顺序编码制,英文写作多使用著者-出版年制。

1. 顺序编码制

顺序编码制(numeric references method)是一种引文参考文献的标注体系,即引文采用序号标注,参考文献表按引文的序号排序[③]。美国《芝加哥手册》又称为"**注释和参考文献体系**"(notes and bibliography system)[④],在英语文献中,文学、历史和艺术等人文学科颇喜用此种类型的引用标注体系。具体做法如下:

(1) 在正文中,引文的标注依先后顺序连续编码,并将序号置于方括号中,如果用于脚注则序号由计算机自动生成圈码。

(2) 在文后参考文献列表中,引文来源文献的排序也依先后顺序连续编码,并将序号置于方括号中。

---

① 罗式胜,主编.文献计量学概论[M].广州:中山大学出版社,1994:259.
② 叶继元,等编著.学术规范通论[M].2 版.上海:华东师范大学出版社,2017:179.
③ 全国信息与文献标准化技术委员会.信息与文献 参考文献著录规则:GB/T 7714—2015[S].北京:中国标准出版社,2015.2.
④ 美国芝加哥大学出版社,编著.芝加哥手册:写作、编辑和出版指南[M].吴波,余慧明,郑起,等译.16 版.北京:高等教育出版社,2014:1092.

示例 1：在正文中——

范文澜倡导做学问要有"二冷"决心,即"坐冷板凳""吃冷猪肉"(指古代高德者死后可以入孔庙,坐于两庑之下,分些冷猪肉吃)[1]。只有这样,所出学术成果才不是速朽的。傅璇琮为《中国古代文体形态研究》所作序时说道:"我总是以为,一个学者的生活意义,就在于他在学术行列中为时间所认定的位置,而不在乎一时的社会名声或过眼烟云的房产金钱。"[2]

示例 2：在文后——

[1] 范文澜.历史研究中的几个问题：北京大学"历史问题讲座"第一讲[J].北京大学学报(人文科学),1957(2):1-10.

[2] 傅璇琮.《中国古代文体形态研究》序[M]//吴承学.中国古代文体形态研究.广州：中山大学出版社,2002：序6.

2. 著者-出版年制

著者-出版年制(first element and date method),是一种引文参考文献的标注体系,即引文采用著者-出版年标注,参考文献表按著者字顺和出版年排序①。《芝加哥手册》又称**作者-出版年体系**(author-date reference system)②,主要流行于英语文献中科学、社会科学领域,近年也逐渐在中文学术著作中不断使用。具体做法如下：

(1) 在正文中,引文的标注依著者姓氏与出版年构成,著者、出版年置于"()"内。

(2) 在文后参考文献列表中,引文来源文献的排序依著者姓氏先后顺序连续编码,并将序号置于方括号中。

示例 1：在正文中——

有学者倡导做学问要有"二冷"决心,即"坐冷板凳""吃冷猪肉"(指古代高德者死后可以入孔庙,坐于两庑之下,分些冷猪肉吃)(范文澜,1957)。只有这样,所出学术成果才不是速朽的。还有学者说道："我总是以为,一个学者的生活意义,就在于他在学术行列中为时间所认定的位置,而不在乎一时的社会名声或过眼烟云的房产金钱。"(傅璇琮,2002)

---

① 全国信息与文献标准化技术委员会.信息与文献 参考文献著录规则：GB/T 7714—2015[S].北京：中国标准出版社,2015.2.

② 美国芝加哥大学出版社,编著.芝加哥手册：写作、编辑和出版指南[M].吴波,余慧明,郑起,等译.16版.北京：高等教育出版社,2014：975.

示例2：在文后——

[1] 范文澜,1957.历史研究中的几个问题：北京大学"历史问题讲座"第一讲[J].北京大学学报(人文科学),1957(2)：1-10.

[2] 傅璇琮,2002.《中国古代文体形态研究》序∥吴承学.中国古代文体形态研究[M].广州：中山大学出版社,2002：序6.

11.1.4 正文引文标注序号位置

1. 顺序编码制的引文标注序号位置

正文中引用文献的标注序号一般使用两种上角标类型,一种是使用圈码的,如①、③⑤、②—⑤等,通常用于脚注；另一种使用方括号的,如[1]、[2-4]、[2,5,7]等,通常用于尾注。正文使用哪种上角标序号,文后参考文献就应使用哪种序号。对于正文中引用序号的标注方式及位置,国家标准《学位论文编写规则》(GB/T 7713.1—2006)、《信息与文献 参考文献著录规则》(GB/T 7714—2015)①都做了相关规定。后者尤其详细,其规定如表11-1所示。

（1）上角标序号与标点的位置。通常在直接引用中,上角标序号位于引号后面；如果是间接引用,上角标序号位于句尾句号里面。

（2）上角标序号在句中的位置。如果上角标序号出现在句中,一般要插在人名或文献名的后面；如果是一段话,也可以插在适当的需要提示的地方。

（3）多个上角标序号的排列方法。同一处引用多篇文献时,应该将上角标序号全部列出,各序号间用","分隔。如果遇到连续标号,起讫序号之间可以用短横线连接,以方便阅读和节省版面。

（4）同书不同页码的上角标序号表示。即多次引用同一著作的内容,在正文中标注首次引文上角标序号时,可以在序号"[ ]"外著录引文页码,下次以及以后再次引用时,可以不变序号,仅改动引文页码。

（5）上角标序号的字符大小。如果引文标注序号作为语句的组成部分(能读出来),那么就不使用上角标序号,而改为全角序号。**全角序号**就是与汉字占等宽位置的序列号码。

---

① 全国信息与文献标准化技术委员会.信息与文献 参考文献著录规则：GB/T 7714—2015[S].北京：中国标准出版社,2015.14-15.

表 11-1 正文中顺序编码制的角标序号标示方法[①]

序号	类型	正确标示	错误标示
1	上角标序号与标点的位置	……及手段的总和。"[2] ……解放旨趣[4]。	……及手段的总和"[2]。 ……解放旨趣。[4]
2	上角标序号在句中的位置	黄宗忠先生[15]认为…… 不同利益[3]，才可以……	黄宗忠先生认为[15]…… 不同利益[3]，才可以……
3	多个上角序号的排列方法	……据相关文献[2,7,9]介绍…… 据相关文献[2-4]介绍	……据相关文献[2][7][9]介绍…… 据相关文献[2,3,4]介绍
4	同书不同页码的上标序号表示	……考古学两把尺子[11]214。……遗存的基本信息。"[11]224	……考古学两把尺子[11]。……遗存的基本信息。"[12]
5	角标序号的字符大小	……文献[1]指出，	……文献[1]指出，

2. 著者-出版年制的引文标注序号位置

正文中引文标注如果是使用的著者-出版年制,则著者、出版年置于"()"内(参见 11.1.3)。国家标准《信息与文献 参考文献著录规则》(GB/T 7714—2015)[②]、美国芝加哥大学出版社编著的《芝加哥手册》对此做了详细规定[③]。后者规定尤为详细。现依据这两个规范文本将相关要求表述如下:

(1) 正文内的引用通常置于圆括号中,并且仅含有参考文献列表中的头两个要素——作者和出版年(因此构成了这个体系的名称),中间用逗号把他们隔开(英语文献不用标点把它们隔开)。如 11.1.3 中的"(范文澜,1957)""(傅璇琮,2002)"。倘若正文中已提及著作人姓名,则其后面"()"里只著录出版年,并要紧贴作者名字。

示例:范文澜(1957)倡导做学问要有"二冷"决心,即"坐冷板凳"

---

① 王子舟.图书馆学研究法:学术论文写作撮要[M].北京:北京大学出版社,2017:142.

② 全国信息与文献标准化技术委员会.信息与文献 参考文献著录规则:GB/T 7714—2015[S].北京:中国标准出版社,2015:15-16.

③ 美国芝加哥大学出版社,编著.芝加哥手册:写作、编辑和出版指南[M].吴波,余慧明,郑起,等译.16 版.北京:高等教育出版社,2014:812-826.

"吃冷猪肉"(指古代高德者死后可以入孔庙,坐于两庑之下,分些冷猪肉吃)。只有这样,所出学术成果才不是速朽的。傅璇琮(2002)为《中国古代文体形态研究》所作序时说道:"我总是以为,一个学者的生活意义,就在于他在学术行列中为时间所认定的位置,而不在乎一时的社会名声或过眼烟云的房产金钱。"

如果只标注姓氏无法识别同姓但不同作者的情况,则正文引文标注必须用包括名字的首字母来进行区别,如"(C. Doershuk 2010)""(L. Doershuk 2009)"等①。

(2)正文引文标注的圆括号里,可以添加页码或其他定位要素,并将它们置于一个逗号之后。如"(Pollan 2006,99-100)",注意英文著者与出版年之间没有逗号",",其中"99-100"就是页码。该条引文在参考文献里为"Pollan, Michael. 2006. *The Omnivore's Dilemma: A Natural History of Four Meals*. New York: Penguin."②其他情况见示例:

示例:(LaFree 2010,413,417-18) 注:表示来源多处页码

(Johnson 1979, sec. 24) 注:表示来源第24章,sec. 为section 的缩写

(Fowler and Hoyle 1965, eq. 87) 注:来源第87个方程式,eq. 为equation 的缩写

(García 1987, vol. 2) 注:来源第2卷,即以一卷作品作为整体参考,vol 为 volume 的缩写

(García 1987,2:345) 注:有卷号、页码的,中间用":"隔开

(Barnes 1988,2:354-55,3:29) 注:多卷、多页码的表示方式

(Fischer and Siple 1990,212n3) 注:来源于212页的注释3,n 表示"note"

(Hellman 1998, under "The Battleground") 注:表示对不含页码、章节编号或其他数字记号的作品的某部分的引用③。

---

① 美国芝加哥大学出版社,编著.芝加哥手册:写作、编辑和出版指南[M].吴波,余慧明,郑起,等译.16版.北京:高等教育出版社,2014:822.

② 同①:815.

③ 同①:822.

(3) 正文引文来源可以是一个作者,也可以为多个作者或一个机构,还可以指一位或多为编者、译者或汇编者,在英语中,不仅作者和日期之间不用标点,诸如 editor(编者)或 translator(译者)之类的术语也不能包含在正文引文中,但其缩略语 ed. 或 eds. ,以及 trans. 要加在参考文献列表上[①]。

示例: 正文引用——

(Woodward 1987)

(Schuman and Scott 1987)

参考书目——

Schuman, Howard, and Jacqueline Scott. 1987. "Problems in the Use of Survey Questions to Measure Public Opinion." *Science* 236:957-59.

Woodward, David, ed. 1987. *Art and Cartography: Six Historical Essays*. Chicago: University of Chicago Press.

注:参考书目顺序是按照著者字母顺序排列的

(4) 对三位以上作者所创作的作品进行引用,仅使用第一位作者的名字,之后用 et al. ("等人")。注意,et al. 在正文引用中不用斜体。如"(Schonen et al. 2009)""According to the data collected by Schonen et al. (2009),…"[②]

(5) 一对括号里包含两个或多个引用,要用分号";"隔开。它们的排列顺序可以根据其所引用的内容及其出现的顺序,也可以按照所引引文相对的重要性等来排序。如"(Armstrong and Malacinski 1989; Beigl 1989; Pickett and White 1985)"。在引用相同作者的其他作品时,仅根据日期进行排列,用逗号分隔,但需要列出页码时例外。例如"(Whittaker 1967, 1975; Wiens 1989a, 1989b)""(Wong 1999, 328; 2000, 475; Garcia 1998, 67)"[③]。

上面列举了按照著者-出版年制在正文进行引文标注的几种常见的方式。更多的具体要求,如对同一引文多次引用的标注方式、匿名

---

① 美国芝加哥大学出版社,编著. 芝加哥手册:写作、编辑和出版指南[M]. 吴波,余慧明,郑起,等译. 16 版. 北京:高等教育出版社,2014:821-822.

② 同①:825.

③ 同①:825-826.

(佚名)作者的引文怎样标注等,《芝加哥手册》都有一一指示,读者可根据需要进一步查考使用。

11.2 注释

注释(notes)是为论著中引文做出处说明,或为需要解释的字词、短语做进一步说明的文字内容。一般分散著录在页下(称"脚注"),或集中著录在文后(称"尾注"),或分散著录在文中(称"夹注"),或分散在页面左右空白位置(称"肩注")。作为学术成果的附加部分,其作用在于说明引文出处,或对需加解释的地方进行注解,故其分**引文性注释**(即引用文献标注)和**释义性注释**两种。注释还可以依据功能划分为题名注、作者注、语词注、引文注等,其中引文注、语词注使用得最为普遍。

11.2.1 脚注

脚注(footnote)又称**页下注**,是出现在页面底部的注释文字。页面文字的上方称"天头",下方称"地脚",由此得名。正文与脚注之间通常有一条直线表示分隔。现代学术脚注是从19世纪德国历史研究领域里建立起来的,是学者在其专业领域获得信誉和权威,并被赋予合法性的一种表征[①]。学术著作青睐脚注,是因为注释与正文处于同一页,关系紧密,方便获知证据来源等。但其弊端是当脚注内容过多时,会使正文版面变得非常局促,使读者望而生畏。正文脚注的主要功能是做引文注,其次是语词注。

1. 脚注表示引文标注的方式

(1) 引文标注的两种方式,即顺序编码制和著者-出版年制,均可使用脚注方式来表现。即正文中出现引文标注,脚注里出现对应的引用文献(参考文献)出处,注释文字字号小于正文字号。与尾注(章后列参考文献)有所不同的是,使用脚注时,正文里通常使用的上角标为圈码,如①,③⑤,②—⑤等(英语文献用1,3,5等),脚注里也是用同样的圈码进行对应(英文用"1.""3.""5."等);而使用尾注时,正文里通常使用的上角标为方括号,如[1],[2-4],[2,5,7]等,章后参考文献的排列也用的是方括号序号,只不过变成了全角的[1],[2],[3]……。

---

① 美国现代语言学会,编. MLA格式指南及学术出版准则[M]. 3版. 上海:上海外语教育出版社,2013:xv.

示例：正文——

姚名达的《中国目录学史》(1938年)用"以题为纲"方法编纂的，"特取若干主题，通古今而直述，使其源流毕具，一览无余。"① 姚名达认为，中国古代目录学史中，时代精神殆无特别之差异，故不宜用"以时为纲"的写法，而"杂用多样之笔法，不拘守一例，亦不特重一家，务综合大势，为有条理之叙述，亦一般不习见者。"②

脚注——

① 姚名达.中国目录学史[M].上海：商务印书馆，1957：19.

② 同①：自序.

注：英语中"同×"使用缩写 ibid.(来自 ibidem，"出处同前")，如"6. ibid.，258-59."其中"6."是序号。"258-59"是页码。

(2) 脚注里的引文著录格式与尾注里的参考文献著录格式相同。但英语文献有别，脚注和尾注里的引文各要素，即作者、题名、出版信息等，由逗号隔开，出版信息放在括号里。只有全书最后的参考文献列表中的参考文献，各要素才用句号"."隔开，例如下面的实例①：

示例：

脚注中完整的引用——

1. Newton N. Minow and Craig L. LaMay, *Inside the Presidential Debates : Their Improbable Past and Promising Future* (Chicago : University of Chicago Press, 2008), 24-25.

出现过完整使用，再次引用可简短化——

8. Minow and LaMay, Presidential Debates, 138.

位于书后参考文献——

Minow, Newton N., and Craig L. LaMay. Inside the Presidential Debates : *Their Improbable Past and Promising Future*. Chicago : University of Chicago Press, 2008.

(3) 脚注里引文标注的序号顺序最好每页重新起讫，全书不连续接排序号。除非短篇文章(十几页以内)可以使用连续排号。另外，如果一个作品里脚注很少，或一篇文章只有一个脚注时，则没有必要用标注序号，可以使用星号"﹡"等②。

---

① 美国芝加哥大学出版社，编著.芝加哥手册：写作、编辑和出版指南[M].吴波，余慧明，郑起，等译.16版.北京：高等教育出版社，2014：675.

② 同①：680.

11　引用、注释、著录与索引编制

2. 脚注表示说明语的方式

（1）正文中出现需要解释、说明的语词，可以使用脚注予以说明。如表 11-2 的示例①：

表 11-2　脚注示例之一

页中正文	……按以往的理解，不识字的文盲很难发现、获取、交流、利用显性知识，因此，获得不了显性知识的文盲就是知识贫困者。但是，国际社会目前还普遍将那些识字但不会正确读、写、算及使用电脑等功能性文盲①也视为一种知识贫困者。……
页下脚注	①"功能性文盲"是联合国教科文组织在 1965 年德黑兰召开的各国教育部长会议上首次提出的，最初的含义是指未能获得读、写、算能力的人，而这些人可能曾经上过学，并取得文凭；而当代意义的"功能性文盲"是指那些受过一定教育，会基本的读、写、算，但却不能识别现代社会符号（即地图、曲线图等），不能使用计算机进行学习、交流和管理，无法利用高科技生活设备（如发送短信）的人。

（2）正文中数据等内容需要进一步补充的，可以使用脚注予以说明。如表 11-3 的示例②：

表 11-3　脚注示例之二

页中正文	……如果综述文章是毕业论文或课题中一部分，每页引用内容都做了脚注，那么文后可以不列参考文献；如果综述文章是单篇学术论文，那么参考文献通常要列在文后，即采用尾注的方式。综述的参考文献一般应控制在四五十篇左右，不宜超过百篇*。当然这也不是定例。……
页下脚注	* 有学者选取 Elsevier 出版发行的 Journal of Informetrics（以下简称"JOI"）期刊 2007-2012 年间发表的全部 350 篇论文的 XML 全文数据，通过引文统计发现，一般研究论文的引文篇数在 30 篇左右，研究综述多者也只有 100 余篇。参见：胡志刚，陈超美，刘则渊，等. 从基于引文到基于引用：一种统计引文总被引次数的新方法[J]. 图书情报工作，2013(21)：5-10.

（3）对正文中某些观点表示作者看法的，可以使用脚注予以说明。如表 11-4 的示例③：

---

① 王子舟. 图书馆学研究法：学术论文写作撮要[M]. 北京：北京大学出版社，2017：141.
② 同①：36.
③ 张禹. 艺术演出与国家权力之间的互动：评 Andrea S. Goldman，Opera and the City：The Politics of Culture in Beijing，1770-1900，Stanford：Stanford University Press，2012. [M] // 刘昶，主编. 海外中国学评论：第 6 辑. 上海：上海古籍出版社，2018：190-196.

表 11-4 脚注示例之三

页中正文	……郭安瑞教授(Andrea S. Goldman)的近作《戏曲与城市：北京的文化政治,1770—1990》……全景展示了京城内王公贵胄、文人雅士和普通民众交织而成的社会关系网。……顺治年间政令禁止京城内女性公开登场演剧,旦角则以相貌柔美的男性代替。花谱浓墨重彩地记录男旦的色艺,并为男旦排名。郭安瑞认为,与描摹妓女的"花榜"不同,"花谱"大多以各种古典文学意象强调男旦丰富细腻的感情,而不涉及色情[2]。……
页下脚注	[2]这一观点有待商榷,在最新出版的《京剧历史文献汇编》(凤凰出版社,2011年)中,花谱文字不乏语涉狎邪,如《燕兰小谱》薛四儿、黑儿条;《消寒新咏·题李玉龄官》及《凤城品花记》《日下看花记》《听春新咏》等作品部分章节均对男旦的容貌体态表现出强烈的兴趣。

通常脚注注文的字号要小于正文的字号。脚注注文与正文之间用脚注线(长度为版心的 1/4)进行分隔。

11.2.2 尾注

尾注(endnote)指出现在一篇文章末尾的注释,包括一本书中每一章末尾的注释。正文与尾注之间的分隔方式,中文文献通常用左开头标有"参考文献:"或"注释:"字样的一个空行来表示;英语文献则用中间有"Notes"(注释)的一个空行来表示[1]。尾注的作用,标注方法,著录格式,与脚注基本相同。它与脚注最大的不同是所在位置的不同。其优点是避免了脚注量过大,对正文页面的挤压,使得正文文字页面(特别是图表较多的)更加整齐、舒朗。但是缺点在于脱离正文页面,增加了读者寻找的成本。

1. 尾注表示引文标注的方式

(1)与脚注相同,引文标注的两种方式,即顺序编码制和著者-出版年制,均可使用尾注方式来表示。如上文所言,在正文里尾注使用的标注方式,通常是用方括号"[]"的上角标,如[1]、[2-4]、[2,5,7]等,章后参考文献的排列也用的是方括号序号,只不过变成了全角的[1],[2],[3]……。尾注的文字要比正文略小。在英语著作中,尾注文字比正文小,但比脚注文字稍大[2]。

---

[1] 美国芝加哥大学出版社,编著.芝加哥手册:写作、编辑和出版指南[M].吴波,余慧明,郑起,等译.16 版.北京:高等教育出版社,2014:688-690.

[2] 同[1]:27.

(2) 英语文献有别,脚注和尾注里的引文各要素,即作者、题名、出版信息等,用逗号隔开,出版信息放在括号里(参见"11.2.1 脚注"里相关内容与示例)。

(3) 尾注中参考文献条目的排序,如果按照顺序编码制的方式,序号应与正文标注序号顺序一致;如果按照著者-出版年制的方式,序号则应按照著者的姓氏顺序,同一人的再按照出版年的前后排序。

(4) 尾注和脚注都是对应正文引用而罗列出来的,为了反映引用的真实、详尽情况,所列引文出处必须完整,要标出来源文献的页码(报纸要达到版次)。

2. 尾注表示说明语的方式

与脚注相同,尾注可以说明正文中出现需要解释、说明的语词,也可以进一步补充数据等内容,还可以就某些观点表示作者的看法。而且与脚注略有不同的是,脚注说明语的内容,限于正文页面空间的固定性,通常体量都不会太大。而尾注则因有空间扩展的余地,可以容纳体量较大、篇幅略长的说明语,这样可以满足作者自己想要充分拓展的意愿。

11.2.3 夹注

夹注(interlinear note)也称"随文注""文内注",指出现在正文中的注释文字,通常位于被说明或释义内容的后面,并用括号"()"括起来。在英语文献中,正文使用的著者-出版年制体系的引文标注方式,就是一种夹注形式,包括了作者名字、出版日期,有时还有页码等,可让读者在参考文献列表中查找到完整的引文信息[1]。此种注释方法较之脚注、尾注更为直接、方便,读者遇到须说明或释疑之处立即得到解决,但缺点在于,由于其不是句子成分,一旦注文太长,会造成夹注前后两段正文在语意上的割裂,版面上显得喧宾夺主。

夹注一般也分两种形式:标注引文,放置说明语。

1. 夹注表示引文标注的方式

(1) 使用著者-出版年制体系的引文标注方式,在正文引文后的括号里将作者名字、出版年标注出来。如"(范文澜,1957)""(Woodward 1987)""(Schuman and Scott 1987)"等。如果英语写作中引用的出版文献没有出版日期,使用一个标识 n.d.("no date")取代文中夹注的出版年信息,如"(Smith n.d. ,5)"[2]。

---

[1] [美]凯特·L·杜拉宾.芝加哥大学论文写作指南[M].雷蕾,译.北京:新华出版社,2015:262.

[2] 同[1]:265.

(2) 正文中引用常用古籍经典,或《圣经》《古兰经》等,一般可在夹注中标出引文的篇、章、节等信息,不必再列出参考文献。

示例:在正文中——

庄子言"惠施多方,其书五车。"(《庄子·天下》)

孟子说过"善政得民财,善教得民心。"(《孟子·尽心上》)

Consider the words of Solomon:"If your enemies are hungry, give them food to eat. If they are thirsty, give them water to drink"(Bible,Prov. 25. 21).

示例里夹注"(Bible,Prov. 25. 21)"表示引文来自《圣经·旧约》的《箴言》篇第 25 章第 21 节。《圣经》各篇的缩写有标准的写法,因而使用时应该注意核对①。

2. 夹注表示说明语的方式

(1) 说明出版物的原始信息,以便读者准确地了解并通过检索途径去获取。

示例:在正文中——

丛书《民国时期文献资料海外拾遗》(影印本,非正式出版物,2014 年)第 198 册收录了徐绍棨的《中国书目学》(目录学著作)、郑文轩的《北京印刷局概况》(北京印刷局史料,有图)、钟钟山的《国学书目举要》(推荐书目,江苏政法大学 1925 年出版)、《贞松堂校勘书目解题》(书目里有售书价格)、黄慈博《广东宋元明经籍椠本纪略》(中国文化协进会编印,1940 年)、冼玉清《梁廷枏著述录要》(广州市西湖路蔚兴印刷场印,1934 年),可资民国目录学、版本学研究参考。

《廷巴克图的盗书者:抢救伊斯兰古手稿行动》(*The Bad-Ass Librarians of Timbuktu:And Their Race to Save the World's Most Precious Manuscripts*,2017)记叙海达拉组织抢救书籍这一惊心动魄过程的故事,也讲述了海达拉是怎样继承家族藏书事业,遍访书籍,最终成就出一个杰出的私家图书馆。

(2) 说明正文出现的人物的生卒年,以及外文原名及生卒年。

示例:在正文中——

胡道静(1913—2003)先生在古文献学方面有深厚造诣,曾师从顾实、胡朴安先生……

1934 年至 1947 年,燕京大学新闻系德籍教师罗文达(Rudolf

---

① 陈刚. 翻译论文写作与答辩指南[M]. 杭州:浙江大学出版社,2015:687.

Löwenthal,1904—1996)在该校执教期间,完成了一部重要的调查报告《中国宗教期刊》(*The Religious Periodical Press in China*)……

(3) 说明专有名词的外文名称。

示例:在正文中——

廷巴克图(Timbuktu)是北非马里共和国中部的古城,始建于 11 世纪。

意大利米兰的昂布罗修图书馆(Biblioteca-Pinacoteca Accademia Ambrosiana)集图书馆、美术馆和博物馆于一身,在欧洲享负盛名。

西方书志学(bibliography)有列举书志学(研究书目排列)、描写书志学(研究书本形态)、分析书志学(研究图书馆形成与传播)、文本书志学(确立正确的文本)等分支……

11.2.4 肩注

肩注(shoulder note),是印刷在页面纵向空白处的正文注释[①]。肩注文字多出现在书页切口一边的页边上端。目前一些插图版教科书、科普读物等,都利用页边做肩注,内容或为思考题,或为知识点,或为重点提示等,主要是为了激发读者(尤其是学习者)兴趣,增强记忆,培养其思考能力、参与意识等。通常学位论文、学术专著较少使用这种注释方式。

例如出示思考题的肩注,有美国社会学教授理查德·谢弗(Richard T. Schaefer)编纂的《社会学与生活》(插图修订第 9 版)。该书手帐式的排版形式,非常便于知识点的笔记、记忆。摘文、专栏、海报、图片、肩注等错杂于书中,非但没有给人以拥挤感,反而使得正文页面生动起来,增加了读者的阅读趣味。第一章"认识社会学"中讲到"社会学的想象力"一节时,右边页上出现了一条"使用你的社会学的想象力"的肩注,内容如下[②]:

示例:使用你的社会学
　　　　的想象力
　　　　假定你某个晚上去
　　　　听一场摇滚音乐会,
　　　　而第二天早上又去

---

① [英]安德鲁·哈斯拉姆.书籍设计[M].北京:中国青年出版社,2007:252.
② [美]理查德·谢弗.社会学与生活[M].刘鹤群,房智慧,等译.9 版.北京:世界图书出版公司北京公司,2006:7.

参加了某个宗教活动。你能不能看出两个活动的参与者,他们的行为模式有何不同?他们跟领袖人物之间的互动关系为何?为何会有这些不同呢?

例如提供知识点的肩注,有王光波的《一本书读懂日本史》。该书第二章讲到"遣唐使"一节时,右边页上就有一条题为"李白《哭晁卿衡》为谁而作?"的肩注。内容如下[①]:

示例:李白《哭晁卿衡》为谁而作?

该诗是李白为日本遣唐使阿倍仲麻吕而作。阿倍仲麻吕16岁时随日本遣唐使到中国,初在长安读书,后考中了进士,从此在唐朝做官任职。唐玄宗赐名晁衡。阿倍仲麻吕擅长诗文,与李白、王维等友谊深厚。753年因思念家乡,向唐玄宗提出回国。在回国途中遇到风暴,消息传来,李白为此写《哭晁卿衡》悼念他。实际上他没有死而随风漂到

---

① 王光波.一本书读懂日本史[M].北京:金城出版社,2010:35.

了今越南,后又返
　　回长安,便没有再
　　回日本,直到70岁
　　在长安去世。
这条肩注就是为了丰富日本派遣十几批遣唐使的历史,而特意增加的一个知识趣味点。

11.3　参考文献著录

参考文献(reference)通常指为撰写或编辑论文和著作而引用的相关文献信息资源,一般集中列表于文末[1]。参考文献可分为**阅读型参考文献**(reading reference)和**引文参考文献**(cited reference)。前者是著者为著述而阅读过的、或可供读者进一步阅读的信息资源;后者是著者为著述而引用的信息资源[2]。前者多出现于脚注里,后者即出现于脚注也出现于文后,在文后的就形成了"**参考文献列表**"(也称"**参考文献表**")。后者在中文语境里与引用文献含义等同,均指称被引用的文献信息源。如果一部书在注释中已经详尽地列出了引用文献信息源,那么书后参考文献列表也可以省略。但是,毕业论文不可以省略。

参考文献著录是指按一定的标准将引用文献出处的各个要素记录下来,形成一条可供检索的详细描述或记录。**参考文献著录规则**是进行参考文献著录时所依据的标准。它包含了著录项目、著录标点、著录格式、列表方式等多项内容的具体规定。参考文献著录规则,不仅适用于书后参考文献的著录,也适用于脚注、尾注等引用文献的著录。但是夹注可以使用来源文献说明的简略形式。

由于中文写作多使用顺序编码制来编制参考文献列表,而较少使用著者-出版年制来编制参考文献列表,故现主要依据国家标准《信息与文献 参考文献著录规则》(GB/T 7714—2015)中制定的顺序编码制的使用标准,结合人们学习掌握参考文献著录的过程特征,同时借鉴国外相关规定,将参考文献著录规则介绍如下。

---

[1]　教育部科学技术委员会学风建设委员会,编.高等学校科学技术学术规范指南[M].2版.北京:中国人民大学出版社,2017:16.
[2]　全国信息与文献标准化技术委员会.信息与文献 参考文献著录规则:GB/T 7714—2015[S].北京:中国标准出版社,2015.2.

11.3.1 参考文献条目结构

经过著录形成的一条参考文献条目,其基本结构是由著录项目、著录符号,按照一定的著录格式(顺序)构成的。

1. 著录项目

以图书为例,一个完整的参考文献条目,其**著录项目**通常包括:主要责任者(著者)、题名项、其他责任者、版本项、出版项(出版地、出版者、出版面)、引文页码、引用日期(电子资源必备)、获取和访问方式路径(电子资源必备)、数字对象唯一标识符(电子资源必备)[①]。专著中的析出文章、期刊论文、专利文献、电子资源等的著录项目与此大同小异。

2. 著录符号

各种著录项目形成一条有明确内容的参考文献条目,是靠著录符号进行连接的。参考文献著录使用的**著录符号**一般都是前置符,而语法中使用的标点符号都是后置符。前置符出现在著录项目之前,表示后面出现著录项目的特征。参考文献著录使用的著录符号有以下种类:

(1)". "句号。作为前置符,一般在著录项目之前。但一条参考文献结尾之后也用"."。

(2)":"冒号。提示某种著录项目有进一步说明或补充的内容,用于其他题名信息、出版者、引文页码、析出文献页码、专利号的前面。

(3)","逗号。表示同一著录项目之间分列子项目的停顿。

(4)";"分号。表示同一著录项目里含有的并列子项目。

(5)"//"双斜线。用于专著中析出文献的出处之前。

(6)"()"圆括号。用于期刊年卷期标识中的期号、报纸的版次、电子资源发布日期,以及非公元纪年的出版年。

(7)"[ ]"方括号。用于文献类型标识、电子资源的引用日期以及自拟信息,还有参考文献列表的序号。

(8)"/"斜线。用于文献载体标识前,如"[EB/OL]",或合期的期号,如"2001(9/10):36-39"。

(9)"-"连接号。用于起讫序号和起讫页码之间。

参考文献著录使用的著录符号借用了标点符号,但其与标点符号

[①] 全国信息与文献标准化技术委员会.信息与文献 参考文献著录规则:GB/T 7714—2015[S].北京:中国标准出版社,2015.2-3.

不同。《信息与文献 参考文献著录规则》(GB/T 7714—2015)虽然没有明确说明使用中文的标点符号还是英文的标点符号,是全角状态还是半角状态,但一般以英文标点(或半角)为宜①②。

3. 著录格式(顺序)

著录格式主要是责任者优先,其次为题名项,接着是出版项等。如一条纸本著作、一条纸本期刊论文(析出文献)的**参考文献条目格式**如下③:

主要责任者.题名:其他题名信息[文献类型标识/文献载体标识].其他责任者.版本项.出版地:出版社,出版年:引文页码.

析出文献主要责任者.析出文献题名:其他题名信息[文献类型标识/文献载体标识].连续出版物题名:其他题名信息,年,卷(期):页码.

示例:一条纸本著作参考文献条目格式:

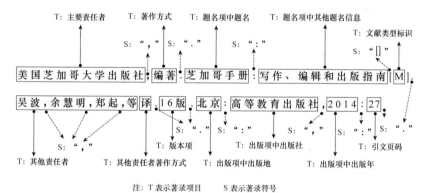

注:T 表示著录项目　　S 表示著录符号

11.3.2　参考文献著录细则

一个完整的参考文献条目,其著录项目通常包括:主要责任者(著者)、题名项、其他责任者、版本项、出版项(出版地、出版者、出版面)、引文页码、引用日期(电子资源必备)、获取和访问方式路径(电子资源必备)、数字对象唯一标识符(电子资源必备)等④。每个项目的著录都有具体的要求,包括一般性和特殊性的两种情况。现依据《信息与文献 参考文献著录规则》(GB/T 7714—2015)介绍出以下著录

---

① 尤建忠,编.现代校对实训教程[M].杭州:浙江工商大学出版社,2016:226.
② 崔桂友,编著.科技论文写作与论文答辩[M].北京:中国轻工业出版社,2015:69.
③ 全国信息与文献标准化技术委员会.信息与文献 参考文献著录规则:GB/T 7714—2015[S].北京:中国标准出版社,2015.2-3.
④ 同③.

规则。

1. 责任者

责任者(responsible person)指对文献的知识内容或艺术内容负责或做出贡献的个人或机关团体①。要包括**主要责任者**、**次要责任者**，如图书的主编为主要责任者，副主编为次要责任者；译著的原著者为主要责任者，译者为次要责任者；论文的第一作者或通讯作者为主要责任者，其他作者为次要责任者。

(1) 在参考文献著录时，责任者项应该著录主要责任者。无论主要责任者、次要责任者，原则上当著作方式相同的著者数量在三个以内，都应该完全著录，超过三个可以用"等"的省略方式著录。

示例 1：原题——

  李四光 华罗庚 茅以升

  著录为——

  李四光,华罗庚,茅以升.

示例 2：原题——

  印森林 吴胜和 李俊飞 冯文杰

  著录为——

  印森林,吴胜和,李俊飞,等.

示例 3：原题——

  Evenst W. Fordham Amaiad Ali David A. Turner John R. Charters

  著录为——

  FORDHAM E W,ALI A,TURNER D A,et al.

(2) 外国责任者，如果信息源为外文原版书，著录外文原名时，姓要全部大写，如上文示例中的 Evenst W. Fordham，要著录为 FORDHAM E W。如果是翻译作品，外国责任者可著录其外文原名，也可以著录中译名。

(3) 著录责任者时，以往的引用规范和国家标准还要求携带国别或时代信息，如"[美]""[印度]""[阿根廷]"；"[秦]""[唐]""[清]"(民国及以后不用标注时代)等，甚至除了时代信息，还对主要责任者的特殊身份进行标注，如"[姚秦释]鸠摩罗什""[唐释]道宣"等。现行国家标准《信息与文献 参考文献著录规则》(GB/T 7714—2015)依据求简

---

① 图书馆·情报与文献学名词审定委员会,编.图书馆·情报与文献学名词[M].北京:科学出版社,2019:134.

原则,取消了国别或时代信息。但是,考虑到对主要责任者时代辨识的需要,依据"能增不能减原则"①,我们做参考文献著录时,还应该保留主要责任者的国别、时代信息。

(4) 著录责任者时,以往的引用规范还要求携带**著作方式**(authoring mode)又称**责任方式**,即表达著作的形式和责任者对著作负有何种责任②。如"著""编""编纂""改编""整理""口述""演唱""绘制"等等,现行国家标准《信息与文献 参考文献著录规则》(GB/T 7714—2015)取消了著作方式。但是,要清晰地表现出主要责任者的具体作用,依据"能增不能减原则",在参考文献著录时还应该保留主要责任者的创作形式。具体做法为:当著作方式为"著"时,著作方式可以省略,其他著作方式,如编、编著、口述、绘制、录制,等一律保留。

示例:曾任生活·读书·新知三联出版社总经理的沈昌文先生(1931—2021),称自己不是知识分子,但因在文化出版界执役多年,知道一些事情,而号称"知道分子"。他晚年出版的一个口述自传,名为《知道:沈昌文口述自传》,其著录方式应该为:

沈昌文,口述;张冠生,整理.知道:沈昌文口述自传[M].广州:花城出版社,2008:4.

如果著者仅著录为"沈昌文.知道:沈昌文口述自传[M].张冠生,整理.",就传递不出沈昌文口述的信息,因为也可以理解为沈昌文撰稿。

(5) 著录责任者时,遇到无主要责任者或主要责任者不明的文献,主要责任者项可以用"佚名"替代。凡采用顺序编码制组织的参考文献,可以省略此项,直接著录题名。

(6) 次要责任者也是原始作品创作的共同参与者,应该放置在题名项前,否则著录在题名项后的"其他责任者"的位置。"其他责任者"是任选项(即可著录,也可不著录)。例如,一部译著有译者、校者,译者放在此处,校者可省略。

示例:

沈昌文,口述;张冠生,整理.知道:沈昌文口述自传[M].广州:花城出版社,2008:4.

---

① "能增不能减原则"指的是依据标准、规范要求进行参考文献著录时,标准或规范要求做到的,不能减少;标准或规范没有要求做到的,可以酌量增加。这与法律中"法无禁止即可为"原则有一定的相通性。

② 杨玉麟,主编.信息描述[M].北京:高等教育出版社,2004:45.

［晋］杜预,注;［唐］孔颖达,等正义.春秋左传正义:僖公二十四年［M］.黄侃,经文句读.上海:上海古籍出版社,1990:上册,255.

［清］顾炎武,著;［清］黄汝成,集释.日知录集释［M］.秦克诚,点校.长沙:岳麓书社,1994.5.

美国芝加哥大学出版社,编著.芝加哥手册:写作、编辑和出版指南［M］.吴波,余慧明,郑起,等译.16版.北京:高等教育出版社,2014.9.

2. 题名项

题名项(title item),一般包括书名、文章名、学位论文名、报告名、档案名、舆图名等等。有的题名由正题名、副题名(即其他题名信息)组成。

(1) 在著录题名时,一般原则是按照原题名方式著录。如果有副题名时,**正题名**(proper title,被认为是文献主要的题名)与**副题名**(subtitle,对含义模糊的正题名进行解释的题名附加部分)之间可以用":"隔开。

示例:原题名——

地壳运动假说——从大陆漂移到板块构造

著录为——

地壳运动假说:从大陆漂移到板块构造

(2) 当引文来源于含有多卷内容的著作时,题名项信息应该尽量著录完全,这样才方便读者迅速地辨别和检索信息源的准确出处。如许多古籍不仅有"卷",还有"篇""条"等,这些都应在题名信息中有所揭示。而著录古籍题名时,"卷""篇""条"等信息中宜用传统分隔符"·"。

示例:王鸣盛说:"目录之学,学中第一紧要事,必从此问途,方能得其门而入。"该句话的实际出处为:

［清］王鸣盛.十七史商榷:卷一·史记一·史记集解分八十卷［M］.北京:商务印书馆,1959:1.

(3) 古籍题名著录时,"卷"应在题名项著录,"册"应在页码位置著录。现行著录规则将卷册信息放在题名项里,紧随题名著录。例如《信息与文献 参考文献著录规则》(GB/T 7714—2015)其"附录A"下"A.1普通图书"的举例中有:

师伏堂日记:第4册［M］.北京:北京图书馆出版社,2009:155.

胡承正,周详,缪灵.理论物理概论:上[M].武汉:武汉大学出版社,2010:112.

将"册"置于题名项不妥,因为古籍中计数单位"卷"是内容结构单位,类似后世的"章",是作者厘定的,故应随题名项著录,这是中国文献传统自身的特点,应该予以尊重继承;而"册"是页数容量扩张而衍生出的单位,出于装印者之手,在著录时应该与页码等联系起来。换言之,卷、篇等内容之划分单位应在题名项里详细揭示,而书籍的册、页等形式上的信息单位,则应统一在出版年后面,在页码前揭示。因此,上述两条参考文献应著录为:

[清]皮锡瑞.师伏堂日记[M].北京:北京图书馆出版社,2009:第4册,155.

胡承正,周详,缪灵.理论物理概论[M].武汉:武汉大学出版社,2010:上册,112.

册与页之间使用","来表示子项目间的停顿。

(4) 在著录题名时,同一著者的多篇作品汇编的书,有时会出现多个合订题名,一般著录前3个合订题名;对于不同责任者的多个合订题名,可以只著录第一个或处于显要位置的合订题名。

示例1:"文革"时期流行的毛泽东著"老三篇",原书题——
为人民服务 纪念白求恩 愚公移山
应该著录为——
为人民服务;纪念白求恩;愚公移山

示例2:上海古籍出版社将叶昌炽的《藏书纪事诗(附补正)》与明伦的《辛亥以来藏书纪事诗(附校补)》合成一书出版,应该著录为——
叶昌炽.藏书纪事诗(附补正);伦明.辛亥以来藏书纪事诗(附校补)[M].上海:上海古籍出版社,1999.

(5) 在题名后添加文献类型标识。**文献类型标识**(codes for documentary types),也称**文献类型代码**,指代表文献类型的标记符号。它分别由单字码和双字码组成,单字码一般取该名称的英文首字母,如专著用"[M]"(monograph),期刊用"[J]"(journal)。常用文献类型以单字母标识,电子文献以双字母标识,要填写在题名之后。根据《信息与文献 参考文献著录规则》(GB/T 7714—2015)规定,最常见的文献类型标识有以下示例中的几种(全部的请见"附录F"中346页):

示例:普通图书[M]　　期刊[J]　　报纸[N]
　　　　学位论文[D]　　汇编[G]　　报告[R]

电子公告［EB］　　档案［A］　　专利［P］

如果参考文献来源于互联网,那么除了题名后添加文献类型标识外,还要添加电子资源的**文献载体标识**(codes for documentary carriers),也称**文献载体代码**,指代表文献类型的标记符号。电子资源的文献载体代码多双字码组成,如联机网络(online)的代码为 OL,光盘(CD-ROM)的代码为 CD 等。如果参考文献来源于网络,则在题名后要添加文献类型和载体标识"[EB/OL]"。

3．版本项

版本项(edition item)是描述文献版次、其他版本形式、与本版有关的责任者等的文献著录项目[①]。在参考文献著录时,如遇到文献版本有需要标注的,应该予以标注。其中的数字使用阿拉伯数字。

示例：3 版(原书题"第三版")

　　　　修订版(原书题"修订版")

　　　　明抄本(原书为明代抄本)

　　　　景印文渊阁四库全书本(原书题"景印文渊阁四库全书本")

　　　　法汉双语本.(原书内容为法语、汉语双语)

　　　　5th ed.(原书题 Fifth edition)

　　　　Rev. ed.(原书题 Revised edition)

4．出版项

出版项(publication items)是关于出版地、出版者以及出版和印刷年数据的著录项目[②]。出版项的著录顺序为出版地、出版者、出版年,例如"北京：人民出版社,2019""New York：Penguin Press,2005"。

(1) 出版地。一般只著录出版单位所在的城市名,不著录省、州或国名。如果文献上载有多个出版地,则一般只著录第一个或最重要的一个。如果出版地不详,如果能猜出,可用方括号括上；如猜不出应该在方括号中注明"出版地不详""s.l."。无出版地的电子资源也可省略此项。使用英文著录时,外国城市只要有常用英文名,就不用其本国语名。

示例：北京：科学出版社,2013(原书出版地题北京、上海)

[①] 图书馆·情报与文献学名词审定委员会,编.图书馆·情报与文献学名词[M].北京：科学出版社,2019：135.

[②] 同[①].

　　　　[出版地不详]：三户图书刊行社，1990

　　　　[s.l.]：MacMillan，1975

　　　　Open University Press，2011：105[2014-06-16]．http：//lib.myilibrary.com/Open.aspx? id＝312377

　　　　Mexico City（不用 México）

　　　　Cologne（不用 Kölo）

（2）出版者。一般按照文献上所载的具体出版单位来著录，也可以按国际公认的简化形式或缩写形式著录。如果有多个出版者，则一般只著录第一个或最重要的一个。如果出版者不详，应该在方括号中注明"出版者不详""s.n."。无出版者的电子资源也可省略此项。

　　示例：上海：格致出版社，2014（原书题"格致出版社、上海人民出版社"）

　　　　Chicago：ALA，1978（原题 American Library Association/Chicago Canadian Library Association/Ottawa 1978）

　　　　哈尔滨：[出版者不详]，2013

　　　　Salt Lake City：[s.n.]，1964

（3）出版日期。通常使用阿拉伯数字来著录出版日期。如有其他纪年形式时，应将原有的纪年形式置于"（）"内。

　　示例：1947（民国三十六年）　　1705（康熙四十四年）

　　期刊的出版日期一般只标识出年，年后添加卷、期。报纸的出版日期按照"YYYY-MM-DD"格式，用阿拉伯数字著录。

　　示例：2019，23(2)（期刊，表示 2019 年第 23 卷第 2 期）

　　　　2013-01-08（报纸，表示 2013 年 1 月 8 日）

　　当出版年无法确定时，可依次选用版权年、印刷年、估计的出版年。估计的出版年应置于方括号内。

　　示例：c1988（版权年，c 代表 copyright）

　　　　1995[印刷]

　　　　[1936]

　　　　Edinburgh，[1750?]（或"Edinburgh，n.d.，ca.1750"）

（4）公告日期、更新日期、引用日期。专利文献的公告日期或公开日期按照"YYYY-MM-DD"格式，用阿拉伯数字著录。电子资源的更新或修改日期、引用日期按照"YYYY-MM-DD"格式，用阿拉伯数字著录。

　　示例：(2012-05-13)[2013-11-12]

(其中"(2012-05-13)"为电子资源发布日期,"[2013-11-12]"为引用日期)

5. 页码

参考文献的**页码**(pagination,页的编号)应采用阿拉伯数字著录。通常引文参考文献必须标出引用信息所在页,而阅读型参考文献一般标注出来源文献的起讫页。但专著序言或扉页、题词另有起讫的页码,可加上"序""前言"等,或按实际情况著录。

示例:引文来源于前辅文的——

钱学森.创建系统学[M].太原:山西科学技术出版社,2001:序2-3.

冯友兰.冯友兰自选集[M].2版.北京:北京大学出版社,2008:第1版自序.

李约瑟.题词[M]//苏克福,管成学,邓明鲁.苏颂与《本草图经》研究.长春:长春出版社,1991年:扉页.

周珏良.自庄严堪藏书综述[M]//李国庆,编著.弢翁藏书年谱.合肥:黄山书社,2000:ⅰ-ⅹⅲ.

引文来源于英文期刊数据库的——

DUNBAR K L, MITCHELL D A. Revealing nature's synthetic potential through the study of ribosomal natural product biosynthesis [J/OL]. ACS chemical biology,2013,8:473-487[2013-10-06]. http://pubs.acs.org/doi/pdfplus/10.1021/cb3005325.

6. 获取和访问路径

主要适用于引用电子资源。要求著录出网络获取和访问路径。获取和访问路径中不含数字对象唯一标识符时,可依原文如实著录数字对象唯一标识符。否则,可省略数字对象唯一标识符。

示例:期刊论文来源数据库——

储大同.恶性肿瘤个体化治疗靶向药物的临床表现[J/OL].中华肿瘤杂志,2010,32(10):721-724[2014-06-25]. http://vip.calis.cdu.cn/asp/Detail.asp.

报道文章来源于网站——

中国青少年网络协会.中国青少年网瘾数据报告(2005)[EB/OL].人民网,(2005-11-23)[2006-12-9]. http://www.sxzx.net/News/Files/3199.html.

可标注出数字对象唯一标识符——

刘乃安.生物质材料热解失重动力学及其分析方法研究[D/OL].安徽：中国科学技术大学,2000：17-18[2014-08-29].http：//wenku.baidu.com/link? url= GJDJxb4lxBUXnIPmqlXoEGSIrlH8TMIbidW_LjlYu33tpt707u62rKliyp U_ FBGUmox7ovPNaVIVBALAMd5yfwuKUUOAGYuB7cuZ-BYEhXa.DOI：10.7666/d.y351065.（该书数字对象唯一标识符为：DOI：10.7666/d.y351065）

7. 析出文献

所谓**析出文献**（precipitation literature），指从整本（套）文献中析出的具有独立著者、独立篇名的文献。例如专著中的篇章、附录,汇编、论文集中的单篇论文,连续出版物中的某篇文章,图集中的单篇作品等①。

（1）选用图书中的析出文献,著录时析出文献在前,源文献在后,之间用"//"连接。析出文献的页码一般为起讫页。

示例：

[瑞典]尼尔森.社区与社会[M]//朱伟珏,主编.城市社会学评论：第一辑.北京：社会科学文献出版社,2017：189-190.

[加拿大]查尔斯·泰勒.公民与国家之间的距离[M]//汪晖,陈燕谷,主编.文化与公共性.北京：生活·读书·新知三联书店,2005：199-220.

（2）选用期刊中的论文,著录时要标注出期刊题名、年卷（期）的信息,页码一般为起讫页。如果来源于网络电子资源,还应该标注出引用日期和获取的访问路径。

示例：

袁训来,陈哲,肖书海,等.蓝田生物群：一个认识多细胞生物起源和早期演化的新窗口[J].科学通报,2012,55(34)：3219.

李炳穆.韩国图书馆法[J/OL].图书情报工作,2008,52(6)：6-12[2013-10-25].http：//www.docin.com/p-400265742.html.

（3）选用报纸中的文章,著录时除了责任者、题名、报纸题名、出版日期外,还要有版次,版次放置在"（）"内。

示例：

王景琳.教我说文解字课的曹先擢老师[N].中华读书报,2020-03-25(07).

---

① 图书馆·情报与文献学名词审定委员会,编.图书馆·情报与文献学名词[M].北京：科学出版社,2019：223.

［英］西蒙·蒂斯德尔.大流行病如何重塑世界格局［N/OL］.参考消息,2020-04-06(10)［2020-04-08］.http://www.ckxxbao.com/cankaoxiaoxidianziban/04061642G2020_10.html.

11.3.3 文后参考文献表排序

文后参考文献表的排序可以按照顺序编码制组织,也可以按照著者-出版年制组织。如不集中排在文后,也可以分散著录在脚注里。

(1)顺序编码制的排序。章后、书后排序的序号一般放在方括号"［］"里。

示例：

［1］汪冰.电子图书馆理论与实践研究［M］.北京：北京图书馆出版社,1997：16.

［2］杨宗英.电子图书馆的现实模型［J］.中国图书馆学报,1996(2)：24-29.

［3］DOWLER L. The research university's dilemma：resource sharing and research in a transinstitutional environment［J］. Journal of library administration,1995,21(1/2)：5-26.

(2)著者-出版年制的排序。章后、书后排序不使用方括号"［］",而是先按文种划分(分为中文、日文、西文、俄文等),再按照著者字顺(相同作者再按出版年)来排列。中文文献可以按著者汉语拼音字顺,也可以按著者的笔画笔顺排列。

示例：

汪冰,1997.电子图书馆理论与实践研究［M］.北京：北京图书馆出版社：16.

杨宗英,1996.电子图书馆的现实模型［J］.中国图书馆学报(2)：24-29.

BAKER SK,JACKSON M E,1995. The future of resource sharing［M］. New York：The Haworth press.

DOWLER L,1995. The research university's dilemma：resource sharing and research in a transinstitutional environment［J］. Journal of library administration,21(1/2)：5-26.

特别需要注意的是,章后参考文献的著录,要著录出页码;而全书(毕业论文)最后反映整体研究的参考文献列表,除了析出文献外,一般不列出页码,出版年后使用"."。

11.4 索引编制

索引(index)是对文本经过深入、全面分析后编制出的一种结构性术语序列,涵盖了文中所有信息的综合性要点,索引的结构化编排可以方便使用者高效地定位信息[①]。尼尔·拉尔森(Neil Larson)曾说:"索引为原材料增添了新的价值。"这就是索引的魔力所在[②]。张琪玉认为专著索引的功用有:方便读者查检,可大大节约查找专著中他所需要的特定内容的时间;读者浏览索引时,可发现某些他所未想到而感兴趣的内容;某些专著虽非工具书,配备了内容索引,在一定程度上也可起到工具书的作用,其使用价值就可大大提高[③]。

国家标准《索引编制规则(总则)》(GB/T 22466—2008)对索引的功能、类型、编制方法都有具体的规定,可供参考。

11.4.1 索引的种类

索引的种类,按照文献检索中的功用分,可分为**文献内容索引**、**文献篇目索引**。学位论文、学术著作、工具书的索引属于文献内容索引。文献内容索引可分为综合索引和专门索引两类[④]:

1. 综合索引

主题索引是最常见的综合索引,收录多种类型的索引词(如概念、事件、人名等)。带有索引的图书中,大多只有一种主题索引。辞书中的主题索引,如果含有由条目释义内容构成的索引词,也称内容分析索引。

2. 专门索引

专门索引一般只收录一种类型的索引词,常以索引词的类型命名,如人名索引、药品名称索引。存在以下两种情况可编制专门索引:① 某一种索引词的查检频率比较高,具有较多索引条目,对应的可索引内容在图书中分布较广,单独编制专门索引便于检索;② 某类索引词适宜采用的排序方法特殊,如专利号或外文,不宜与其他索引词融合在一起。

西文图书书末附有的文献内容索引,通常有**著者索引**(author in-

---

① [美]南希·穆尔凡尼.怎样为书籍编制索引[M].吴波,尚文博,译.2版.北京:高等教育出版社,2018:9-10.
② 同①:300.
③ 张琪玉.张琪玉索引学文集[M].北京:国家图书馆出版社,2009:171.
④ 潘正安.图书内容索引编制指南[J].科技与出版,2013(7):6-13.

dex)、**题名索引**(title index)以及**主题索引**(subject index)等几种[①]。其著者索引、题名索引属于专门索引,主题索引则为综合索引。

11.4.2 索引的结构

文献内容索引由索引名称、使用说明(也可省略;如果编排方法复杂难懂,则应予以说明)、一批索引款目、参照系统和助检标志等构成。其中,索引款目是组成索引的材料,参照系统是索引的连接系统。具体内容如下[②③]:

1. 索引款目

索引款目(index entry),习称**索引条目**,对某一文献或文献集合的主题内容、涉及事项或外部特征加以描述的记录,是组成索引的基本单元,根据文献中可索引内容编制而成。款目由标目、注释、副标目及出处组成。部分索引款目还带有附加信息。

(1)索引标目(index heading),习称**索引词**,是用来表示文献或文献集合中概念、主题、事件等检索内容,并决定条目排序的词语或符号。标目位于款目的开头最显眼的位置,根据需要还可分设1~3个等级,即主标目、副标目或副副标目。有的由主标目与副标目(或说明语)组成;有的标目带有限义词。标目书写形式,可以使用汉字,也可以使用非汉字,也可以二者混合。

示例:八大山人
　　　　超大规模集成电路
　　　　网络信息检索
　　　　一阶谓词
　　　　MP3
　　　　T恤衫
　　　　JAVA语言

(2)索引副标目(index subheading),从属于主标目、用来表示从属或限定关系的标目,使标目含义更为专指。标目与副标目之间可以采用连号或逗号区分。

示例1:长篇小说　　示例2:中国——历史——清朝
　　　　——美国　　　　　　美国——历史——南北战争,1861—1865

[①] 鞠英杰,主编.信息描述[M].合肥:合肥工业大学出版社,2010:30.
[②] 全国信息与文献标准化技术委员会和中国索引学会.索引编制规则(总则):GB/T 22466—2008[S].北京:中国标准出版社,2009:1-12.
[③] 潘正安.图书内容索引编制指南[J].科技与出版,2013(7):6-13.

──日本
──中国

也可以采用分行缩格的形式来代替连号,有时副标目也可采用名词词组(短语)形式,跟在逗号之后的被称为说明语。

示例:苯甲酸
  吸附
   用炭黑
   用水银
  制备
   废水分离
  苯甲酸,离子化,有机溶液

(3) 限义词(qualifier),又称**限定词**,为可选项,作为标目的组成部分,是置于标目后圆括号中的解释性词语,用以区分索引词中的同形异义词和多义词或表示特殊含义,提高标目的专指性。

示例 1: 抗生素(农业用)   示例 2: 华盛顿(州名)
    抗生素(人用)   疲劳(金属材料)
    抗生素(兽用)   周庄(苏州市)

(4) 标目注释(heading note),是排在索引标目后,用以说明索引标目的范围、涵义、历史演变或使用方法的文字。在索引标目、副标目下设置注释,有助于用户了解标目的含义及范围。由于注释文字不一定取自文献的内容,故注释不是索引标目的一个组成部分,应通过排版(例如印成楷体或其他字体)予以区别。

示例:十三行
  注:鸦片战争前广州港口官厅特许对外贸易的商行①

(5) 索引出处(locator),又称索引地址,跟在标目或副标目之后,指明索引标目或副标目所识别的某一概念或事项在文献或文献集合中的具体位置。最常见的形式是页码,也可能是其他编号(例如区段、文献号或条目编号等)。

示例:38a(表示位于 38 页 a 栏)
  7,**49**,51-52(表示包含几个出处,强调其中最完整或价值最大的信息的出处,可以通过放置首位或用黑体字以区别于其他信息的出处。)

---

① 彭斐章,主编.目录学教程[M].北京:高等教育出版社,2004:175.

出处项应当紧跟在索引标目之后(两者之间按规定空一个字)。如有多个出处,应当用逗号分隔。末尾一个出处之后不再接排其他项目。如索引款目一行排不完,应当避免出处项回行,印在两处[①]。

2. 参照

参照(cross-reference),又称交互参照,是由一个索引标目或副标目指向另一个或多个索引标目或副标目的指示。可以增强相关索引标目之间的联系,故又被称为索引的连接系统。通常分为见参照、参见参照两大类。由标目、参照词("见"或"参见")和参照标目三部分构成[②]。

(1)见参照(see cross-reference)是一种反映等同关系的规定性参照,即由非规范用词的索引标目指向规范用词的索引标目的参照形式,主要用于控制同义词、准同义词。

示例:引得　见　索引

　　　　河南梆子　见　豫剧

　　　　政协　见　中国人民政治协商会议

(2)参见参照(see also cross-reference)是一种反映等级关系和相关关系的建议性参照,即由一个索引标目或副标目指向一个或多个相关的索引标目与副标目的参照形式。

示例:牛　参见　菜牛;黄牛;奶牛;水牛

　　　　血液　参见　白细胞;红细胞;血小板

　　　　经济区　参见　区域经济

　　　　超声波　参见　超声波疗法

　　　　孙中山　参见　辛亥革命

3. 助检标志

助检标志(search aids)可以在很大程度上方便索引的使用。索引的助检标志包括:① 页头眉题,说明该页的标目排序范围,从哪里到哪里;② 空行,在一组相同首字母或其他字符的索引标目之前应当空一行,但是,如出现非字母索引标目(如一组以数字开头的索引标目),可以在非字母索引标目与字母索引标目之间空一行;③ 用黑体印出的索引标目,例如当索引标目后面跟着许多副标目时;④ 缩格,主要

[①] 侯汉清.文献工作:索引的编制(国际标准)[J].图书馆理论与实践,1990(1):45-52.
[②] 全国信息与文献标准化技术委员会和中国索引学会.索引编制规则(总则):GB/T 22466—2008[S].北京:中国标准出版社,2009:1-12.

用于重复索引标目。用连续缩格的方法排印索引的副标目、次副标目等。凡索引款目需回行时,都应当缩格,缩格应缩至最末一级副标目之后。当一个索引款目跨页印出时,应将索引重复一遍,后面注上"续前"二字①。

11.4.3 索引项的选择

索引项(indexing item)即文献或文献集合中被标引对象的类称。凡是文献中论及的主题(整体主题或局部主题)和事项,诸如人名、地名、团体名、事件名、物品名、著作名,文献中的字、词、句,文献的某种功用以及文献与文献之间的关系等,只要具有检索意义,皆可用作索引项,制成索引标目②。

1. 索引项来源范围

图书正文、作者序言、附录、后记等部分应作为检索对象,成为索引项的来源范围;书名页、他人序言、内容提要、目录、凡例、章首摘要、参考文献表、致谢、教材中的练习题等部分不作为检索对象,不能成为索引项的来源范围。术语表只有包含正文中没有出现的信息时才作为检索对象③。

2. 标引

标引(indexing),也称勾标(勾出索引标目),即对文献内容的语词和某些具有检索意义的特征给予标记的过程。

索引项一般应在文献中有具体论述、有参考价值、可能被读者作为检索的对象。索引项可以是文献中的词语概念,也可以是一句话,也可能由多个自然段构成。重点内容和新颖内容应优先选取。某个概念在某处做了详细阐述,显然应选作索引词;在其他多处,该术语仅仅在说明某些问题时顺带提及,一般不列入索引。如果不分主次全部收纳,就会造成滥检,给读者造成困惑。文献中涉及的人名、地名、机构名,或事件、物种、产品、技术等事物的名称,以及专利号、化学分子式等其他数字、符号,只要能牵引出有参考价值的知识、信息,都可酌

---

① 侯汉清.文献工作:索引的编制(国际标准)[J].图书馆理论与实践,1990(1):45-52.
② 全国信息与文献标准化技术委员会和中国索引学会.索引编制规则(总则):GB/T 22466—2008[S].北京:中国标准出版社,2009:1-12.
③ 潘正安.图书内容索引编制指南[J].科技与出版,2013(7):6-13.

情提取成索引条目①。

索引项的数量选择决定了索引的标引深度,也决定了索引的体量和编制工作量。**标引深度**(indexing depth)指文献中所含主题要素在标引过程中被转换为标引词的数量,它反映了文献内容被揭示的详尽程度②。专著索引的标引深度能以"索引篇幅/正文篇幅"来表示,一般为8%左右,即100页正文编制8页左右的索引,个别专著索引的篇幅大于20%③。

3. 索引项措词方法④

(1) 索引项应尽量专指被检索内容,必要时可设置限义词或二级索引词来提高专指度。一些通用词语本身缺乏专指度,如"理论""技术""指数",须与表示特定学科、环境的词语连用,才具有特定内涵,如"价格弹性理论""节能技术""空气污染指数"。

(2) 索引项表述应符合读者检索思路。当索引词中的重要概念位于后部时,可将其倒置,使重要概念出现在开头,例如:"蔬菜种植""煤气热水器,直排式""商场,大型",这样还有利于同类条目聚集,比采用动词或形容词等修饰词开头的"种植蔬菜""直排式煤气热水器""大型商场"更容易被读者想到。动词或形容词开头的惯用语则不应倒置,如"钓鱼""高铁"等。

(3) 必要时设置参照,以增加检索入口。如某个概念对应的两个术语的查检可能性都比较高,如"乙醇"与"酒精",优先选规范术语"乙醇"作索引词,用"酒精"设置参照。当索引词选用了陈旧用语、生僻词,或者索引词选用的规范术语在书稿中或在日常生活、工作中不如非规范术语使用普遍时,都应设置参照。

11.4.4 索引款目的排序⑤

1. 款目之间排序方式

中文索引一般应该采用汉语拼音排序,必要时附设条目首字笔画笔形检字表或四角号码检字表。汉语拼音排序首先比较标目首字的

---

① 潘正安.图书内容索引编制指南[J].科技与出版,2013(7):6-13.
② 图书馆·情报与文献学名词审定委员会,编.图书馆·情报与文献学名词[M].北京:科学出版社,2019:150.
③ 张琪玉.张琪玉索引学文集[M].北京:国家图书馆出版社,2009:172.
④ 同①.
⑤ 本节内容来源于:全国信息与文献标准化技术委员会和中国索引学会.索引编制规则(总则):GB/T 22466—2008[S].北京:中国标准出版社,2009:1-18.

音节,按汉语拼音字母表的顺序进行排序。如果音节相同,比较音调,按阴平、阳平、上声、去声次序排列;如果音节和音调相同,比较首字的总笔画数,从少到多排列;如果笔画数相同,比较该字的起笔至末笔各笔笔形,依"横、竖、撇、点、折"顺序排列。首字相同,则比较第二字,方法同前,依次类推。

2. 款目内部排序方式

款目主要由标目、注释、副标目及出处组成。它们之间的排序,以及使用的标点可以采用连接号、逗号、冒号、分号或分隔符:

(1) 主标目;
(2) —副标目(也可不带连接号);
(3) ,说明语或倒置标题;
(4) :组配词;
(5) ()限义词。

示例:葡萄
   —病虫害
   —嫁接
   —种植
   ,阿富汗
   ,日本
   ,吐鲁番
  葡萄:种植规划
  葡萄:庄园
  葡萄(中国画)
  葡萄酒
  葡萄糖酸

3. 参照的排序

见参照或者参见参照的排序应该不影响原标目在字顺排列中的位置。见参照和参见参照指向多个标目时,其排序应与索引标目自身排序一致,并用分号隔开。

示例:人工智能 144,259,363-372
   参见 仿生;机器人;语义网络;专家系统

11.4.5 索引的排版形式

1. 索引款目排版形式

款目排版形式按照副标目排列的方式,可分为**分行式**(line-by-line)和**连排式**(run-on)两种版式。

（1）分行式版式。每个标目、副标目、次副标目等均应另起一行，副标目、次副标目等应该渐次缩排。

示例：索引

    定义 2

    功能和性质 3

    类型 4.2

    历史 5

    质量 3.3

   索引款目

    定义，9

    构成，10.2

    句法，11.2-11.5，13.2

    排序，12

（2）连排式版式。又称凝聚式，从属于主标目和副标目的子标目不另起一行用缩排标示，而是用标点符号（如分号）代替（如以下示例）。也可以在标目下的副标目仍然保留分行式，但是副标目之下的子标目则采用连排式。

示例 1：索引

    定义，2；功能和性质，3；类型，4.2；

    历史，5；质量，3.3

   索引款目

    定义，9；构成，10.2，句法，11.2-11.5，132；

    排序，12[①]

示例 2：简·奥斯汀

    出生，2；最终病情及迁至温彻斯特（Winchester），207-223；与马萨·劳埃德（Marth Lloyd）的友谊，37-41；迁至巴斯（Bath），27-33、46；

    迁至乔顿（Chawton），118-121[②]。

索引款目应该优先使用分行式。虽然连排式节省索引篇幅，但是不如分行式便于理解和浏览。不同的标目之间或款目与其他款目之

[①] "1."中内容来源于：全国信息与文献标准化技术委员会和中国索引学会.索引编制规则（总则）：GB/T 22466—2008 [S].北京：中国标准出版社，2009：1-18.

[②] ［英］温·格兰特，菲利帕·谢林顿.规划你的学术生涯[M].寇文红，译.大连：东北财经大学出版社，2010：138-139.

间应该保留适当的间隔距离。

2. 索引页页眉

无论是专门索引或综合索引,都应该设置页眉。**页眉**(running heads)指每一页正文上方的标题,和页码一样起到标识的功能[①]。页眉包含有**眉线**和**眉题**。眉题应该注明索引的名称、当页内容等,如标明其笔画、拼音或汉字。

示例：22 内容索引　　　　　　四画 王文方
　　　三彩……22　　王码……23　　方正……12
　　　四画　　　　　文学……45　　方法……44
　　　王力……33　　文献……56　　方略……89[②]

最后还应提示的是,① 学位论文或专著内容索引的编排应在编出连续页码后再做索引,看清样时还要再核对。也可选择看清样时填索引页码,以保证页码准确。总之,定了版面才能定页码。② 要注意索引词与正文词一致。经常遇到索引词与正文词不一致的情况,因此编辑和作者都应注意互改问题,改前想后,改后想前,保证前后一致[③]。

---

① 美国芝加哥大学出版社,编著.芝加哥手册：写作、编辑和出版指南[M].吴波,余慧明,郑起,等译.16 版.北京：高等教育出版社,2014：6.

② "2."中内容来源于：全国信息与文献标准化技术委员会和中国索引学会.索引编制规则(总则)：GB/T 22466—2008 [S].北京：中国标准出版社,2009：1-18.

③ 赵蒋.编制图书索引应注意的几个问题[J].大学出版,2001(2)：51-52.

12 学术发表和管理

12.1 署名

署名(signature)是责任者在自己的文章、著译、美术作品、音像出版物上题署姓名。印刷出版物的作者署名一般印在书籍封面、内封或版权页,以及文章、图片等题名下[①]。署名是肯定作者对作品的创作具有贡献并承担责任,其本质是对作者荣誉、权利归属的确定。

12.1.1 署名权内容

《中华人民共和国著作权法》第十条第二款规定了作者拥有署名权。**署名权**(right of authorship)亦称"确认作者身份权",即表明作者身份,在作品上署名的权利[②]。署名将作品与作者联结为一体。署名权是基于作品创作产生的精神权利,属于受著作权法保护的著作权范畴。其基本内容有以下几方面[③][④]:

(1) 作者有署名的决定权,即有权决定自己在其作品上是否署名。

(2) 署名决定权还意味着作者有权决定是署真名,还是署字号、笔名、艺名、假名等。

(3) 作者有署名资格权,有权禁止没有参加创作的人在其作品上署名。

(4) 署名资格权还意味着作者有权决定多个作者的署名顺序等。

(5) 作者有署名的维持权,一旦选定署名方式标记于作品,任何使用此作品的人都必须尊重作者的署名,不得擅自改变。作者有权对以任何方式使用其作品的人主张维持其署名不变。有权要求他人在转载、使用自己作品时维持署名的同一性等。

---

① 图书馆·情报与文献学名词审定委员会,编.图书馆·情报与文献学名词[M].北京:科学出版社,2019:135.

② 中华人民共和国著作权法(2010年第二次修正)[EB/OL].中华人民共和国国家版权局,(2010-04-15)[2020-01-30]. http://www.ncac.gov.cn/chinacopyright/contents/479/17542.html.

③ 吕淑琴,陈一痕,编著.知识产权法辞典[M].上海:上海辞书出版社,2018:37.

④ 胡良荣.知识产权法新论[M].北京:中国检察出版社,2006:80-81.

署名权保护的是作者的资格、地位,是著作人身权权能中专属性最强的权利,永远由作者享有,不能转让、继承,也没有保护期的限制。署名权作者死亡后,其署名权依然受到保护。如果作品以署名方式发表,他人以改编、翻译、广播、表演等方式使用该作品时,均应注明作者身份①。

此外,为了区分同姓名作者,以及便于人们检索和查阅,作品署名还有必要提供作者的任职单位。作者和任职单位名称应依次排列在论文标题下面。署名和任职单位标署也必须符合规范。

12.1.2 署名资格

对作品有实质性学术贡献的作者才有资格署名。实质性学术贡献包括提炼问题或形成假设、设计实验、组织并进行统计分析、解释结果,或撰写文章的一个主要部分②。

国际期刊界和国内文献标准都对作品署名资格有一定的要求表述。如国际医学期刊编辑委员会(The International Committee of Medical Journal Editors,ICMJE)公布的《生物医学杂志投稿的统一要求》(Uniform Requirements for Manuscripts Submitted to Biomedical Journals)③,我国国家标准《科技报告编写规则》(GB 7713.3—2014)④,就对作者**署名资格**有明确规定。根据现行学术界通识,在学术论文中署名的作者必须符合以下所有条件:

(1) 必须参加该项研究的选题、构思、设计,或数据资料的获取、分析和解释。如果是在研究活动的后期参与进来的人员,则必须赞同该研究的设计方案。

(2) 必须直接参与论文的起草,或对重要内容的修改,使之达到发表要求。

(3) 必须阅读过全文,同意在最后修改稿署名公开发表该论文,并对论文内容负有知情同意的责任。

---

① 吕淑琴,陈一痕,编著.知识产权法辞典[M].上海:上海辞书出版社,2018:37.

② 美国心理协会,编.APA 格式:国际社会科学学术写作规范手册[M].席仲恩,译.重庆:重庆大学出版社,2011:14-15.

③ International Committee of Medical Journal Editors. Uniform Requirements for Manuscripts Submitted to Biomedical Journals:Writing and Editing for Biomedical Publication [EB/OL].[2020-04-23]. http://www.icmje.org/recommendations/archives/2008_urm.pdf.

④ 全国信息与文献标准化技术委员会.科技报告编写规则:GB/T 7713.3 2014[S].北京:中国标准出版社,2014:4.

简言之,署名作者必须实际参与了科学研究全过程。其他仅做出较小贡献者,或仅仅筹集基金者不应当成为作者,可列入致谢中。较小贡献可能包括一些辅助性工作,例如:设计或制作实验仪器、就统计分析提出过建议或指导、收集或录入数据、修改或调整计算机程序、招募参试或获得动物等。在研究中做一些惯例性的观察或诊断也不构成作者身份[1]。

通讯作者应提供其详细的工作单位、地址、邮政编码等,以方便联系。

12.1.3 署名顺序

两个及两个以上的作者,在署名时应按照一定的规则进行排序。通常作者署名排序是按照贡献率大小进行,由共同作者自己决定的。这种排序直接决定了作者因该作品可能获得的权益大小,因而也纳入署名权的范围,受到著作权法的保护。

论文主要负责人须事先征求署名作者的署名同意以及对论文全文的意见。所有署名作者均应事先审阅论文并同意署名及署名排序,并表示对论文内容负有知情同意的责任。

1. 一般情况下的署名顺序

最高人民法院2002年10月12日发布的《最高人民法院关于审理著作权民事纠纷案件适用法律若干问题的解释》第11条规定:"因作品署名顺序发生的纠纷,人民法院按照下列原则处理:有约定的按约定确定署名顺序;没有约定的,可以按照创作作品付出的劳动、作品排列、作者姓氏笔画等确定署名顺序。"[2]这条规定实际提供了几种判定署名排序的方式[3]:

(1) 根据共同作者间约定的方式。这种排序是作者对于自身主观意志的表达,应当纳入署名权的范围,从而受到著作权法的保护。

(2) 按照创作作品付出的劳动,即作者的贡献率。这种排序方式直接决定了作者因该作品可能获得的权益大小,也应当纳入署名权的范围之内。

(3) 按照作品排列的顺序。这种排序方式与作者的自由意志无

---

[1] 美国心理协会,编.APA格式:国际社会科学学术写作规范手册[M].席仲恩,译.重庆:重庆大学出版社,2011:14-15.

[2] 国务院法制办公室,编.中华人民共和国损害赔偿法典[M].4版.北京:中国法制出版社,2018:490.

[3] 许燕.并列第一作者署名权的认定[N].人民法院报,2016-08-10(07).

关,对作者的相关著作权益没有影响,因而可不将这种方式纳入署名权的内容。

(4) 按照作者姓氏笔画。这种排序方式也与作者的自由意志无关,对作者的相关著作权益没有影响,故可以不将其纳入署名权的内容。

后三种方式均可与第一种方式相结合,即共同作者可约定其中任何一种具体的方式来进行署名排序。

2. 第一作者、通讯作者署名

(1) 第一作者、通讯作者含义。**第一作者**(first author)又称**主要责任者**(lead author),是指对作品内容负主要责任的参与者或贡献者。如直接参与了作品的构思设计、全部或主要的研究工作、数据收集分析和写作修改等[①]。简言之,第一作者就是作品最主要的实质性学术贡献者。如无特别声明的情况下,第一作者就是作品的第一著作权人、第一责任者。

近年在一些复杂或跨学科研究领域,特别是在生物医学与临床领域,作者发表论文时出现了较多"**并列第一作者**"(joint first author,也称"**共同第一作者**")的署名方式。"并列第一作者是一种以贡献率为标准的特殊的署名排序方式,指两个或两个以上的作者均属第一作者且对作品的贡献相等。"[②]共同第一作者多见于国外科技期刊中,一般在脚注予以说明,如"Both authors contributed equally to this work."或"… and … contributed equally to this paper."(通常适用于两个并列作者);"These authors contributed equally to the work"(通常适用于两个以上并列作者)[③]。国内有期刊声明不提倡署名共同第一作者,其意在于避免滥用作者署名权的现象。

若第一作者在国内外医院、高校、研究机构进(研)修所完成的论文,须署所进(研)修机构的名称,应事先取得所进(研)修机构或该机构课题组负责人书面签字的同意刊登函,即同意发表后对论文负责[④]。

通讯作者(corresponding author)又称**通信作者**、**责任作者**,《美国科学院院刊》(Proceedings of the National Academy of Sciences of the

---

[①] 尹保华,编著.社会科学研究方法[M].徐州:中国矿业大学出版社,2017:441.
[②] 许燕.并列第一作者署名权的认定[N].人民法院报,2016-08-10(07).
[③] 郑明华,主编.赢在论文·术篇[M].北京:中国协和医科大学出版社,2010:188.
[④] 作者、第一作者、通讯作者、作者单位署名的界定[J].中国微创外科杂志,2009,9(5):447.

United States of America,PNAS)明确将"通讯作者"的含义解释为：除负责与论文有关的联络之外，在实际操作中也意指该作者是该篇论文的保证人[1]。由此可见，通讯作者即是编者、读者与之联系的联络人，其作用在于：在论文投稿、修改、校对过程中便于编辑与之交流和沟通，以及出版后便于读者就某些学术问题与之交流和沟通[2]。一般认为，通讯作者除具备通信联系功能外，还对论文中试验数据的真实性、准确性及所得结论的可靠性负责，即实际上通讯作者多为课题负责人或研究生指导老师。

国外科技论文写作中，也偶有"**共同通讯作者**"的署名方式出现，并在脚注说明"Correspondence should be directed to either … or … who contributed equally to this work."[3]这种情况在中文期刊界较少见。有的学术期刊甚至明确申明：一篇论文一般只可有一位通讯作者[4]。

通讯作者署名时，通讯作者后面标注星号"＊"，并在脚注注明"通讯作者"或"Corresponding author"，并写清联系方式（主要是电子邮箱、电话等）。

（2）第一作者与通讯作者的关系。由于在大学排名、学术机构排名的数据统计中，不同单位学术论文发表主要是依据通讯作者的所属单位来确认的[5]，这也引发了各学术单位对通讯作者的高度重视。有的学术单位出于各种考量，甚至提出通讯作者与第一作者具有同等署名的重要地位。但这也导致诸多问题的出现，包括一个作品的荣誉如何分割归属才算合理等。现根据国际学术界整体惯例，结合我国目前学术界的认识，对第一作者和通讯作者的关系与地位做出如下解释：

其一，通常第一作者应该被认为作品的第一著作权人、第一责任者。如果某一学术机构明确声明通讯作者与第一作者具有同等重要

---

[1] COZZARELLI N R. Responsible authorship of papers in PNAS[J]. Proceedings of the National Academy of Sciences,2004,101(29):10945.

[2] 王兴全,杨丽贤.学术写作与出版规范研究[M].成都:四川大学出版社,2018:63.

[3] 郑明华,主编.赢在论文·术篇[M].北京:中国协和医科大学出版社,2010:188.

[4] 本刊编辑部.本刊对论文著录通讯作者的要求[J].西部医学,2008,20(6):1332.

[5] 在上海交通大学世界一流大学研究中心研究发布的世界大学学术排名(Academic Ranking of World Universities,ARWU)的评价标准中，为反映一所大学的学术表现，对学术论文不同作者单位排序赋予不同的权重，通讯作者单位的权重为100%，第一作者单位（如果第一作者单位与通讯作者单位相同，则为第二作者单位）的权重为50%，下一个作者单位的权重为25%，其他作者单位的权重为10%。(程莹.世界大学学术排名解析：2014～2015[M].上海：上海交通大学出版社,2015:9.)

性,那么在该学术机构中通讯作者才能与第一作者具有同等地位。

其二,当第一作者与通讯作者为同一人时,学术论文可以不署通讯作者。如有的期刊发表来稿时,作者未指明通讯作者,编辑部可视第一作者为通信作者。一般情况下,通讯作者的单位也应与第一作者的第一单位相一致[①]。

其三,第一作者与通讯作者不是同一人时,学术论文应署明通讯作者姓名及通讯方式。在没有特别申明的情况下,通常第一作者为作品排名第一的实质性学术贡献者,通讯作者排在什么位置就表示其具有什么位置的学术贡献度。有的期刊为避免争议,声明通讯作者在作者排序中可视为与第二名作者具有同等重要性[②],那么应该按照该声明来理解。如果有单位声明第一作者和通讯作者的权重相同,其他作者的权重随排名位置递减,那么就应按照相关声明来确认[③]。

其四,并列第一作者或并列通讯作者的署名也是一种署名排序方式,它表明对作品作出同样贡献的作者应当平等享有该论文的著作权,也是受到著作权法保护的。但就学术成果统计而言,一篇论文只能作为一个整体被统计一次,也就是说只能被第一作者统计一次,其余作者按照贡献量大小核定工作量比例,而且所有合作者(包括第一作者)工作量统计比例之和不得超过100%[④]。在实践中,在著作权归属方面,国家卫生健康委员会在专业技术资格评审的通知中就申明,申报正高级职称的须提交任期内在专业期刊上以第一作者或通讯作者发表的专业学术论文不少于5篇,并特别注明:"出现并列第一作者或并列通讯作者时,此文章仅供并列作者中排名第一者使用"[⑤]。

12.1.4 署名失范现象

中国科学院科研道德委员会办公室曾就学术论文署名做出过规

[①] 苗艳芳,李友军,主编.农科专业英语[M].北京:气象出版社,2007:36.

[②] 本刊对论文著录通讯作者的要求[J].西部医学,2008,20(6):1332.

[③] 天津大学张春霆院士提出过学术论文荣誉三分原则:将一篇论文所获得的荣誉等分为3份,作为项目负责人的通讯作者和主要完成人的第一作者的权重系数均为1,其他作者的权重系数的总和为1。(张春霆.如何评价一名科研人员的学术表现?关于论文引用次数泡沫问题及解决方案[J].科技导报,2009,27(10):3.)

[④] 金会平.科技期刊通讯作者署名权的法律解释及规范使用建议[J].科技与出版,2016(9):59-62.

[⑤] 国家卫生健康委员会人事司.关于开展2020年度委直属和联系单位专业技术资格评审申报的通知[EB/OL].中国卫生人才网,(2020-08-25)[2021-01-13].https://www.21wecan.com/sylm/rcpjxm/rcxw/202008/t20200825_9317.html.

范要求,并根据日常科研不端行为举报中发现的突出问题,总结当前学术论文署名中的常见问题和错误,对所有研究人员做出过署名诚信的要求①。现根据其要求,结合目前学术界署名存在的问题,将署名失范情况罗列如下,以唤起学术研究者的注意。

1. 论文署名不完整或者夹带署名

署名不完整,是指该署名的未能署名,即将对论文有实质性贡献的人排除在作者名单外。夹带署名指不该署名的署了名。夹带署名包括多种方式,如胁迫性、荣誉性、馈赠性和利益交换性署名。其实质是署名者未对作品做出贡献而在作品上署了名。

2. 论文署名排序不当

指没有按照学术发表惯例或期刊要求,体现作者对论文贡献程度,由论文作者共同确定署名顺序。包括在同行评议后、论文发表前,任意修改署名顺序的行为。当然也有例外,即个别学科领域不采取以贡献度确定署名排序,这种情况只能从其规定。

3. 第一作者或通讯作者数量过多

共同第一作者或共同通讯作者数量太多,会在同行中产生歧义。因此应依据作者的实质性贡献进行署名,避免第一作者或通讯作者数量过多。此外,在科研绩效评价中,如果一篇论文出现了共同第一作者或共同通讯作者,那么他们将彼此平分这篇文章的贡献度,即假设某篇论文有两个共同第一作者,那么每位第一作者的贡献度各为50%,相当于各发表了1/2篇文章。

4. 冒用作者署名

在学者不知情的情况下,冒用其姓名作为署名作者。避免这种现象的方法是,论文起草人必须事先征求署名作者对论文全文的意见并征得其署名同意;学术期刊在发表论文前,也应获取每一位作者的知情同意。每一位作者应对论文发表具有知情权,并认可论文的基本学术观点。

5. 未利用标注等手段,声明应该公开的相关利益冲突问题

应根据国际惯例和相关标准,提供利益冲突的公开声明。如资金资助来源和研究内容是否存在利益关联等。

6. 对署名之外有贡献的人未能致谢

未充分使用致谢方式表现其他参与科研工作人员的贡献,或对有

---

① 关于在学术论文署名中常见问题或错误的诚信提醒[J]. 图书情报工作,2019,64(4):111.

贡献者致谢的措辞不征得其本人许可。严重者会造成知识产权纠纷和科研道德纠纷。

7. "一作者多单位"现象

核心作者在作者注中标注多个单位,导致一些作者的论文无端成为多个单位的科研成果。这些论文如果不是多个单位真实合作的成果,这就涉嫌利益输送[①]。此外,也应反对因作者所属机构变化,而不恰当地使用变更后的机构名称。机构的署名应为论文工作主要完成机构的名称,否则会犯未正确署名所属机构的错误。

8. 所留联系方式不合理

作者不使用其所属单位的联系方式作为自己的联系方式,或使用公众邮箱等社会通信方式作为作者的联系方式,都是欠妥当的。提供虚假的作者职称、单位、学历、研究经历等信息,更是违规的。

12.2　投稿

12.2.1　投稿的程序

根据国内外学术规范的相关要求,**投稿程序**(投稿的行为过程)应该有以下步骤:

(1) 做好知情同意。在投稿前要保证作者署名与排序、作者简介、作者单位、受资助情况等信息经过了知情同意过程,是真实可靠的[②]。

(2) 选择适宜的刊物。投稿前要熟悉论文主题是否在刊物征稿范围内,或者论文内容是否符合刊物要求,以减少投稿的盲目性[③]。

(3) 阅读投稿须知。一般刊物都有"投稿须知"栏目,对投稿事宜做出了明确、细致的规定。确定投稿期刊后,可从该期刊的印刷本或网站的主页上找到"投稿须知",仔细阅读,以核实自己的稿件是否合乎要求。

(4) 通过平台或邮件投稿。投稿有在线平台投稿和信函投稿两种方式,目前多数用期刊编辑部的在线投稿平台来接受稿件,故可以

---

① 王强.恰当的论文署名:一种对学术的敬畏[J].清华大学学报(自然科学版),2013,53(8):1219-1220.
② 科学技术部科研诚信建设办公室,编.科研诚信知识读本[M].北京:科学技术文献出版社,2009:75.
③ 张天桥,刘佳杰,主编.英语论文检索、写作与投稿指南[M].北京:国防工业出版社,2011:344.

进行在线平台投稿。如采用电子邮件投稿,则要写好**投稿信**(cover letter,submission letter),内容包括:文稿的作者和题目,文章的主要创新点或结论,通信作者的 email、地址、电话号码等联系方式,声明或承诺未一稿多投,文稿内容真实,所有列出作者均对文稿有贡献且同意送稿等[①]。

12.2.2 避免一稿多投

一稿多投(duplicate submission,multiple submissions)是指将同一篇论文或只有微小差别的多篇论文投给两个及以上期刊,或者在约定期限内再转投其他期刊的行为[②]。一稿多投会造成重复发表(一稿多发)现象,造成知识库中似乎增加了信息的假象,同时也浪费了紧缺的学术资源(刊物的版面、编辑和审稿人的成本)[③]。

1. 一稿多投的违规形式

教育部科学技术委员会学风建设委员会编《高等学校科学技术学术规范指南》对一稿多投违规形式有明确列举[④]。国家新闻出版总署发布的国家标准《学术出版规范 期刊学术不端行为界定》(CY/T 174—2019)对一稿多投的表现形式列举如下[⑤]:

(1) 将同一篇论文同时投给多个期刊。

(2) 在首次投稿的约定回复期内,将论文再次投给其他期刊。

(3) 在未接到期刊确认撤稿的正式通知前,将稿件投给其他期刊。

(4) 将只有微小差别的多篇论文,同时投给多个期刊。

(5) 在收到首次投稿期刊回复之前或在约定期内,对论文进行稍微修改后,投给其他期刊。

(6) 在不做任何说明的情况下,将自己(或自己作为作者之一)已经发表论文,原封不动或做些微修改后再次投稿。

---

① 崔桂友,编著. 科技论文写作与论文答辩[M]. 北京:中国轻工业出版社,2015:156.

② 全国新闻出版标准化技术委员会. 学术出版规范 期刊学术不端行为界定:CY/T 174—2019[S/OL]. 行业标准信息服务平台,(2019-05-29)[2020-02-08]. http://hbba.sacinfo.org.cn/stdDetail/106d3905ac9d1ea10368f707ccdc33a02680eb41d12c919462e74f79e0-d288a1.

③ 美国心理协会,编. APA 格式:国际社会科学学术写作规范手册[M]. 席仲恩,译. 重庆:重庆大学出版社,2011:10-11.

④ 教育部科学技术委员会学风建设委员会,编. 高等学校科学技术学术规范指南[M]. 2版. 北京:中国人民大学出版社,2017:48.

⑤ 同①.

2. 一稿多投违规行为的界定

教育部科学技术委员会学风建设委员会编《高等学校科学技术学术规范指南》对一稿多投违规行为界定时表示,构成一稿多投行为必须同时满足以下四个条件①:

(1) 相同作者。作者姓名相同(包括署名和署名的顺序)。鉴于学术文章的署名顺序以作者对论文或者科研成果的贡献而排列,调整署名顺序并且再次投稿发表的行为,应当认定为"剽窃"。

(2) 同一论文或者这一论文的其他版本。将论文或者论文的主要内容,经过文字层面或者文稿类型变换后再次投稿,也属于一稿多投。

(3) 在同一时段故意投给两家或两家以上学术刊物,或者非同时段且已知该论文已经被某一刊物接受或发表后,仍投给其他刊物。

(4) 在编辑未知的情况下的"一稿多投"。

3. 如何避免一稿多投

(1) 严格按照著作权法要求投稿。《中华人民共和国著作权法》第三十三条规定:"著作权人向报社、期刊社投稿的,自稿件发出之日起十五日内未收到报社通知决定刊登的,或者自稿件发出之日起三十日内未收到期刊社通知决定刊登的,可以将同一作品向其他报社、期刊社投稿。双方另有约定的除外。"②

(2) 在法定投稿时间过后,并将稿件转投其他报社、期刊时,如果得到初次投稿报社或期刊的录用通知,或稿件得到公开发表,那么作者应立即通知其他投递处停止处理稿件,以免造成重复发表③。如果有的期刊事先已经明确申明:在稿件已录用发排但还未签发付印单时,若作者要求撤稿是可以的,但需交纳审稿费、编辑加工费、排版费、校对费等④。那么撤稿作者也应该按约定来交纳一定的补偿费用。

---

① 教育部科学技术委员会学风建设委员会,编. 高等学校科学技术学术规范指南[M]. 2版. 北京:中国人民大学出版社,2017: 48.
② 中华人民共和国著作权法(2010年第二次修正)[EB/OL]. 国家版权局,(2010-04-15)[2020-01-30]. http://www.ncac.gov.cn/chinacopyright/contents/479/17542.html.
③ 教育部社会科学委员会学风建设委员会组,编. 高校人文社会科学学术规范指南[M]. 北京:高等教育出版社,2009: 34-35.
④ 王勤芳,林晓雪,郑嘉颖. 稿多投与一稿多发问题的法律思考:兼论硕博论文再发表[J]. 集美大学学报(哲学社会科学),2016,19(4): 116-121.

12.2.3 避免重复发表

重复发表(duplicate publication)是指作者向不同出版物投稿时,其文稿内容(如假设、方法、样本、数据、图表、论点和结论等部分)与已发表论文内容雷同且缺乏充分的交叉引用的现象[1]。重复发表也是被禁止的。因为也会造成知识库中似乎增加了信息的假象,同时也浪费了紧缺的学术资源(刊物的版面、编辑和审稿人的成本),还有可能引发版权纠纷[2]。

1. 重复发表的违规形式

国家新闻出版总署发布的国家标准《学术出版规范 期刊学术不端行为界定》(CY/T 174—2019)对重复发表的表现形式列举如下[3]:

(1) 不加引注或说明,在论文中使用自己(或自己作为作者之一)已发表文献中的内容。

(2) 在不做任何说明的情况下,摘取多篇自己(或自己作为作者之一)已发表文献中的部分内容,拼接成一篇新论文后再次发表。

(3) 被允许的二次发表不说明首次发表出处。

(4) 不加引注或说明地在多篇论文中重复使用一次调查、一个实验的数据等。

(5) 将实质上基于同一实验或研究的论文,每次补充少量数据或资料后,多次发表方法、结论等相似或雷同的论文。

(6) 合作者基于同一调查、实验、结果等,发表数据、方法、结论等明显相似或雷同的论文。

2. 如何避免重复发表

根据国际学术界的主流观点,许多作品的再次刊发,不属于"一稿多投""重复发表",但必须符合以下情况[4]:

(1) 在专业学术会议上做过口头报告或者以摘要、会议墙报的形式发表过初步研究结果的完整报告,可以再次发表,但不包括以正式

---

[1] 教育部科学技术委员会学风建设委员会,编. 高等学校科学技术学术规范指南[M].2版.北京:中国人民大学出版社,2017:47.

[2] 美国心理协会,编. APA格式:国际社会科学学术写作规范手册[M].席仲恩,译.重庆:重庆大学出版社,2011:10-11.

[3] 全国新闻出版标准化技术委员会.学术出版规范 期刊学术不端行为界定:CY/T 174—2019[S/OL].行业标准信息服务平台,(2019-05-29)[2020-02-08]. http://hbba.sacinfo.org.cn/stdDetail/106d3905ac9d1ea10368f707ccdc33a02680eb41d12c919462e74f79e0-d288a1.

[4] 同[1]:49-50.

公开出版的会议论文集或类似出版物形式发表的全文。

(2) 在一种刊物发表过摘要或初步报道,而将全文投向另一种期刊的文稿。

(3) 有关学术会议或科学发现的新闻报道类文稿,可以再次发表,但此类报道不应附加更多的资料或图表,以免内容描述过于详尽。

(4) 重要会议的纪要、有关组织达成的共识性文件可以再次发表,但应向编辑部说明。

(5) 对首次发表的内容充实了50%或以上数据的学术论文,可以再次发表。但要引用上次发表的论文(自引),并向期刊编辑部说明。

(6) 论文以不同或同一种文字在同一种期刊的国际版本上再次发表。

(7) 论文是以一种只有少数科学家能够理解的非英语文字(包括中文)、并发表在本国期刊上的,且属于重大发现的研究论文,可以在国际英文学术期刊再次发表。当然,发表的首要前提是征得首次发表和再次发表的期刊编辑的同意。

(8) 同一篇论文在内部资料发表后,可以在公开发行的刊物上再次发表。

以上再次发表均应向期刊编辑部充分说明所有的、可能被误认为是相同或相似研究工作重复发表的情况,并附上有关材料的复印件;必要时还需从首次发表的原期刊获得同意再次发表的有关书面材料。

12.3 数据管理

学术论文或学术著作发表之后,所使用过的研究数据也应妥善保存,必要时提供学术界分享。研究数据如何保存、共享,学术界有相关的规定,这也是学术规范的重要内容之一。

12.3.1 数据的保存

许多国家对研究数据的**最低保存年限**(minimum retention periods)都有明文规定。美国心理协会的《APA 格式:国际社会科学学术写作规范手册》指出:论文发表之后,作者有义务把原始研究数据保留最少五年,与该项研究有关的其他信息(例如指令、处理手册、软件、研究程式细节、学刊刊登论文中的数学模型代码)也应该保留最少五年时间。这些信息对重复该项研究非常必要,因此,一旦有资质的研究者索要时,作者应及时提供①。

澳大利亚国家卫生和医学研究理事会(National Health and Medical Researoh Counoi,NHMRC)、澳大利亚研究理事会(Australian Research Council,ARC)和澳大利亚大学联盟(Universities Australia,UA)联合制定的2018年《澳大利亚研究责任行为守则》(Australian Code for the Responsible Conduct of research)中,不仅要求学术机构必须制定关于保存材料和研究数据的政策,建议研究数据保存的最低期限是从发表之日起五年,而且对研究数据和原始材料的保存问题,根据具体类型还做出了较为细致的规定②:

(1) 对于只用于评估目的的短期研究项目,如由学生完成的研究项目,在项目完成后将研究数据保存12个月可能便已足够。

(2) 对于大多数临床试验,可能需要将研究数据保存15年或更长时间。

(3) 对于基因治疗等领域,研究数据必须永久保存(如病历)。

(4) 如果作品具有族群或遗产价值,研究数据在此阶段应永久保存,最好纳入国家收藏。

12.3.2　数据的共享

美国心理协会的《APA格式:国际社会科学学术写作规范手册》认为:科学文献是我们大家的**公共知识仓库**(institutional memory),应鼓励有资质的研究者之间公开分享数据。如果其他研究者发出需要分享研究数据的请求,文章作者应本着合作的态度,立即对请求做出响应。在分享数据之前,应删除任何与参试个人身份有关的信息,或任何可能与参试个人身份建立联系的代码。除保护个体参试的隐私外,有时还必须考虑研究者或赞助人的特别所有权或其他权利。通常,响应请求所引起的花费应该由请求发出方承担③。

为了避免误解,数据请求方与提供方应签署书面协议,明确数据分享的条件,这一点非常重要。协议必须明确所分享数据的用途和使用范围(例如:核验已发表论文中的结果,做整合分析研究,做二次分

---

① 美国心理协会,编. APA格式:国际社会科学学术写作规范手册[M]. 席仲恩,译. 重庆:重庆大学出版社,2011:9.
② Australian National Health and Medical Research Council. Australian Code for the Responsible Conduct of Research,2018 [EB/OL]. [2020-04-23]. https://www.nhmrc.gov.au/about-us/publications/australian-code-responsible-conduct-research-2018.
③ 同①.

析等)。书面协议还应该包括关于所分享数据散布范围的正式陈述(例如:仅供数据请求者个人使用,仅供数据请求者以及请求者直接指导下的其他个体使用,或者,对于数据的进一步散布没有任何范围限制)。此外,协议中还应该明确指定数据分析结果的传播范围(会议发言、内部报告、学刊文章、书籍中的章节等)以及对署名的要求。数据分享安排必须适当考虑版权限制问题、受试的同意、赞助方的要求,以及数据拥有方雇主的规定或条例[①]。

[①] 美国心理协会,编.APA格式:国际社会科学学术写作规范手册[M].席仲恩,译.重庆:重庆大学出版社,2011:9.

13 项目申请

13.1 科技查新

人文社会科学一般在研究项目立项时,要对相关研究进行文献综述(研究综述),阐述以往研究取得的进展,提出自己研究的创新预期目标。而自然科学一般在研究项目立项前,除了进行文献综述(研究综述)还要经过查新环节,即为避免科研课题重复立项以及低水平重复之弊,要通过相关文献的检索、对比、分析,对本研究是否具有新颖性进行客观、正确的预判。教育部《高等学校科学技术学术规范指南》(第2版)指出,通过查新可以及时了解国内外相关同行的研究进展情况,有利于研究工作的优化,可以节省资源,避免低水平重复和少走弯路。同时,查新也是对前人研究成果和贡献的尊重[①]。

因此,**查新**(novelty search),也称**科技查新**,是指对可能影响一件发明的新颖性或独创性的单元进行查找[②]。科技部公布的《科技查新规范》(2001年)称:"查新是科技查新的简称,是指查新机构根据查新委托人提供的需要查证其新颖性的科学技术内容,按照本规范操作,并作出结论。"[③]这里所谓的**查新委托人**(client for novelty search)是指提出科技查新申请的自然人、法人或者其他组织;**查新机构**(novelty search institution),是指具有科技查新业务资质的信息咨询机构[④]。凡经过国家科技部、教育部认定的科技查新咨询单位,都属于具有资质的查新机构,他们大多为国内实力雄厚的研究型图书馆。查新机构根据查新委托人提供的查新要求,按照科技查新规范操作,最终为查新委托人提供一份证明其新颖性程度的查新报告。

---

① 教育部科学技术委员会学风建设委员会,编.高等学校科学技术学术规范指南[M].2版.北京:中国人民大学出版社,2017:11.
② 全国信息与文献标准化技术委员会.信息与文献 术语:GB/T 4894—2009[S].北京:中国标准出版社,2010:86.
③ 谢新洲,滕跃,主编.科技查新手册[M].北京:科学技术文献出版社,2004:531.
④ 全国信息与文献标准化技术委员会.科技查新技术规范:GB/T 32003—2015[S].北京:中国标准出版社,2015:1-2.

13.1.1 查新合同主要内容

查新主要用于科研立项、专利申请、新产品鉴定、成果转化、申报奖励和博士论文开题等前期过程,目前已成为研究型图书馆一项重要的咨询业务和文献信息服务内容[1]。

科技查新委托单即为科技查新合同,内容一般包括以下项目:① 查新项目名称;② 查新合同双方各自的基本情况;③ 查新目的;④ 查新点;⑤ 查新要求;⑥ 查新项目的科学技术要点,包括查新项目的主要科学技术特征、技术参数或者指标、应用范围等;⑦ 参考文献;⑧ 查新委托人提供的资料清单;⑨ 合同履行的期限、地点和方式;⑩ 保密责任;⑪ 查新报告的使用范围;⑫ 查新费用及其支付方式;⑬ 违约金或者损失赔偿的计算方法;⑭ 争议的方法;⑮ 名称和术语的解释等。其中项目名称、委托人信息、查新目的、查新点、科学技术要点和检索关键词这6项内容是查新委托单的核心内容[2]。

13.1.2 查新合同项目填写

查新委托人一般为科研项目负责人或者是了解项目技术内容、能解释项目技术要点的项目成员。能够提供与查新内容相关的技术资料,包括项目的研究范围、研究方法、实现的功能、预期技术指标、所实现的创新等。在提交具体查新合同书时,应该填写好如下内容:

1. 明确查新目的

查新可分为立项查新、成果查新、专利查新、产品查新等。立项查新包括申请各级各类项目、各类科技计划而作的查新;成果查新包括为开展成果鉴定、验收、申报奖励等;产品查新则是为新产品或改型产品进行评价而查新。查新委托人要在委托单上的选项做出选择,在相应栏中打钩。

2. 提供科学技术要点

科学技术要点(key point of science and technology)是指查新项目主要技术内容,包括所属科学技术领域、研究目的、技术方案和技术效果[3]。具体应简述以下内容[4]:

(1) 所属科学技术领域。即阐明查新项目技术方案所属或直接

---

[1] 王细荣.图书情报工作手册[M].上海:上海交通大学出版社,2009:338.

[2] 孙会军,左文革,季淑娟.科技查新合同规范化研究[J].图书馆工作与研究,2013(10):87-91.

[3] 全国信息与文献标准化技术委员会.科技查新技术规范:GB/T 32003—2015[S].北京:中国标准出版社,2015:2.

[4] 同③.

应用的科学技术领域。

（2）研究目的。指查新项目要解决的技术问题。

（3）技术方案。指查新项目为达到研究目的所采取的技术手段，通常包括采用的技术路线和方法，产品的结构、配方、工艺、技术参数等若干技术特征。

（4）技术效果。指查新项目技术方案所获得的结果，包括技术指标、功能、功效、适用范围、推广程度等。可以由产率、效率、质量、精度、性能指标的提高，或能耗、原材料、工序的节省，或加工、操作、控制、使用的简便，或环境污染的治理或者根治，或应用范围的扩大，以及有用性能的出现等方面反映出来①。

在陈述科学技术要点时，切忌空泛叙述以及使用与技术内容无关的修饰性、广告性宣传用语。科技要点一般字数应控制在 300～500 字为宜②。对各种目的的查新，从写法上要有所侧重③：

（1）立项查新报告应概述项目的国内外背景，拟研究的主要科学技术内容，要研究解决哪些问题，达到的具体目标（指标）和水平。

（2）项目鉴定类查新应简略说明项目的研究背景，介绍项目的主要科学技术特征，已完成项目与现有同类研究、技术、工艺相比所具有的新颖性，主要创新点，体现项目科学技术水平的数据和量化指标。

（3）科学研究类项目应简要地说明项目所在领域的背景、发展趋势，阐明研究的意义、学术水平、主要创新和优点。

（4）开发类项目（产品、技术）应简述其用途、功能，介绍能反映其技术水平的主要工艺（技术组合）、成分、性能指标等数据，与国内外同类产品的参数对比，项目已达到的规模（小试、中试、工业化生产）及效益。

（5）申报科技成果奖励项目应说明项目的国内外背景、基本原理和技术指标，与同类研究相比项目达到的水平、产生的经济效益和社会效益、推广应用前景。

3. 提炼出查新点

查新点（key point of novelty search）指需要查证的查新项目的科

---

① 查新委托单填写说明及注意事项［EB/OL］. 浙江农林大学图书馆，(2019-05-07)［2020-04-25］. https://lib.zafu.edu.cn/info/1031/3418.htm.
② 徐春园. 科技查新中查新合同填写的技巧［J］. 甘肃科技，2010，26(16)：116-117.
③ 谢新洲，滕跃，主编. 科技查新手册［M］. 北京：科学技术文献出版社，2004：400-401.

学技术要点,能够体现查新项目新颖性和技术进步的技术特征点[①]。查新点是从科学技术要点中提炼出来的,所谓体现查新项目的"新颖性",是指查新委托日或指定日以前查新项目的查新点没有在国内或国外公开出版物上发表过[②]。

查新点主要依据查新项目的科学技术要点简明扼要的填写。其撰写原则:① 从科学技术要点中提炼,但不要把查新项目中的一般性技术特征列为查新点;② 相对独立的查新内容不要合在一处作为查新点,以便对每一个查新点作新颖性结论;③ 查新点应少而精,一般的课题不超过 4 个[③]。

示例 1:"新一代生物发酵法生产丁醇、丙酮技术的研发及产业化"项目

项目查新点:① 以木薯为原料,采用丙酮丁醇梭菌发酵生产丁醇、丙酮、乙醇,其比例为 7∶2∶1,总溶剂含量≥22 g/L。② 双塔多效集成精馏工艺,后塔产生蒸汽对前塔供热。提高蒸馏效率,降低能耗,提高产品纯度。蒸汽能耗比传统工艺降低 10 吨/吨溶剂;水用量比传统工艺降低 117 吨/吨溶剂。③ 采用第三代 IC 内循环反应器,降低成本,综合治理,变废为宝。④ 发酵法年产丁醇、丙酮总溶剂 5 万吨。

案例分析:此为立项查新,其查新点的提炼依据了课题的主要研究内容,提出了其工艺路线、设备及预期的产量的新颖性[④]。

示例 2:"岩屑切削破碎脱气仪"项目

项目查新点:① 本项目产品由电动机、内外齿连接器、样品筒、合金切削刀、样品筒盖、样品筒紧固、机箱、支架、进气孔、出气孔、摇臂紧固等部分组成;② 可对质量为 500 g 以内的岩屑进行切削、破碎达到脱气目的。

案例分析:此为专利查新,其查新点的提炼必须放在项目的创新中,上述项目阐述了其结构和性能指标的新颖性[⑤]。

4. 列出参考检索词及其解释

要列出同行公认的参考检索词,包括中英文对照的查新关键词

---

① 全国信息与文献标准化技术委员会.科技查新技术规范:GB/T 32003—2015[S].北京:中国标准出版社,2015:2.
② 同①.
③ 夏太寿,金福兰,蔡忆宁,编著.科技查新案例评析[M].南京:东南大学出版社,2013:32.
④ 同③.
⑤ 同③:33.

(含规范词、同义词、缩写词、相关词)、分类号、专利号、物种拉丁名、化学分子式、化学物质登记号(CAS登记号)等。关键词应当从查新项目所在专业的文献常用词中选择。

示例:"多功能芳砜纶厨师服装面料"项目

项目查新点:① 对芳砜纶作为原料,并采集新型HS1100纳米含氟防水防油防污整理剂,对芳砜纶服装面料进行拒水拒油整理;② 通过拒水拒油整理,使芳砜纶服装面料获得优越的拒水拒油等级,最高拒水等级可达10级,最高拒油等级可达8级;在标准水洗5次后,拒水等级基本在9级以上,拒油等级基本在7级以上。

检索词:芳砜纶、聚砜酰胺、织物、面料、拒水、防水、拒油、防油、厨师、HS1100[①]

5. 提交必要的相关文献

(1) 查新委托人提交与本委托项目密切相关的专利文献发表情况(列出专利名称、专利号或申请号等信息),或论文发表情况(列出作者、题目、刊名、出版年等信息),以及数篇同行发表的相关文献、网站及相关专利申请号等,以供查新员在检索时参考。

(2) 项目知识产权(技术)归属清单,若属引进、购买或共有的,列出合作单位、技术来源等[②]。

6. 提供其他查新项目技术资料

查新委托人除了填写查新项目委托单外,同时应提供查新项目详细技术资料,包括开题报告、技术工作总结、技术性能指标数据、检测报告,以及查新项目的产品样本或图片等,尽可能提供与该项目相关的文献报道和线索,以便能够满足完成查新事务的需要[③]。

13.2 科研课题申请

做科研课题、科研项目是学者的一种基本生存方式。一般来说,科研课题与科研项目是语义相同的,但从统计学的角度来说,**科研项目**(scientific research project)是指由若干个彼此有内在联系的课题组成的较为复杂而综合的科学技术问题,而**科研课题**(scientific

---

[①] 夏太寿,金福兰,蔡忆宁,编著.科技查新案例评析[M].南京:东南大学出版社,2013:34.

[②] 查新委托单填写说明及注意事项[EB/OL].浙江农林大学图书馆,(2019-05-07)[2020-04-25]. https://lib.zafu.edu.cn/info/1031/3418.htm.

[③] 科技查新流程[EB/OL].江苏理工学院图书馆,(2018-07-03)[2020-04-25]. http://lib.jstu.edu.cn/_s80/2018/0703/c5508a113522/page.psp.

research subject)是指由本机构为解决在学科科技活动的阶段属性，以及成果的主要表达形式等方面上的，相对单一(单纯)的科学技术问题而确定的科研题目。科研课题是科研统计的主要标志，也是基层从事科学研究和科学管理的基础[①]。

13.2.1 科研课题的类型

科研课题一般分为纵向科研课题(简称"纵向课题")、横向科研课题(简称"横向课题")和自立科研课题(简称"自立课题")三大类[②]：

(1) **纵向课题**是指根据政府(国家部委及地方政府)发展规划和战略安排，以政府财政拨款资助为主的，由政府行政主管部门(或授权单位)组织和实施的各类科学技术活动。如国家科技支撑计划、国家技术创新计划、国家自然科学基金、国家社会科学基金、军品协作配套、国际科技合作等。

(2) **横向课题**是指受国内外各企、事业单位出资委托并直接签订合同的科研课题。

(3) **自立课题**为本单位投入资金设立的科研课题。

13.2.2 课题申请书主要内容

无论是纵向，还是横向、自立科研课题，在填写课题申请书时，都要对以下内容进行阐释或论证：

1. 选题的依据

主要陈述本科研课题选题具有怎样的学术意义或应用价值。学术价值的表述，需结合学术史、科学研究发展趋势来论述对学术发展的创新与影响；应用价值最好结合现实发展中迫切需要解决的问题来论述其应用前景(含需求性和可行性分析)。

2. 相关研究状况

对国内外相关研究的研究文献进行综述，主要是做学术史梳理及研究动态的描述。阐述所研究的领域或选题已有哪些研究成果，梳理出现有研究进展是怎样演变过来的，指出其中主要成就与待改善的部分是什么，从而避免重复他人已有的工作，给自己寻找一个恰当的研究起点。

3. 主要研究内容、研究目标(含拟解决的问题)

这是申请书最为核心的部分。主要论述包括：

---

① 袁方,宋瑛,胡健颖,编.社会统计学[M].北京：中国财政经济出版社,1988：351.
② 中央企业管理提升活动领导小组,主编.企业科技创新管理辅导手册[M].北京：北京教育出版社,2012：183.

(1) **研究内容**。通常含有研究对象、研究框架、基本观点、研究思路等。

课题的**研究对象**通常是指研究资料而且研究结果唯一直接适用的部分个体或群体,可以用简练的语句直接表达出来。

课题的**研究框架**是指课题的体系结构。它可以用叙述方式表述出课题内容分几部分,每部分主要内容是什么,各个部分之间的关系如何,也可以用图表方式展现出来。需要注意的是,使用图表是为了比文字叙述更为直观、简明,但有些申请者所做图表过于繁复,这样反倒失去了图表表达的优势。

课题的**基本观点**是申请者对本课题涉及问题的看法和见解,或者是研究者提出的有待研究证实的假设。基本观点应当鲜明,不应该含糊其辞;应当有申请者独到的见解和创新性,不应该完全借鉴别人的观点;应当有理有据[1]。

课题的**研究思路**,也称**基本思路**、**技术路线**等,主要是交代研究工作的路径设计,也就是我们从现有研究基础达到预期研究目标的"路线图"(即可以用图来表示)。有人直白地将研究思路理解为首先干什么,然后干什么,最后干什么等,这是不无道理的。在项目立项评议中,研究思路是考察科研项目是否具有可行性[2]。因此,研究思路部分不是研究内容的完全拷贝,它应该是实现研究内容而要做的可行性方案。

(2) **研究目标**。阐述本课题的总体研究目的和达到的程度,或者需解决的科学问题。因此要直接明了,用简明的几句话来表述。基本陈述体式是:"通过×××,阐明×××,实现×××目的";或者"通过×××,改变×××现状,解决×××问题"。注意研究目标不能太大,描述文字不宜夸耀,要切合实际[3]。"**拟解决的问题**"主要是指申请者在本课题中拟解决的**关键科学问题**(最核心的问题或命题),而非要攻克的技术问题,一般尽量少列,2至3个为宜。

本部分的写作还需注意的要点有:要把本课题的新颖部分展现出来;行文要高度概括,有中心句;每项内容有简要分析、阐释;要防止

---

[1] 文传浩,等编著.经济学研究方法论:理论与实务[M].重庆:重庆大学出版社,2015:226.

[2] 同[1]:225-226.

[3] 武胜昔,主编.医学研究生学术素养与科研能力[M].济南:山东科学技术出版社,2017:171.

"提纲化",因为提纲罗列是成果的篇目表现形式,而不是研究内容的表现形式①。

4. 研究方法

课题的**研究方法**主要指本研究使用的研究方法。① 研究方法不能分列太多,以 2 至 3 个为宜,因为这是本课题主要使用的研究方法。② 所列研究方法之间不能出现互相包含关系,它们之间应该属于同位类。③ 应该使用学术界通常使用的表述形式,不能自造研究方法称谓(详见"08.2 研究方法")。

示例:分列研究方法的逻辑错误——

(1) 文献研究法

(2) 网络文献研究法

(3) 社会调查法

(4) 实地调查法

正确的分列为——

(1) 文献研究法(因为文献包含网络文献)

(2) 社会调查法(因为社会调查包括实地调查)

5. 创新之处。

创新之处也被俗称为"**创新点**",主要是介绍课题研究将在学术思想、研究方法等方面,能做出怎样的突破,形成怎样的创新(详见"09.1.1 创新性原则")。需要注意的是,创新点不是列举越多越好,应该实事求是,写出实质性的创新点。一般不要超过 4 个。

6. 已有研究基础

研究基础是指与本课题相关的研究工作积累和已取得的研究工作成绩。研究基础的介绍是为了让评审人了解申请人的学术积累,进而判断申请人是否有能力做好申请的课题。为此,申请人要注意展示自己在该领域进行研究而发表的系列论文(并且这些论文得到同行的正面引用),以及在国际学术会议作的邀请报告,证明自己有资质研究这个课题②。前期相关研究成果一定选择与本研究命题相关联的重要文章,有限报要求的,一般也会限报 5 项,国家社科基金申报书就做如此要求。与本课题无关的成果等不能作为前期成果填写。

---

① 文传浩,等编著.经济学研究方法论:理论与实务[M].重庆:重庆大学出版社,2015:225.

② 马臻.申请国家自然科学基金:前期准备和项目申请书的撰写[J].中国科学基金,2017,31(6):533-537.

7. 现有研究条件

研究条件或称**工作条件**，主要是讲述开展本课题具有哪些文献资源、实验设备、单位配套设施、社会合作能力等方面的支撑条件。要根据课题需要的相关支撑条件来列清单，以让评审人对开展本课题研究是否具备保障条件有一个准确的把握。

8. 参考文献

列出与本课题最有关联性的可供参考的重要文献。要选择有权威性、代表性的文献作为参考文献。一般参考文献的罗列不超过 20 篇。注意参考文献的中英文文献来源的比例，以及期刊论文与学术专著的比例关系。还有，申请人的前期成果不得列入参考文献。

13.2.3　申请书填写规范

（1）课题名称要高度反映选题核心命题，应简练，不能叠床架屋。国家社科基金申报书要求题名一般不加副标题，不超过 40 个汉字（含标点符号）。

（2）在项目论证过程中，禁止故意夸大项目的学术价值和经济效益，不得故意隐瞒可能存在的重大问题[①]。

（3）申请书中个人履历、职称、研究成果、获奖证明等信息及证明材料必须真实。项目组成员要由参与者本人在签名栏里亲自签名，不能找人代签；不得伪造推荐人签名[②]。

13.3　专利申请

专利（patent）是受法律规范保护的发明创造。它是指就一项发明创造向国家审批机关提出专利申请，经依法审查合格后向专利申请人授予的该国内规定的时间内对该项发明创造享有的专有权，并需要定时缴纳年费来维持这种国家的保护状态[③]。

13.3.1　专利的类型

我国**专利**类型有发明、实用新型、外观设计三大类：

（1）**发明**。发明是指对产品、方法或者其改进所提出的新的技术方案。

[①]　教育部科学技术委员会学风建设委员会，编. 高等学校科学技术学术规范指南[M]. 2 版. 北京：中国人民大学出版社，2017：12-13.

[②]　同[①].

[③]　国家知识产权局专利局南京代办处，编写. 专利事务问答[M]. 北京：知识产权出版社，2018：1.

（2）**实用新型**。实用新型是指对产品的形状、构造或者其结合所提出的适于实用的新的技术方案。

（3）**外观设计**。外观设计是指对产品的整体或者局部的形状、图案或者其结合以及色彩与形状、图案的结合所作出的富有美感并适于工业应用的新设计[①]。

13.3.2 授予专利权的条件

《中华人民共和国专利法》（2020年修正）第22条规定：授予专利权的发明和实用新型，应当具备新颖性、创造性和实用性[②]。

（1）新颖性。新颖性是指该发明或者实用新型不属于现有技术（指申请日以前在国内外为公众所知的技术）；也没有任何单位或者个人就同样的发明或者实用新型在申请日以前向国务院专利行政部门提出过申请，并记载在申请日以后公布的专利申请文件或者公告的专利文件中。

（2）创造性。创造性是指与现有技术相比，该发明具有突出的实质性特点和显著的进步，该实用新型具有实质性特点和进步。

（3）实用性。实用性是指该发明或者实用新型能够制造或者使用，并且能够产生积极效果。

13.3.3 申请专利所需文件

1. 发明或者实用新型专利所需文件。

《中华人民共和国专利法》（2020年修正）第26条规定：申请发明或者实用新型专利的，应当提交请求书、说明书及其摘要和权利要求书等文件[③]。

（1）**请求书**应当写明发明或者实用新型专利的名称，发明人的姓名，申请人姓名或者名称、地址，以及其他事项。

（2）**说明书**应当对发明或者实用新型专利作出清楚、完整的说明，以所属技术领域的技术人员能够实现为准；必要的时候，应当有附图。摘要应当简要说明发明或者实用新型专利的技术要点。

（3）**权利要求书**应当以说明书为依据，清楚、简要地限定要求专利保护的范围。

---

① 中华人民共和国专利法（2020年修正）[EB/OL].国家知识产权局，（2020-11-23）[2021 01-14]. http：//www.cnipa.gov.on/art/2020/11/23/art_97_155167.html.

② 同①.

③ 同①.

依赖遗传资源完成的发明创造,申请人应当在专利申请文件中说明该遗传资源的直接来源和原始来源;申请人无法说明原始来源的,应当陈述理由。

2. 外观设计专利所需文件

《中华人民共和国专利法》(2020年修正)第27条规定:申请外观设计专利的,应当提交请求书、该外观设计的图片或者照片以及对该外观设计的简要说明等文件。申请人提交的有关图片或者照片应当清楚地显示要求专利保护的产品的外观设计[①]。

发明或者实用新型专利申请文件,在提交时应当按照下列顺序排列:请求书、说明书摘要(必要时应提交摘要附图)、权利要求书、说明书(必要时应当提交说明书附图)。外观设计专利申请文件在提交时应当按照下列顺序排列:请求书、图片或照片、简要说明。申请文件各部分都应当分别用阿拉伯数字顺序编写页码[②]。

13.3.4 专利申请内容的填写

专利申请要进入国家知识产权局网站(https://www.cnipa.gov.cn)等权威网站,下载专利申请表格进行填写。专利申请所需文件的种类较多,专利法及其相关指导文件对请求书、说明书、权利要求书的填写都有明确的规范要求[③]。

1. 请求书(request)

请求书中包含专利名称,申请人和发明人(设计人)等相关人员姓名、地址等重要信息,申请人或者专利代理机构的签字或者盖章,以及申请文件、附加文件清单等。其中最重要的一项内容是要写出所申请专利的名称。国家知识产权局制定的《专利审查指南》(2010年)对专利的命名有明确、具体的要求[④]:

(1)请求书中的发明、实用新型专利名称和说明书中的名称应当一致。名称应当简短、准确地表明发明、实用新型专利申请要求保护

---

① 中华人民共和国专利法(2020年修正)[EB/OL].国家知识产权局,(2020-11-23)[2021-01-14].http://www.cnipa.gov.cn/art/2020/11/23/art_2197_155169.html.

② 专利申请相关事项介绍[EB/OL].国家知识产权局,(2020-06-05)[2021-01-14].http://cnipa.gov.cn/art/2020/6/5/art_1517_92472.html.

③ 其他具体申请文件的编写要求,可参考以下两书其他相关内容:中华人民共和国国家知识产权局.专利审查指南[M].北京:知识产权出版社,2009;国家知识产权局专利局南京代办处,编写.专利事务问答[M].北京:知识产权出版社,2018.

④ 中华人民共和国国家知识产权局.专利审查指南[M].北京:知识产权出版社,2009:14-15,73.

的主题和类型。名称中不得含有非技术词语,例如人名、单位名称、商标、代号、型号等;也不得含有含糊的词语,例如"及其他""及其类似物"等;也不得仅使用笼统的词语,致使未给出任何发明信息,例如仅用"方法""装置""组合物""化合物"等词作为发明名称。发明、实用新型名称一般不得超过 25 个字,特殊情况下,例如化学领域的某些发明,可以允许最多到 40 个字。

(2) 使用外观设计的产品名称,对图片或者照片中表示的外观设计所应用的产品种类具有说明作用。使用外观设计的产品名称应当与外观设计图片或者照片中表示的外观设计相符合,准确、简明地表明要求保护的产品的外观设计。产品名称一般应当符合国际外观设计分类表中小类列举的名称。产品名称一般不得超过 20 个字。产品名称通常还应当避免下列情形:

其一,含有人名、地名、国名、单位名称、商标、代号、型号或以历史时代命名的产品名称。

其二,概括不当、过于抽象的名称,例如"文具""炊具""乐器""建筑用物品"等。

其三,描述技术效果、内部构造的名称,例如"节油发动机""人体增高鞋垫""装有新型发动机的汽车"等。

其四,附有产品规格、大小、规模、数量单位的名称,例如"英寸电视机""中型书柜""一副手套"等。

其五,以外国文字或无确定的中文意义的文字命名的名称,例如"克莱斯酒瓶",但已经众所周知并且含义确定的文字可以使用,例如"DVD 播放机""LED 灯""USB 集线器"等。

2. 说明书(specification)

(1) 发明、实用新型的说明书。《中华人民共和国专利法实施细则(2010 修订)》对发明、实用新型专利说明书的编写有明确、具体的以下要求[①]:

发明或者实用新型专利申请的说明书应当写明发明或者实用新型的名称,该名称应当与请求书中的名称一致。说明书应当包括下列内容:

① 技术领域:写明要求保护的技术方案所属的技术领域;

② 背景技术:写明对发明或者实用新型的理解、检索、审查有用

---

① 中华人民共和国专利法实施细则(2010 修订)[EB/OL]. 国家知识产权局,(2015-09-02)[2021-01-14]. http://cnipa.gov.cn/art/2015/9/2/art_98_28203.html.

的背景技术;有可能的,并引证反映这些背景技术的文件;

③ 发明内容:写明发明或者实用新型所要解决的技术问题以及解决其技术问题采用的技术方案,并对照现有技术写明发明或者实用新型的有益效果;

④ 附图说明:说明书有附图的,对各幅附图作简略说明;

⑤ 具体实施方式:详细写明申请人认为实现发明或者实用新型的优选方式;必要时,举例说明;有附图的,对照附图。

发明或者实用新型专利申请人应当按照前款规定的方式和顺序撰写说明书,并在说明书每一部分前面写明标题,除非其发明或者实用新型的性质用其他方式或者顺序撰写能节约说明书的篇幅并使他人能够准确理解其发明或者实用新型。

发明或者实用新型说明书应当用词规范、语句清楚,并不得使用"如权利要求……所述的……"一类的引用语,也不得使用商业性宣传用语。实用新型专利申请说明书应当有表示要求保护的产品的形状、构造或者其结合的附图。

示例:"紫苏子油的制造方法"说明书[①]

技术领域

本发明是关于植物油的制造方法,更具体地说是关于从紫苏籽里制取紫苏子油的方法。

背景技术

紫苏子油的制造方法与芝麻油的制作方法大致相同。紫苏子油传统的制作方法是:紫苏籽经清洗、水洗、蒸炒、压榨得到紫苏子油。其不足之处是出油率低,芳香味差。

发明内容

本发明的目的是克服现有技术的缺点,提供一种改进了的生产紫苏子油的方法。利用本方法可显著地提高出油率,并增强紫苏子油的芳香味。

本发明通过下述技术方案予以实现:把紫苏籽进行清洗和水洗,然后进行水浸,使紫苏籽的含水量达 5%~20%,之后将紫苏籽蒸炒,蒸炒时间为 5~30 分钟,温度为 80℃~130℃;蒸炒后的紫苏籽在榨油机的机膛预热至 100℃~120℃之后进行压榨,即可得到紫苏子油。

---

① 张明林,主编.国家科学技术奖励项目评估评审行为准则与督查实施办法:上卷[M].北京:国家行政学院音像出版社,2003:407-409.

所述经水浸的紫苏籽的最佳含水量为10%～15%,所述蒸炒时间最好为15～20分钟,温度最好为100℃～120℃,所述榨油机机膛的预热温度最好为100℃～120℃。

具体实施方式

下面结合实例对本发明做进一步的描述。把紫苏籽,即紫苏子之籽,进行清洗和水洗,清除掉原料中的杂质。之后在清水中进行浸泡,至紫苏籽的含水量达5%～20%时即可取出,紫苏籽的最佳含水量为10%～15%。经过水浸的紫苏籽在蒸炒机中蒸炒5～30分钟,温度控制在80℃～130℃之间,蒸炒时间以15～20分钟,温度以100℃～120℃为最佳。蒸炒时,紫苏籽的颜色应保持为本色,切忌蒸炒焦糊。经蒸炒的紫苏籽在螺旋榨油机中压榨。压榨机应当预先加热,使机膛的温度达到80℃～120℃,以110℃～120℃为最佳。通过上述工艺方法制得的紫苏子油的出油率为40%～50%。

上述紫苏子油,必要时还可以进一步送入澄油箱混合、澄清,再通过滤油机过滤,即可获得纯度更高的紫苏子油。上述制得的紫苏子油仍含有少量的可溶性有机物。必要时还可进一步精炼。例如采用水洗法,即可除掉紫苏子油中的有机杂质。

下面是制造紫苏子油的实施例。通过实施例可了解到不同工艺条件对出油率、芳香气味的影响。

对比例:

50千克的紫苏籽经清洗、水洗之后,在78℃下蒸炒4分钟,然后用螺旋榨油机压榨。出油率为15%,油的紫苏籽芳香气味差。

实施例1:

50千克的紫苏籽经清洗、水洗之后,让其水浸至紫苏籽含水量达10%,蒸炒温度120℃、时间15分钟,在螺旋榨油机机膛的温度预热至100℃时,放入蒸炒过的紫苏籽进行榨油。出油率为40%,油的紫苏籽芳香气味好。

实施例2:

50千克的紫苏籽经清洗、水洗之后,让其水浸至紫苏籽含水量达12%,然后进行蒸炒,蒸炒温度110℃、时间17分钟,在螺旋榨油机机膛的温度预热至110℃时,放入蒸炒过的紫苏籽进行榨油。出油率为41.5%,油的紫苏籽芳香气味好。

实施例3:

50千克的紫苏籽经清洗、水洗之后,让其水浸至紫苏籽含水量达

15%,蒸炒温度115℃、时间20分钟,在螺旋榨油机机膛的温度预热至110℃时,放入蒸炒过的紫苏籽进行榨油。出油率为43.2%,油的紫苏籽芳香气味好。

实施例4:

50千克的紫苏籽经清洗、水洗之后,让其水浸至紫苏籽含水量达12%,蒸炒温度120℃、时间18分钟,在螺旋榨油机机膛的温度预热至120℃时,放入蒸炒过的紫苏籽进行榨油。出油率为45%,油的紫苏籽芳香气味好。

(2)外观设计的简要说明。外观设计的专利一般提交的是简要说明。具体要求有[①]:

其一,外观设计产品的名称。简要说明中的产品名称应当与请求书中的产品名称一致。

其二,外观设计产品的用途。简要说明中应当写明有助于确定产品类别的用途。对于具有多种用途的产品,简要说明应当写明所述产品的多种用途。

其三,外观设计的设计要点。**设计要点**是指与现有设计相区别的产品的形状、图案及其结合,或者色彩与形状、图案的结合,或者部位。对设计要点的描述应当简明扼要。

其四,指定一幅最能表明设计要点的图片或者照片。指定的图片或者照片用于出版专利公报。

此外,下列情形应当在简要说明中写明:请求保护色彩或者省略视图的情况;对同一产品的多项相似外观设计提出一件外观设计专利申请的,应当在简要说明中指定其中一项作为基本设计;对于花布、壁纸等平面产品,必要时应当描述平面产品中的单元图案两方连续或者四方连续等无限定边界的情况;对于细长物品,必要时应当写明细长物品的长度采用省略画法;如果产品的外观设计由透明材料或者具有特殊视觉效果的新材料制成,必要时应当在简要说明中写明;如果外观设计产品属于成套产品,必要时应当写明各套件所对应的产品名称;简要说明不得使用商业性宣传用语,也不能用来说明产品的性能和内部结构。

3. 权利要求书(claims)

国家知识产权局制定的《专利审查指南》(2010年)对专利权利要

---

① 中华人民共和国国家知识产权局.专利审查指南[M].北京:知识产权出版社,2009:77-78.

求书的编写有明确、具体的要求。择要者如下[①]：

（1）权利要求书应当以说明书为依据（即应当得到说明书的支持），清楚、简要地限定要求专利保护的范围（即不得超出说明书公开的范围）。

（2）一份权利要求书中应当至少包括一项独立权利要求，还可以包括从属权利要求。**独立权利要求**应当从整体上反映发明或者实用新型的技术方案，记载解决技术问题的必要技术特征。当有两项或者两项以上独立权利要求时，写在最前面的独立权利要求被称为第一独立权利要求，其他独立权利要求称为并列独立权利要求。

（3）发明或者实用新型的独立权利要求应当包括前序部分和特征部分，按照下列规定撰写：其一，前序部分：写明要求保护的发明或者实用新型技术方案的主题名称和发明或者实用新型主题与最接近的现有技术共有的必要技术特征；其二，特征部分：使用"其特征是……"或者类似的用语，写明发明或者实用新型区别于最接近的现有技术的技术特征。

（4）权利要求的主题名称应当能够清楚地表明该权利要求的类型是产品权利要求还是方法权利要求。不允许采用模糊不清的主题名称，例如，"一种……技术"，或者在一项权利要求的主题名称中既包含有产品又包含有方法，例如，"一种……产品及其制造方法"。

（5）每项权利要求所确定的保护范围应当清楚。权利要求的保护范围应当根据其所用词语的含义来理解。一般情况下，权利要求中的用词应当理解为相关技术领域通常具有的含义。不得使用含义不确定的用语，如"厚""薄""强""弱""高温""高压""很宽范围"等，除非这种用语在特定技术领域中具有公认的确切含义，如放大器中的"高频"。

（6）权利要求的数目应当合理。在权利要求书中，允许有合理数量的限定发明或者实用新型优选技术方案的从属权利要求。权利要求的表述应当简要，除记载技术特征外，不得对原因或者理由作不必要的描述，也不得使用商业性宣传用语。

示例 1：产品的权利要求书——

一种高能型煤矿许用粉状乳化炸药，其特征在于：它含有以质量百分比表示的下列组分：硝酸铵 81～88、十八烷胺 0.01～0.8、复合蜡 2～5、固态可燃物 0.1～4、乳化剂 0.5～1.5、水 0.1～1、消焰剂 4～10

---

① 中华人民共和国国家知识产权局.专利审查指南[M].北京：知识产权出版社，2009：141-152.

组成;其中,硝酸铵、水、消焰剂和十八烷胺组成了氧化剂溶液,复合蜡和乳化剂组成了可燃物溶液[①]。

示例2:方法的权利要求书——

1. 一种紫苏子油的制造方法,把紫苏籽清洗、水洗、蒸炒、压榨,其特征是,经水洗的紫苏籽进行水浸,使紫苏籽的含水量为5%～20%;将经水浸后的紫苏籽进行蒸炒,蒸炒时间为5～30分钟,温度为80℃～130℃;蒸炒过的紫苏籽,在榨油机的机膛预热80℃～120℃时进行压榨,即得紫苏子油。

2. 根据权利要求1所述的紫苏子油的制造方法,其特征是,所述经水浸的紫苏籽的含水量为10%～15%。

3. 根据权利要求1所述的紫苏子油的制造方法,其特征是,所述蒸炒时间为15～20分钟,温度为100～120℃。

4. 根据权利要求1所述的紫苏子油的制造方法,其特征是,所述榨油机、机膛的预热温度为110℃—120℃[②]。

[①] 江苏省知识产权局,编.企业知识产权管理实务[M].北京:知识产权出版社,2016:95.

[②] 张明林,主编.国家科学技术奖励项目评估评审行为准则与督查实施办法:上卷[M].北京:国家行政学院音像出版社,2003:355-356.

14 伦 理 审 查

随着生物学、医学等现代科学的快速发展,出现了人工授精、基因编辑、器官移植、变性手术、安乐死等生命科技手段,同时也伴生了一系列社会伦理问题。生物学、医学的许多研究项目涉及了人与动物,即人或动物是受试者,为了协调好科研人员与受试者、他人、群体及社会之间相互关系,保护所有实际或可能的受试者的生命、尊严、安全、福利,保障研究结果的科学性、可信度,促进社会公正发展,这些涉及人或动物并对其健康、权利等发生影响的研究活动,必须经过伦理审查。

14.1 伦理审查

伦理审查(ethical review)是指对涉及动物和人体的学术研究开展伦理性方面的审查工作。这类学术研究主要集中在生物学、医学、社会学等领域。伦理审查工作具有很高的独立性,不受任何单位和个人的干预[1]。

在涉及人体研究方面,需要进行伦理审查的学术研究包括以下活动:① 采用现代物理学、化学、生物学、中医药学和心理学等方法对人的生理、心理行为、病理现象、疾病病因和发病机制,以及疾病的预防、诊断、治疗和康复进行研究的活动;② 医学新技术或者医疗新产品在人体上进行试验研究的活动;③ 采用流行病学、社会学、心理学等方法收集、记录、使用、报告或者储存有关人的样本、医疗记录、行为等科学研究资料的活动[2]。

负责对涉及人体的学术研究开展伦理审查工作的,主要是伦理审查委员会。**伦理审查委员会**(Ethics Review Committee,ERC),也称**独立伦理委员会**(independent ethics committee,IEC)、**机构审查委员会**(Institutional Review Board,IRB)是由医学专业人员、伦理学专家、

---

① 涉及人的生物医学研究伦理审查办法[EB/OL]. 中国政府网,(2016-10-12)[2020-05-02]. http://www.gov.cn/gongbao/content/2017/content_5227817.htm.

② 同①.

法律专家及非医务人员组成的独立组织,其职责为核查临床研究方案及附件是否合乎伦理,并为之提供公众保证,确保受试者的安全、健康和权益受到保护。该委员会的组成和一切活动不应受临床试验组织和实施者的干扰或影响①。定义中的**受试者**(research participant),指参加生物医学研究的个人或人群,可以作为试验组、对照组或观察组。一般包括健康志愿者、与试验目标人群无直接相关性的自愿参加者,或是来自试验用药所针对的患病人群②。

伦理委员会是社会设置的第一道,也是主要的安全防线③。凡从事涉及人的生物医学研究的医疗卫生机构,应当设立伦理审查委员会,并采取有效措施保障其独立开展伦理审查工作。国家卫生和计划生育委员会公布的《涉及人的生物医学研究伦理审查办法》(2016年12月实施)规定,涉及人体的研究项目或者研究方案,未获得伦理委员会审查批准擅自开展项目研究工作的,研究过程中发生严重不良反应或者严重不良事件未及时报告伦理委员会的,违反知情同意相关规定开展项目研究的,要由县级以上地方卫生计生行政部门责令限期整改,并可根据情节轻重给予通报批评、警告;对主要负责人和其他责任人员,依法给予处分;给他人人身、财产造成损害的,应当依法承担民事责任;构成犯罪的,依法追究刑事责任④。

14.1.1 伦理审查的范围

国家卫生和计划生育委员会公布的《涉及人的生物医学研究伦理审查办法》(2016年12月实施)规定,伦理审查委员会收到申请材料后,应当及时组织伦理审查,并重点审查以下内容⑤:

(1) 研究者的资格、经验、技术能力等是否符合试验要求。

(2) 研究方案是否科学,并符合伦理原则的要求。中医药项目研究方案的审查,还应当考虑其传统实践经验。

(3) 受试者可能遭受的风险程度与研究预期的受益相比是否在

---

① 国家卫生健康委医学伦理专家委员会办公室,中国医院协会,编.涉及人的临床研究伦理审查委员会建设指南(2019版)[EB/OL].中国医院协会,(2019-10-29)[2020-05-04]. http://www.cha.org.cn/plus/view.php?aid=15896.

② 同①.

③ Fergus Sweeney. 谈伦理审查质量[J]. 刘海涛,译. 医学与哲学(人文社会医学版),2011,32(5):6-7,11.

④ 涉及人的生物医学研究伦理审查办法[EB/OL]. 中国政府网,(2016-10-12)[2020-05-02]. http://www.gov.cn/gongbao/content/2017/content_5227817.htm.

⑤ 同④.

合理范围之内。

（4）知情同意书提供的有关信息是否完整易懂，获得知情同意的过程是否合规恰当。

（5）是否有对受试者个人信息及相关资料的保密措施。

（6）受试者的纳入和排除标准是否恰当、公平。

（7）是否向受试者明确告知其应当享有的权益，包括在研究过程中可以随时无理由退出且不受歧视的权利等。

（8）受试者参加研究的合理支出是否得到了合理补偿；受试者参加研究受到损害时，给予的治疗和赔偿是否合理、合法。

（9）是否有具备资格或者经培训后的研究者负责获取知情同意，并随时接受有关安全问题的咨询。

（10）对受试者在研究中可能承受的风险是否有预防和应对措施。

（11）研究是否涉及利益冲突。

（12）研究是否存在社会舆论风险。

（13）需要审查的其他重点内容。

14.1.2 伦理审查的基本原则

欧美国家先后制定过伦理审查的基本原则。如美国、加拿大对涉及人体的医学研究提出的伦理审查基本原则，主要强调对人尊重、增进福祉、公平正义[1]。

根据国家卫生和计划生育委员会公布的《涉及人的生物医学研究伦理审查办法》(2016年12月实施)，涉及人的生物医学研究应当符合以下伦理原则[2]：

（1）知情同意原则。尊重和保障受试者是否参加研究的自主决定权，严格履行知情同意程序，防止使用欺骗、利诱、胁迫等手段使受试者同意参加研究，允许受试者在任何阶段无条件退出研究。

（2）控制风险原则。首先将受试者人身安全、健康权益放在优先地位，其次才是科学和社会利益，研究风险与受益比例应当合理，力求使受试者尽可能避免伤害。

（3）免费和补偿原则。应当公平、合理地选择受试者，对受试者

---

[1] 胡松岩,张雪,尹梅.美国加拿大英国伦理审查的基本原则及对我国的启示[J].中国医学伦理学,2014,27(6):787-789.

[2] 涉及人的生物医学研究伦理审查办法[EB/OL].中国政府网,(2016-10-12)[2020-05-02]. http://www.gov.cn/gongbao/content/2017/content_5227817.htm.

参加研究不得收取任何费用,对于受试者在受试过程中支出的合理费用还应当给予适当补偿。

(4) 保护隐私原则。切实保护受试者的隐私,如实将受试者个人信息的储存、使用及保密措施情况告知受试者,未经授权不得将受试者个人信息向第三方透露。

(5) 依法赔偿原则。受试者参加研究受到损害时,应当得到及时、免费治疗,并依据法律法规及双方约定得到赔偿。

(6) 特殊保护原则。对儿童、孕妇、智力低下者、精神障碍患者等特殊人群的受试者,应当予以特别保护。

14.1.3 提交伦理审查的申请材料

根据国家卫生和计划生育委员会公布的《涉及人的生物医学研究伦理审查办法》(2016年12月实施),涉及人的生物医学研究项目的负责人作为伦理审查申请人,在申请伦理审查时应当向负责项目研究的医疗卫生机构的伦理委员会提交下列材料[①]:

(1) 伦理审查申请表(一般可从伦理审查委员会相关网站下载)。

(2) 研究项目负责人信息、研究项目涉及的相关机构的合法资质证明以及研究项目经费来源说明。

(3) 研究项目方案、相关资料,包括文献综述、临床前的研究和动物实验数据等资料。

(4) 受试者知情同意书(或称"知情同意清单",一般可从伦理审查委员会相关网站下载)。

(5) 伦理委员会认为需要提交的其他相关材料。

14.1.4 申请材料审查的基本标准

伦理审查委员会批准研究项目的基本标准主要有以下几方面[②③]:

(1) 坚持生命伦理的社会价值。既要有研究本身的社会价值,也要平衡好受试者个体或(少数)群体与社会公众的关系。

(2) 研究方案科学。有丰富的科学文献和其他相关信息作为基础,有应待解决的具体科学问题和明确的研究目的,每一项研究设计

---

① 涉及人的生物医学研究伦理审查办法[EB/OL]. 中国政府网,(2016-10-12)[2020-05-02]. http://www.gov.cn/gongbao/content/2017/content_5227817.htm.
② 同①.
③ 张海洪. 伦理审查批准标准解读与探讨[J]. 中国医学伦理学,2019,32(11):1379-1382.

和实施过程必须在研究方案中清晰地说明和论证,研究方法可靠,研究的可操作性和伦理合理性有较好的结合。

(3) 公平选择受试者。受试人群的选择应基于研究拟解决的科学问题制定的纳入/排除标准,而不是该人群的其他特征,比如易于招募、依从性好、成本低廉等。不能因为某些无关的特征将某些群体特意纳入/排除,尤其是研究可能涉及的弱势人群。

(4) 合理的风险与受益比例。即要衡量研究可能涉及的风险、预期的获益、风险获益比例。**风险**(risk)主要是指**伤害**(harm)发生的可能性,包括生理、心理风险,隐私和信息安全风险,社会风险(如歧视、污名化)等;风险的高低主要是指伤害发生的可能性(概率)及其严重程度(数量值)。**获益**(benefit)主要是指对受试者健康或福利的积极影响。

(5) 知情同意书规范。知情同意书提供的信息是否完整充分(包括研究步骤、目的、风险与受益、可替代操作、随时咨询以及退出研究的权利、抱怨的权利等)之外,还需关注
信息的表达方式,语言是否通俗易懂,是否符合潜在受试人群的特点。

(6) 尊重受试者权利。尊重受试者的权利包括尊重受试者的自主权、保护受试者的安全和福利等合法权益。包括自愿参加和随时退出、知情、同意或不同意、保密、补偿、受损害时获得免费治疗和赔偿、新信息的获取、新版本知情同意书的再次签署、获得知情同意书等。

(7) 遵守科研诚信规范。研究者有责任和义务及时、如实向伦理委员会报告发现的相关问题,并确保所有提交材料的真实性。

14.2　知情同意

知情同意(informed consent)指向受试者告知一项研究的各方面情况后,受试者自愿确认其同意参加该项临床研究的过程,须以签名和注明日期的知情同意书作为文件证明[①]。知情同意是从事涉及人的生物医学研究项目必须完成的一个环节。知情同意最初主要应用于医学领域,但现在其他研究领域也越来越多地开始借用,如心理学、社会学、教育学等。澳大利亚西悉尼大学普拉尼·利亚姆帕特唐(Pra-

---

① 国家卫生健康委医学伦理专家委员会办公室,中国医院协会,编.涉及人的临床研究伦理审查委员会建设指南(2019版)[EB/OL].中国医院协会,(2019-10-29)[2020-05-04]. http://www.cha.org.cn/plus/view.php?aid=15896.

nee Liamputtong)的《研究弱势群体:敏感研究方法指南》(*Researching the Vulnerable: A Guide to Sensitive Research Methods*,2007)一书,就提到那些参与实证研究项目的弱势群体通常都有**敏感性**(sensitivity),研究者与研究对象都有可能在研究过程中或研究后面对各种潜在的风险,因此研究开始前就要获得研究对象的知情同意①。

14.2.1 知情同意原则

知情同意原则(principle of informed consent)包含三个法律原则:第一,患者需要有同意的能力;第二,同意需要自由给出;第三,同意必须基于对提出的治疗计划有充分的了解,包括对他可能造成的风险②。世界医学协会联合大会(World Medical Association,WMA)的**《赫尔辛基宣言》**(*Declaration of Helsinki*)③对知情同意原则作出了详细的阐述④⑤:

(1)能够给予知情同意的个人作为受试者参与医学研究必须是自愿的。尽管征询家庭成员或社区负责人的意见可能是合适的,除非有知情同意能力的个人自由地表达同意,否则他/她不能被招募进入研究项目。

(2)在涉及能够给予知情同意的人类受试者的医学研究中,每位潜在的受试者都必须被充分地告知目的、方法、资金来源、任何可能的

---

① LIAMPUTTONG P. Researching the vulnerable: a guidebook to sensitive research methods[M]. London: Sage Publications,2007:2,33-35.

② [美]德斯佩尔德,斯特里克兰.最后的舞蹈:邂逅死亡与濒死[M].陈国鹏,等译.9版.上海:上海人民出版社,2013:205.

③ 1964年由世界医学协会联合大会(World Medical Association,WMA)制定,是关涉及人类受试者的医学研究,包括对可确定的人体材料和数据的研究的一项伦理原则的声明。前后经过9次修订,在37个条款中提出了系列生物医学研究的指导原则。如"尽管医学研究的首要目的是产生新知识,但这一目标决不能凌驾于受试者个体的权利和利益之上。""所有脆弱群体和个体都应得到特别考虑周到的保护。""除非有知情同意能力的个人自由地表达同意,不然他/她不能被招募进入研究项目。"(World Medical Association. WMA Declaration of Helsinki - Ethical Principles for Medical Research Involving Human Subjects[EB/OL]. (2018-06-29)[2020-05-04]. https://www.wma.net/policies-post/wma-declaration-of-helsinki-ethical-principles-for-medical-research-involving-human-subjects/.)

④ 王福玲.世界医学会《赫尔辛基宣言》:涉及人类受试者的医学研究的伦理原则[J].中国医学伦理学,2016,29(3):544-546.

⑤ World Medical Association. WMA Declaration of Helsinki - Ethical Principles for Medical Research Involving Human Subjects[EB/OL]. (2018-06-29)[2020-05-04]. https://www.wma.net/policies-post/wma-declaration-of-helsinki-ethical-principles-for-medical-research-involving-human-subjects/.

利益冲突、研究者机构所属、研究的预期受益和潜在风险、研究可能引起的不适、研究之后的规定以及任何其他的研究相关方面。潜在受试者必须被告知他们有权在任何时候不受惩罚地拒绝参与研究或撤回参与研究的同意。尤其应该注意潜在的个体受试者对特殊信息的需求以及为他们提供信息所使用的方法。

在确保潜在受试者理解信息后,医生或另一位具备恰当资格的人必须征求潜在受试者自愿表达的知情同意,最好是书面同意。如果无法用书面形式表达同意,那么非书面同意必须正式记录在案,并有证明人作证。

应该向所有医学研究的受试者提供获得研究一般结果和成果信息的选择权。

(3) 在征求参与研究的知情同意时,如果潜在受试者与医生有依赖关系,或者可能在胁迫下同意,则医生必须特别谨慎。在这种情形下,必须由一位完全独立于这种关系的具有恰当资格的个人去征求知情同意。

(4) 对于不能给予知情同意的潜在受试者,医生必须从合法授权代表那里征得知情同意。不能将这些人纳入他们不可能受益的研究中,除非该研究意在促进潜在受试者所代表群体的健康,而该研究又不能在能提供知情同意的人身上进行,并且研究只带来最低程度的风险和最低程度的负担。

(5) 当一个被认为不能给予知情同意的潜在受试者可以给出赞同参与这项研究的决定时,医生必须在征得合法授权代表的同意之外再征得这种赞同。潜在受试者的异议必须得到尊重。

(6) 涉及身体或精神上没有能力给予同意的受试者,例如无意识的病人,仅当妨碍给予知情同意的身体或精神状况是研究群体的一个必要特征时,该研究才可以进行。在这种情况下,医生必须从合法授权代表那里征得知情同意。如果找不到此类代表且研究不得延误,那么该研究也可以在没有获得知情同意的情况下进行,前提是研究方案中已经说明将该情况下不能给予知情同意的受试者纳入研究的特殊理由,并且该研究已获研究伦理委员会的批准。必须尽早地从受试者或合法授权代表那里获得继续参与研究的同意。

(7) 医生必须充分告知患者其医疗的哪些部分与研究有关。绝不可因患者拒绝参与研究或撤出研究的决定而负面影响医患关系。

(8) 对于使用可识别身份的人体材料或数据进行的医学研究,例如用生物数据库或类似资料库中储存的材料或数据进行的研究,医生们必须取得采集、储存和/或再利用的知情同意。也许有些例外的情况,获得这种研究的同意是不可能或不可行的。在这些情况下,研究只有在得到研究伦理委员会的考虑和批准后方可进行。

14.2.2 知情同意书

在项目申请时,要提交拟好的知情同意书以供伦理审查委员会审查。**知情同意书**(informed consent form)是每位受试者表示自愿参加某一临床研究的文件证明。在项目开始前,研究者需向受试者说明研究性质、目的、可能的受益和风险、可供选用的其他治疗方法以及符合《赫尔辛基宣言》规定的受试者的权利和义务等,使受试者充分了解后表达其同意[1]。受试者在知情同意书上签字表示认可后,才能开展项目研究。

知情同意书可以制作成格式化的文本。有研究者结合国内外相关指南和原则规定,针对医学临床试验研究的知情同意书的内容,梳理归纳出的完整内容应该包括撰写要素,一共罗列了18项[2]:

(1) 项目名称、研究者、申办者、撰写版本号或日期。

(2) 声明是一项研究,非临床医疗。

(3) 研究试验的目的。

(4) 研究试验过程。

(5) 试验期限。

(6) 随访的次数和过程。

(7) 入选/排除标准。

(8) 分组情况说明。

(9) 研究人员资质。

(10) 可能的益处,包括研究对受试者本人的益处和研究对社会群体的益处。

(11) 可能的风险,包括使用试验用药物或器械带来的不适和参加试验本身可能的风险。

(12) 替代治疗方案。

---

[1] 国家卫生健康委医学伦理专家委员会办公室,中国医院协会,编.涉及人的临床研究伦理审查委员会建设指南(2019版)[EB/OL].中国医院协会,(2019-10-29)[2020-05-04]. http://www.cha.org.cn/plus/view.php?aid=15896.

[2] 黄瑾,沈娜,刘厚佳,等.知情同意书信息要素完整性研究[J].药学服务与研究,2011,11(2):123-126.

(13) 保护受试者隐私和数据机密性的措施。

(14) 指定联系人和联系方式。

(15) 受试者的权利告知(自愿、自由参加和退出、知情、同意)。

(16) 受试者有充分的时间来考虑并做出是否参加研究的决定。

(17) 重新获得知情同意。

(18) 补偿或赔偿。

上述撰写要素,对各种知情同意书的撰写有着很好的参考价值。

知情同意书撰写格式,一般由如下项目组成:① 受试者信息项:姓名、性别、年龄、住址、联系方式等;② 研究项目简介项:包括项目名称、研究背景、研究目的、研究内容、研究方案等等,以便让受试者对研究项目有全面的了解;③ 知情告知内容项:受试者应该配合的事项,可能的益处,可能的风险,隐私保密,自愿参与的权利告知,补偿或赔偿说明;④ 受试者申明条款项:表示自己知悉项目内容,同意参与项目;⑤ 项目联系人姓名和联系电话项:以便受试者发生问题,或需要咨询有关问题时及时联系;⑥ 受试者签字(必要时,包括见证人签字)及日期项;⑦ 研究者签字及日期项。

14.3 实验动物伦理

实验动物(laboratory animal, experimental animal)是指经人工培育,对其携带微生物和寄生虫实行控制,遗传背景明确或者来源清楚,用于科学研究、教学、生产、检定以及其他科学实验的动物,如大鼠、小鼠、金黄地鼠、豚鼠、家兔、犬等[1][2]。**实验动物伦理**(laboratory animal ethics)指人类对待实验动物和开展动物实验所应遵循的社会道德标准和原则理念[3]。

实验动物和动物实验为生物学、医学的发展做出了巨大贡献。实验动物以受到生理或心理伤害乃至死亡的代价,在一定程度上换来了人类的免除痛苦或伤害。实验动物没有表达自我感受和意愿的能力,但作为掌控它们的科研人员,则应当担负起适当地使用动物,满足其基本生存、生理健康乃至正常心理需求的责任。2006年9月,科技部

---

[1] 关于善待实验动物的指导性意见:国科发财字[2006]398号[EB/OL]. 中华人民共和国科学技术部,(2006-09-30)[2020-05-03]. http://www.most.gov.cn/fggw/zfwj/zfwj2006/200609/t20060930_54389.htm.

[2] 刘友平,主编. 实验室管理与安全[M]. 北京:中国医药科技出版社,2014:185.

[3] 全国实验动物标准化技术委员会. 实验动物 福利伦理审查指南:GB/T 35892 2018[S]. 北京:中国标准出版社,2018:1.

下发了《关于善待实验动物的指导性意见》(国科发财字〔2006〕398号),2017年国家颁布了国家标准《实验动物运输规范》(DB11/T 1457—2017),2018年又相继颁布了《实验动物 动物实验方案的审查方法》(T/CALAS 52—2018)、《实验动物 动物实验通用要求》(GB/T 35823—2018)、《实验动物 福利伦理审查指南》(GB/T 35892—2018)、《实验动物人道终点评审指南》(RB/T 173—2018)等系列国家标准。这些文件对善待实验动物,维护动物福利做出了具体、详细的规定。

14.3.1 善待实验动物原则

善待实验动物(humane treatment of laboratory animals)指人类采取有效的关爱措施,保障实验动物的福利权益,避免不必要的伤害[①]。科技部《关于善待实验动物的指导性意见》第六条提出:"善待实验动物包括倡导'减少、替代、优化'的'3R'原则,科学、合理、人道地使用实验动物。"[②]**3R 原则**(the 3R principles)是动物学家比尔·罗素(W. M. S. Russell,1925—2006)和微生物学家雷克斯·伯奇(R. L. Burch,1926—1996)在《人道实验技术原理》(The Principles of Humane Experimental Technique,1959)一书中提出的,现已得到国际的共识,其主要内容为[③][④]:

(1) **替代**(replacement)。指使用低等级动物代替高等级动物,或不使用活着的脊椎动物进行实验,而采用其他方法达到与动物实验相同的目的。

(2) **减少**(reduction)。指尽可能缩减、降低实验中所用动物的数量,即使用较少量的动物获取同样多的试验数据或使用一定数量的动物能获得更多实验数据。

(3) **优化**(refinement)。是指通过改善动物设施、饲养管理和实验条件,精选实验动物、技术路线和实验手段,优化实验操作技术,尽量减少实验过程对动物机体的损伤,减轻动物遭受的痛苦和应激反应,以提高动物的福利。

---

① 全国实验动物标准化技术委员会.实验动物 福利伦理审查指南:GB/T 35892—2018[S].北京:中国标准出版社,2018:2.

② 关于善待实验动物的指导性意见:国科发财字〔2006〕398号[EB/OL].中华人民共和国科学技术部,(2006-09-30)[2020-05-03].http://www.most.gov.cn/fggw/zfwj/zfwj2006/200609/t20060930_54389.htm.

③ 邵义祥,主编.医学实验动物学教程[M].2版.南京:东南大学出版社,2009:58.

④ 同②.

14.3.2 善待实验动物规范

根据科技部《关于善待实验动物的指导性意见》的规定,结合国家标准《实验动物 福利伦理审查指南》(GB/T 35892—2018),可以提炼出如下善待实验动物的一些规范要求[1][2]:

(1) 在饲养中要为实验动物提供清洁、舒适、安全的生活环境。笼具应定期清洗、消毒、除尘,定期更换,保持清洁、干爽;保证笼具内每只动物都能实现自然行为,应放置供实验动物活动和嬉戏的物品;对于天性喜爱运动的实验动物以及种用动物,应设有运动场地并定时遛放。

(2) 应根据动物食性和营养需要,给予动物足够的饲料和清洁的饮水。其营养成分、微生物控制等指标必须符合国家标准。应充分满足实验动物妊娠期、哺乳期、术后恢复期对营养的需要。必要时应采取人工喂乳、护理等措施。

(3) 饲养人员不得戏弄或虐待实验动物。避免引起动物的不安、惊恐、疼痛和损伤。在日常管理中,应定期对动物进行观察,若发现动物行为异常,应及时查找原因,采取有针对性的必要措施予以改善。

(4) 实验动物应用过程中,应将动物的惊恐和疼痛减少到最低程度。在对实验动物进行手术、解剖或器官移植时,必须进行有效麻醉。术后恢复期应根据实际情况,进行镇痛和有针对性的护理及饮食调理。

(5) 保定[3]实验动物时,应遵循"温和保定,善良抚慰,减少痛苦和应激反应"的原则。保定器具应结构合理、规格适宜、坚固耐用、环保卫生、便于操作。在不影响实验的前提下,对动物身体的强制性限制宜减少到最低程度。

(6) 处死实验动物时,须按照人道主义原则实施安死术。在不影响实验结果判定的情况下,应选择"仁慈终点",避免延长动物承受痛

---

[1] 关于善待实验动物的指导性意见:国科发财字〔2006〕398号[EB/OL].中华人民共和国科学技术部,(2006-09-30)[2020-05-03]. http://www.most.gov.cn/fggw/zfwj/zfwj2006/200609/t20060930_54389.htm.

[2] 全国实验动物标准化技术委员会.实验动物 福利伦理审查指南:GB/T 35892—2018[S].北京:中国标准出版社,2018:2.

[3] 为使动物实验或其它操作顺利进行而采取适当的方法或设备限制动物的行动,实施这种方法的过程叫"保定"。(关于善待实验动物的指导性意见:国科发财字〔2006〕398号[EB/OL].中华人民共和国科学技术部,(2006-09-30)[2020-05-03]. http://www.most.gov.cn/fggw/zfwj/zfwj2006/200609/t20060930_54389.htm.

苦的时间。灵长类实验动物的使用仅限于非用灵长类动物不可的实验,实验结束后单独饲养,猿类灵长类动物原则上不予处死,直至自然死亡。

（7）实验动物运输时,应通过最直接的途径本着安全、舒适、卫生的原则尽快完成；应把动物放在合适的笼具里,笼具应能防止动物逃逸或其他动物进入,并能有效防止外部微生物侵袭和污染；在运输过程中,能保证动物自由呼吸,必要时应提供通风设备；患有伤病或临产的怀孕动物,不宜长途运输,必须运输的,应有监护和照料；运输时间较长的,途中应为实验动物提供必要的饮食和饮用水,避免实验动物过度饥渴。

（8）在装、卸过程中,实验动物应最后装上运输工具；到达目的地时,应最先离开运输工具。地面或水陆运送实验动物,应有人负责照料。高温、高热、雨雪和寒冷等恶劣天气运输实验动物时,应对实验动物采取有效的防护措施。

14.3.2　虐待实验动物行为

科技部《关于善待实验动物的指导性意见》第二十七条规定,有下列行为之一者,视为虐待实验动物。情节较轻者,由所在单位进行批评教育,限期改正；情节较重或屡教不改者,应离开实验动物工作岗位；因管理不妥屡次发生虐待实验动物事件的单位,将吊销单位实验动物生产许可证或实验动物使用许可证[1]：

（1）非实验需要,挑逗、激怒、殴打、电击或用有刺激性食品、化学药品、毒品伤害实验动物的。

（2）非实验需要,故意损害实验动物器官的。

（3）玩忽职守,致使实验动物设施内环境恶化,给实验动物造成严重伤害、痛苦或死亡的。

（4）进行解剖、手术或器官移植时,不按规定对实验动物采取麻醉或其他镇痛措施的。

（5）处死实验动物不使用安死术的。

（6）在动物运输过程中,违反本意见规定,给实验动物造成严重伤害或大量死亡的。

（7）其他有违善待实验动物基本原则或违反本意见规定的。

---

[1]　关于善待实验动物的指导性意见：国科发财字〔2006〕398号[EB/OL].中华人民共和国科学技术部,(2006-09-30)[2020-05-03]. http://www.most.gov.cn/fggw/zfwj/zfwj2006/200609/t20060930_54389.htm.

15 学 术 评 价

学术评价(academic evaluation)是对学术成果的科学性、有效性、可靠性及价值的客观评定。**同行评议**是最常见的评价体制,是由某一或若干领域专家组成的专家委员会用同一种评价标准,共同对涉及相关领域的项目、论文、著作、发明专利等科学研究成果进行评价的学术活动①。

15.1 学术评价主要原则

学术评价就是针对学术研究成果或科学研究者的学术水平的评价。其中主要针对的是学术成果的评价。**学术成果**主要包括学术论文、学术专著、艺术作品、发明专利等。

2011年11月,教育部发出了《教育部关于进一步改进高等学校哲学社会科学研究评价的意见》的通知。2013年11月,又发出了《教育部关于深化高等学校科技评价改革的意见》的通知。这两个通知提出改进科学研究评价必须坚持以人为本、质量为先,尊重劳动创造;坚持公平、公正、公开,确保阳光下运行;坚持分类评价标准和开放评价方法,营造潜心治学、追求真理的创新文化氛围②③。

2020年2月,教育部、科技部印发了《关于规范高等学校SCI论文相关指标使用,树立正确评价导向的若干意见》的通知。该通知提到要鼓励定性与定量相结合的综合评价方式,探索建立科学的评价体系,引导评价工作突出科学精神、创新质量、服务贡献,净化学术风气,

---

① 教育部科学技术委员会学风建设委员会,编.高等学校科学技术学术规范指南[M].2版.北京:中国人民大学出版社,2017:5.
② 教育部关于进一步改进高等学校哲学社会科学研究评价的意见:教社科〔2011〕4号[EB/OL].中华人民共和国教育部,(2011-11-07)[2020-04-30]. http://old.moe.gov.cn/publicfiles/business/htmlfiles/moe/A13_zcwj/201111/xxgk_126301.html.
③ 教育部关于深化高等学校科技评价改革的意见:教技〔2013〕3号[EB/OL].中国政府网,(2013-11-29)[2020-04-30]. http://www.gov.cn/gongbao/content/2014/content_2620284.htm.

优化学术生态[①]。根据上述文件的内容，可以归纳出我国学术评价的原则主要有以下三方面：

（1）确立质量第一的评价导向，以是否实现创新为基本衡量标准。严格遵循评价的质量标准。更加注重研究成果的学术原创性和实际应用价值，切实推进理论与实际结合。把是否发现新问题、运用新方法、使用新资料、提出新观点、构建新理论、形成新对策等作为衡量研究成果质量高低的主要内容。精简优化申报材料，大力推进优秀成果和代表作评价。

（2）建立分类评价体系，区别对待不同类型的研究成果。按照基础研究、应用研究、技术转移、成果转化等不同工作的特点，分别建立科学合理、各有侧重的评价标准。对于基础研究，论文是成果产出的主要表达形式，坚决摒弃"以刊评文"，评价重点是论文的创新水平和科学价值；对于应用研究和技术创新，评价重点是对解决生产实践中关键技术问题的实际贡献，以及带来的新技术、新产品、新工艺实现产业化应用的实际效果，不以论文作为单一评价依据。对于服务国防的科研工作和科技成果转化工作，一般不把论文作为评价指标。

（3）突出学术同行评价主导地位，完善诚信公正的评价制度。建立学术同行评价为主导的学术评价制度。学术评价组织者要引导学者在参加各类评审、评价、评估工作时遵守学术操守，负责任地提供专业评议意见，不简单以论文相关指标和国内外专家评价评语代替专业判断，并遵守利益相关方专家回避原则。组织实施部门可开展对评审专家的实际表现、学术判断能力、公信力的相应评价，并建立评审专家评价信誉制度。

15.2　学术评价形式与方法

学术评价形式有多种，如同行评议法、**文献计量法**（以引用次数、h指数、出版方影响因子等指标来对学术成果进行评价，属于辅助性评价方法）、**文摘法**（以带有权威性的转载刊物、或文摘和题录刊物收录情况来对学术成果进行评价，属于一种评价的补充方式）、**综合评价法**

[①] 关于规范高等学校 SCI 论文相关指标使用，树立正确评价导向的若干意见：教科技〔2020〕2号［EB/OL］.中华人民共和国教育部，(2020-02-20)［2020-04-30］.http://www.moe.gov.cn/srcsite/A16/moe_784/202002/t20200223_423334.html.

(将同行评议与指标量化评价结合起来的一种复合式方法)等[①]。其中同行评议是公认的相对最为合理的一种学术评价形式。

15.2.1 同行评议

同行评议(peer review),或称**同行评审**、**同侪审查**,是指通过挑选出来的同行专家来评判他人研究成果是否有价值的一种程序[②③]。通常运用于学术著述的发表、科研课题的资助、学位或职称的评定、学术成果的奖励,以及学术规划的制定等方面,这是提高学术公信力的重要程序。

1. 同行评议的本质特征

同行评议之所以优于其他评价形式,主要由于其具有以下本质特征[④]:首先,同行评议属于**专家决策**,是由相同学科或专业的精英分子来评判与鉴定学术的价值或重要性,故其具有权威性和有效性,不至于因评议者的学术水平因素而导致评价的效度低下等问题。其次,同行评议是一种**民主决策**,它是基于评议专家组成员共同参与、平等讨论而形成的,评议决策的民主性是评议科学性的有力保障,它可以在一定范围内规避因个人专断而产生的同行评议的利益冲突等问题。最后,同行评议具有**学术自主性**。按周光召的说法,"至少在形式上,过去那种领导人说干什么就干什么的做法已经一去不复返了,科研立项和经费安排已经能够由科学家自己做主。"[⑤]

2. 同行评议的类型

按照组织方式,同行评议有**通信评议**、**会议评议**、**调查评议**和**组合评议**(两种及其以上方法组合起来进行评价)等几种形式。

按照被评审对象与评审人关系,同行评议可分为单盲、双盲、公开三种评议。具体操作特点如下[⑥]:

---

① 教育部社会科学委员会,编.高等学校哲学社会科学研究评价指南[M].北京:高等教育出版社,2016:41-43.
② [美]罗伯特·弗洛德曼,等编.同行评议、研究诚信与科学治理:实践、理论与当代议题[M].夏国军,朱勤,译.北京:人民出版社,2012:5.
③ 教育部科学技术委员会学风建设委员会,编.高等学校科学技术学术规范指南[M].2版.北京:中国人民大学出版社,2017:20.
④ 林培锦.大学学术同行评议利益冲突问题研究[M].厦门:厦门大学出版社,2017:54.
⑤ 冯永锋,齐芳."同行评议"成为青年科学家关注热点[N].光明日报,2004-11-19(B1).
⑥ 陈宇翔,主编.马克思主义与社会科学方法论[M].长沙:湖南大学出版社,2012:227.

(1) 单盲评议(single-blind review 或 single masked review)。也称**单向匿名评审**,指作者不知道谁在评审自己的成果,评议人知道作者姓名。以期刊论文投稿为例,稿件投到期刊编辑部后,只有经手的编辑或助手知道稿子发给谁了,而评议人的情况是向作者保密的。当评议人的意见回到编辑部时,评审的具体意见要经过编辑部的详细审查之后才发给作者。它既具有一定的保密性,手续又相对简单,编辑部操作便利,出错率相对较低。

(2) 双盲评议(double-blind review 或 double masked review)。也称**双向匿名评审**,指作者和评议人双方均不了解对方是谁。同样以期刊投稿为例,只有主编或编辑部的工作人员知悉评价双方情况。由于稿件在送审之前就要隐藏作者姓名和地址,评议人的意见反馈到编辑部后也要隐匿评议人的姓名地址,因此增加了编辑部的工作量。双盲与单盲相比,最大的优点是双方互不知晓,评议人只能就事论事,不容易掺杂个人成见,相对比较公平。

(3) 公开评议(open review)。也称**非匿名评审**,指成果作者与评议人彼此相互知晓,透明度高、互动性强,因为可以相互交流和充分讨论,对于比较复杂的、比较重大成果的评议很有好处。但其弊端是,因为双方知己知彼,在人情或利益的因素作用下,评议人的真实想法由于有所顾忌,在表达真实意愿时难免会打折扣。

3. 同行评议的组织

我国的国家自然科学基金项目、国家社会科学基金项目以及教育部人文社会科学研究项目的评审已经实行了同行评议的形式。在实践中,同行评议的实施方法也不断完善。以国家自然科学基金项目评审中的同行评议为例,同行评议的组织主要有以下内容[①]:

(1) 同行评议专家的选择。选准同行评议专家是做好同行评议的关键。被选的专家应有较高的学术水平、敏锐的科学洞察力和较强的学术判断力;熟悉被评项目的研究内容及相关研究领域的国内外发展情况,并且近年实际从事研究工作;注意被选专家知识的覆盖面、不同学术观点和不同单位的代表性;专家要学风严谨,办事公正。

(2) 同行评议专家的人数。内容相近的申请项目,应尽可能请同一组专家进行评审。为保障评议结果客观公正,每个申请项目须请五

---

① 洪晓楠.同行评议:中国的理论、实践与展望[M]//[美]罗伯特·弗洛德曼,等编.同行评议、研究诚信与科学治理:实践、理论与当代议题.夏国军,朱勤,译.北京:人民出版社,2012:代序,1-31.

名同行专家进行评议,评议意见要明确具体;可作为评审依据的有效同行评议意见不少于三份。

(3) 同行评议专家的评审。评审专家对申请项目应从科学价值、创新性、社会影响以及研究方案的可行性等方面进行独立的判断,提出评审意见。要适当考虑申请人的研究经历、开展项目的辅助条件、经费使用计划的合理性等。

(4) 同行评议专家的回避制度。评议人应回避本人或本人所在单位的申请项目、直系亲属及可能影响公正性的申请项目的评审。基金项目申请人可以向基金管理机构提供三名以内不适宜评审其申请的评审专家名单,基金管理机构在选择评审专家时应根据实际情况予以考虑。

(5) 同行评议专家的保密规定。参加评议的专家不得擅自复制、泄露或以任何形式剽窃申请者的研究内容;不得泄露同行评议专家姓名和单位;不得泄露评议、评审过程中的情况和未经批准的评审结果。

15.2.2　代表作评价

教育部的《教育部关于进一步改进高等学校哲学社会科学研究评价的意见》《关于规范高等学校 SCI 论文相关指标使用,树立正确评价导向的若干意见》的通知,均倡导精简优化申报材料,要实行代表作评价,重点阐述代表性成果的创新点和意义[①]。

代表作(representative work),或称**代表性成果**,是指最能显示作者素养、造诣、水准和个人风格的作品[②]。**代表作评价**(evaluation of representative work)是指对代表评价对象最高学术水平或最能体现其素养、造诣、风格的一个或少数几个不同类型(体裁)的作品进行的评价。

推行代表作评价,有助于简化评审工作,扭转重数量轻质量的科研评价倾向,鼓励潜心研究、长期积累,遏制急功近利的短期行为[③]。对于体现学术评价的客观公正性、倡导学者出学术精品有着重要推动

---

① 关于规范高等学校 SCI 论文相关指标使用,树立正确评价导向的若干意见:教科技〔2020〕2号[EB/OL].中华人民共和国教育部,(2020-02-20)[2020-04-30]. http://www.moe.gov.cn/srcsite/A16/moe_784/202002/t20200223_423334.html.

② 图书馆·情报与文献学名词审定委员会,编.图书馆·情报与文献学名词[M].北京:科学出版社,2019:226.

③ 教育部关于深化高校教师考核评价制度改革的指导意见:教师〔2016〕7号[EB/OL].中国政府网,(2016-09-21)[2020-04-30]. http://www.gov.cn/xinwen/2016-09/21/content_5110529.htm.

作用[①]。

代表作评价,是通过对学术成果的评价,来判定研究者学术水平与能力的一种方式,主要运用于人才引进、职称评定、研究机构评定等领域。代表作评价是学术评价制度中的重要环节,它的完善也是一个不断进步的过程。它与整个学术评价制度中的评价程序、评价模式、救济机制(公示制度、申诉复议制度)等密切相关。

15.3 学术评价规范

目前学术评价主要有定性评价、定量评价和定性定量结合评价三种基本类型。定性评价中人为因素大,所以不能缺失评价规范的严格要求。定性评价包括同行评议,现已广泛运用于科研项目申报、成果验收、论著出版、学术奖惩、职称晋升等活动中,为了保障同行评议的公正性、权威性,它要求评议专家遵守以下相关评议规范[②③]:

(1) 评议专家应恪守职责,独立自主地提供评审意见。组织评议的单位不得使用不正当手段要求评议专家做出有违客观、公正原则的评议结论。评议专家本人应有意识抵制外来干扰因素。

(2) 评议专家评审意见应客观公允、论据充分,不得以学术观点相同或不同、个人恩怨等因素刻意褒贬评议对象。

(3) 评议专家不得在最终评议结论出来前泄露相关信息。例如在非匿名评审程序中不经期刊允许,直接与作者联系;在评审程序之外与他人分享所审稿件内容;擅自透露未发表稿件内容或研究成果。

(4) 严禁利用评议机会,剽窃评议对象的思想、内容。例如未经论文作者、编辑者许可,使用自己所审的、未发表稿件中的内容;或者虽经论文作者、编辑者许可,却不加引注或说明地使用自己所审的、未发表稿件中的内容。

(5) 评议者要自觉遵守回避规定。即发现被评审对象与自己存在利益相关关系,应主动提出回避请求。

(6) 禁止为被评审对象寻求其他专家支持意见。如在评审期间利用方便条件游说其他评审专家,为某一被评审对象进行请托。

---

① 尤小立.学术评价"代表作制"的真谛[N].中国科学报,2020-03-24(05).
② 《学术诚信与学术规范》编委会,编.学术诚信与学术规范[M].天津:天津大学出版社,2011:50-51.
③ 全国新闻出版标准化技术委员会.学术出版规范 期刊学术不端行为界定:CY/T 174-2019[S/OL].行业标准信息服务平台,(2019-05-29)[2020-02-08]. http://hbba.sacinfo.org.cn/stdDetail/106d3905ac9d1ea10368f707ccdc3a02680eb41d1c2c919462e74f79e0d288a1.

15.4 学术评价标准

15.4.1 学位论文评价标准

毕业论文(设计)的质量是衡量教学水平、学生毕业与学位资格认证的重要依据[①]。《中华人民共和国学位条例》(2004年修正)第四、五、六条,分别就学士、硕士、博士学位的获得标准作出了明确的规定。

1. 学士论文评价

国家规定**学士学位授予标准**为:"(一)较好地掌握本门学科的基础理论、专门知识和基本技能;(二)具有从事科学研究工作或担负专门技术工作的初步能力。"[②]

因此,学士论文的写作,要求作者能够立足于本学科的基础理论,准确把握公认的专科知识,理解其专业术语的内涵,并能够根据基本的学科素养,对所确定的研究问题,有系统的分析和论证,能够得出合理的论证结论[③]。国内高校的许多专业通常要求人文、社科类专业毕业论文字数不得低于八千字,理工农医类毕业论文字数不得低于六千字。

2. 硕士论文评价

国家规定**硕士学位授予标准**为:"(一)在本门学科上掌握坚实的基础理论和系统的专门知识;(二)具有从事科学研究工作或独立担负专门技术工作的能力。"[④]

因此,硕士学位论文应当具有相当的学术性,其评价标准分为形式标准和实质标准[⑤]。

(1) 形式标准为:作者对于作为研究对象的课题有自己的新的学术见解。论证的过程和研究的结论,应当充分体现作者有自己独到的思想、主张、观点。其见解相比较于现存的研究成果而言,具有一定程度的深化或者创新。

---

① 教育部办公厅关于加强普通高等学校毕业设计(论文)工作的通知:教高厅〔2004〕14号[M]//孟祥辉,主编.北京市教育委员会文件选编:2004.北京:华艺出版社,2005:386-389.

② 中华人民共和国学位条例[M]//国务院法制办公室,编.中华人民共和国常用行政法律法规规章司法解释大全:2015年版.北京:中国法制出版社,2015:641-642.

③ 于志刚.学位论文写作指导:选题、结构、技巧、示范[M].北京:中国法制出版社,2013:89.

④ 同②.

⑤ 同③:89-90.

（2）实质标准为：对于研究对象的分析和论证表明，作者掌握了本门学科的坚实的基础理论和系统的专门知识，具有从事科学研究工作或独立承担专门技术工作的能力。

国内高校通常要求人文、社科类专业硕士毕业论文字数不得低于三万字（如复旦大学、南开大学、天津大学、东南大学、兰州大学、重庆大学等），理工农医类硕士毕业论文字数一般也要求不得低于三万字，少部分学校要求不得低于二万字（如中国人民大学、华中科技大学、山东大学、中南大学等）。

3. 博士论文评价

国家学位条例规定**博士学位授予标准**为："（一）在本门学科上掌握坚实宽广的基础理论和系统深入的专门知识；（二）具有独立从事科学研究工作的能力；（三）在科学或专门技术上做出创造性的成果。"[①] 国家学位条例暂行实施办法第十三条规定："博士学位论文应当表明作者具有独立从事科学研究工作的能力，并在科学或专门技术上做出创造性的成果。"[②]

北京师范大学刘春荣等利用该校 2013 年至 2017 年五年的博士学位论文匿名评审数据，对评审指标体系的信度和效度进行实证研究，所采用的是北京师范大学博士论文评阅书评审指标体系的四个部分：选题、创新性及论文价值、基础知识及科研能力、规范性[③]。

（1）选题。主要考察选题是否具有前沿性和开创性；研究的理论与现实意义；对国内外该选题及相关领域发展现状的归纳、总结情况。

（2）创新性及论文价值。主要考察对学科发展的贡献，对解决社会发展中重要理论问题和现实问题的作用（文科）；对有价值现象的探索、新规律的发现、新命题和新方法的提出等作用（理科）；对解决人文社会科学、自然科学或工程技术中重要问题的作用；论文及成果对文化事业发展或科技发展与社会进步的影响和贡献。

（3）基础知识及科研能力。主要考察论文体现的学科理论基础坚实宽广程度和专门知识系统深入程度；论文研究方法的科学性，引证资料的翔实性；论文所体现的作者独立从事科学研究的能力。

---

① 中华人民共和国学位条例[M]//国务院法制办公室，编.中华人民共和国常用行政法律法规章司法解释大全：2015 年版.北京：中国法制出版社，2015：641-642.

② 中华人民共和国学位条例暂行实施办法[EB/OL].中华人民共和国教育部，[2021-01-14]. http://moe.gov.cn/s78/A02/zfs_left/s5911/moe_620/tnull_3133.html.

③ 刘春荣，郭海燕，吴瀚霖.博士学位论文评审指标体系可靠吗：基于全数据的信度和效度研究[J].研究生教育研究，2020(1)：80-84.

(4) 规范性。引文规范性、学风严谨性；论文结构的逻辑性；文字表述准确性、流畅性。

刘春荣等认为，"选题"是论文价值的基础，是"做出创造性成果"的前提，它和"创新性及论文价值"两项的内涵准确地反映了博士学位授予标准的第（三）方面。"规范性"反映了研究生培养过程中对学术规范素养训练的程度，也是保障学位论文质量的基础知识和独立从事科研工作的基本能力，它和"基础知识及科研能力"的内涵对应博士学位授予标准的第（一）、第（二）方面，总评是评审专家对论文整体水平的衡量。同时，还兼具了不同学科共性和特性的表达[1]。

国内一些高校通常要求人文、社科类专业博士毕业论文字数不得低于十万字（如复旦大学、南开大学、中国人民大学等），有些高校要求理工农医类博士毕业论文字数不得低于六万字（如北京航空航天大学、北京理工大学、华南理工大学等），还有的高校要求理工农医类博士毕业论文文字不得低于五万字（如中国科技大学、兰州大学、重庆大学、中南大学、中国海洋大学等）。

15.4.2 学术论著评价标准

学术论著主要指称的是学术论文与学术专著。目前学术论著的评价，主要体现在学术期刊审稿、学术评奖中。

1. 学术论文的评价标准

学术论文的质量高低，主要取决于内部评价和外部评价两个方面。期刊录取稿件，主要依据的是内部评价指标的评议结果，而在学术评奖中，一般以内部评价指标为主，同时还要考虑到外部评价指标的状况。内部评价和外部评价指标有以下几方面[2][3]：

(1) 选题。选题反映了研究前沿或研究深度，有理论价值或实践意义（或称应用价值）。

(2) 内容价值。有原创性，提出了新的概念，或新的观点，在内容、方法、应用等某方面有所创新。本项指标通常是权重最高的指标。

(3) 写作规范。写作符合学术规范要求，资料或数据来源真实客

---

[1] 刘春荣,郭海燕,吴瀚霖.博士学位论文评审指标体系可靠吗：基于全数据的信度和效度研究[J].研究生教育研究,2020(1)：80-84.

[2] 叶继元,等编著.学术规范通论[M].2版.上海：华东师范大学出版社,2017：261-262.

[3] 李沂濛,张乐,赵良英.国际化背景下人文社科期刊论文评价指标体系研究[J].图书馆工作与研究,2018(6)：63-70.

观,语言表达流畅。

以上三项为内部评价指标。

(4) 论文学术影响力。主要考察能否以二次文献的形式被转载、摘录,是否在全文数据库中具有较高的下载量、被引用量等。

(5) 发文期刊的影响力。论文发的期刊,在本专业(或本领域)具有怎样的影响力,是否属于高认可度、知名度的期刊。

以上两项为外部评价指标。

2. 学术专著的评价标准

学术专著的评价指标也有内部评价和外部评价两个方面。其内部评价和外部评价指标有以下几方面[1][2]:

(1) 选题。选题反映研究前沿或研究深度,有理论价值或实践意义(或称应用价值)。

(2) 内容价值。具有原创性,提出了新的概念,或新的观点,在内容、方法、应用等某方面有所创新。本项指标通常是权重最高的指标。

(3) 研究方法。研究方法可靠、有效;运用了交叉学科或新的研究方法。

(4) 资料来源。资料或数据来源真实、客观,数量丰富。

(5) 写作规范。符合学术伦理,论证符合逻辑,引证符合规范要求,语言表达流畅。

以上五项为内部评价指标。

(6) 专著的学术影响力。主要是考察是否能以二次文献的形式被转载、摘录,是否具有较高的下载量、被引用量等。

(7) 出版单位的影响力。出版专著的单位,在本专业(或本领域)具有怎样的影响力,是否属于高认可度、知名度的出版单位。

以上两项为外部评价指标。

15.4.3　申请课题评价标准

在纵向课题评审中,申请课题的评价标准也是明确的。以 2006 年新修订的《教育部人文社会科学研究项目管理办法》为例,其中对项

---

[1] 叶继元,等编著.学术规范通论[M].2 版.上海:华东师范大学出版社,2017:263.
[2] 李沂濛,张乐,赵良英.国际化背景下人文社科期刊论文评价指标体系研究[J].图书馆工作与研究,2018(6):63-70.

目评审的基本标准就有明确的表示[①]:

(1) 课题具有重要的学术价值、理论意义或现实意义。鼓励面向国家经济社会发展、具有重要理论和现实意义的课题,鼓励理论联系实际、研究新情况、总结新经验、回答新问题的理论探索课题。

(2) 课题具有学术前沿性,预期能产生具有创新性和社会影响的研究成果。鼓励深入的基础理论研究和有针对性的应用研究课题,鼓励新兴边缘学科研究和跨学科的交叉综合研究课题。

(3) 课题研究方向正确,内容充实,论证充分,拟突破的重点难点明确,研究思路清晰,研究方法科学、可行。

(4) 课题申请人及课题组成员对申报课题有一定的研究基础;有相关研究成果和资料准备;有完成研究工作所必须具备的时间和条件。

(5) 申请经费及经费预算安排比较合理。

15.4.4 研究报告评价标准

研究报告包括调查报告、咨询报告、专题报告、项目报告、进展报告、技术报告、实验报告等多种类型。研究报告的评价标准主要有以下方面[②][③]:

(1) 报告的重要性。针对性强,能够解决现实中存在的问题。

(2) 报告的难度。研究过程具有复杂性,有较大的研究成本。

(3) 报告的内容质量。报告具有创新性,结论或推出的方案论证充分,科学合理。

(4) 报告的可行性。报告适用的范围合理;报告推出的方案具有可行性,技术路径易操作;应用中存在的风险较小。

(5) 报告的完整性。报告体例、结构完整,相关内容全面,重点突出。

(6) 报告的效益程度。报告提出的投入产出比合理,有潜在的应用价值,预期经济效益或社会效益良好。

---

① 教育部人文社会科学研究项目管理办法:教社科〔2006〕2号[EB/OL].中华人民共和国教育部,(2006-05-29)[2020-05-01].http://www.moe.gov.cn/srcsite/A13/moe_2557/s3103/200605/t20060529_80514.html.
② 叶继元,等编著.学术规范通论[M].2版.上海:华东师范大学出版社,2017:262.
③ 任惠超,刘亮,史学敏.国家科技报告质量评价指标体系研究[J].中国科技资源导刊,2016,48(1):42-49.

16 学术批评

没有学术批评就不会有知识的发展。**学术批评**(academic criticism)是指依据一定的学术规范,对某种学术思潮、学术观点、学术思想与学术成果等进行的议论与评判[①]。其基本任务就是对各种学术现象进行纠谬指错。正如英国文化研究的代表人物,托尼·本尼特(Tony Bennett,1947—)认为:批评的特征"可以更明确地限定为:只有否定。它是一种没有正面措词的实践。"[②]学术批评与学术商榷的含义相近,**学术商榷**(academic debate)是指对具体学术成果的学术观点、结论等提出异见,即除了纠谬指错外,还会提出另说,并期待被商榷者能给予回复意见。学术商榷是学术批评的一种类型或方法。

学术批评主体、批评对象、批评方法是学术批评的三要素[③]。俗话有"真理越辩越明",学术批评的目的是为了追求真理。有学者指出:"学术批评是学者之间的思想碰撞,是知识本身的对话,学者之间没有输赢,真理是唯一的胜利者。"[④]

16.1 学术批评的原则

学术乃天下之公器。只有通过学术批评,才能去伪存真,明辨是非,发现真理,杜绝腐败,所以正当的学术批评是学术健康发展的清道夫,是学术之树常青的啄木鸟[⑤]。但从事学术批评也是有门槛的,对批评者的素养、水平有一定的要求,特别是在开展学术批评时要遵从以下原则:

---

① 曾天山.中国社会科学研究质量标准体系研究[M].广州:广东高等教育出版社,2014:129.
② [英]托尼·本尼特.文学之外[M].强东红,等译.北京:人民出版社,2016:215-216.
③ 叶继元.同情之理解,敬意之交锋:学术批评规范刍议[J].甘肃社会科学,2014(3):81-84.
④ 张意忠.教授论[M].北京:中国地质大学出版社,2010:134.
⑤ 教育部社会科学委员会学风建设委员会组,编.高校人文社会科学学术规范指南[M].北京:高等教育出版社,2009:38.

1. 以善意为动机

有学者号召学术批评要以"善"意为动机,以"真"实为根据,进行语言"美"的学术批评和学术评论①。所谓以善意为动机,是指批评者要抱有"同情之理解",尊重学术、尊重作者、尊重作品,以平等的姿态去进行学术批评。

"**同情之理解**"(sympathetic understanding),也称"**同情的理解**",指的是在评价、批评作品时,应能设身处地从作者所处时代、环境乃至生活状况出发,来理解其作品的内涵及价值。扩展开来,学者在研究历史事件、历史人物、社会思想等现象时,也应从社会时代、环境,乃至多方因素来看待事件或人物或思想,这样才有助于呈现真相与揭示意义。故史学家陈寅恪先生言:"凡著中国古代哲学史者,其对于古人之学说,应具了解之同情,方可下笔。盖古人著书立说,皆有所为而发。故其所处之环境,所受之背景,非完全明了,则其学说不易评论。而古代哲学家去今数千年,其时代之真相,极难推知。吾人今日可依据之材料,仅为当时所遗存最小之一部;欲藉此残余断片,以窥测其全部结构,必须备艺术家欣赏古代绘画雕刻之眼光及精神,然后古人立说之用意与对象,始可以真了解。"②

2. 以事实为依据

以事实为依据,就是下定论要有证据。一分证据说一分话,没有证据不说话。不能无中生有,故意猜测地批评对方。

追求事实为依据,难在克服个人的**观念偏好**(preferences over beliefs)。17世纪英国哲学家和教育思想家约翰·洛克(John Lock,1632—1704)在其《人类理解论》中指出:"真正的真理之爱,有一种无误的标记,就是,他对于一个命题所发生的信仰,只以那个命题所依据的各种证明所保证的程度为限,并不超过这个限度。不论谁,只要一超过这个同意底限度,则他之接受真理,并非由爱而接受,他并非为真理而爱真理,他是为着别的副目的。因为一个人所以确知一个命题是真实的,只是由于他对它有所证明(除了自明的命题),因此,他对那个命题所有的同意程度,如果超过那种确知的程度,则他底过分的信仰,一定在于别的情感,而非由于他底真理之爱。"③

---

① 袁玉立.问学与问题[M].合肥:安徽人民出版社,2012:353.
② 陈寅恪.冯友兰中国哲学史上册审查报告[M]//金明馆丛稿:二编.上海:上海古籍出版社,1980:247-249.
③ [英]洛克.人类理解论[M].关文运,译.北京:商务印书馆,1962:696-697.

3. 以道理来服人

学术批评是一种学术交流方式。在进行学术批评时,要遵守逻辑规范,以理服人。不能过度阐释、无限延伸,不能以势压人,也不能以情绪激人。否则,即便是相对有道理的批评言论,也会使被批评者产生抵触情绪。

特别是在学术批评中,要警惕那种"戴帽子式批评""打棍子式批评"。这方面的历史教训太多、太沉痛了。如对胡风文学思想的批判、对周扬人道主义的批判等等,不胜枚举。这种学术批评往往立场先行,甚至凭借政治话语,给被批评者贴上"标签",然后大加挞伐。这类批评可以说是披着学术批评外衣的一种政治斗争手段。

以赛亚·伯林(Isaiah Berlin,1909—1997)曾说文学批评有两种态度:法国态度和俄国态度。法国态度看重作品是否优秀,而作家的私生活是否低级堕落,可以不去管他的;而俄国态度则把作家道德的高下与作品的优劣看成一致的。"最具俄国本色的作家相信作家首先是人,以及对于自己一切言论,不问作于小说或私人书信,发为公开演说或交际会谈,作家负有直接且长久的责任。"①这种俄国态度对欧洲、中国都曾有重大影响。在中国的直接影响就是,既可以与中国传统的"知人论世"方法对接,丰富学术批评方法;也可以被"戴帽子式批评""打棍子式批评"所利用,将作家的世界观、行为道德与其作品联系起来,不惜用生活上的瑕疵来否定作品,极端者甚至捏造事实以打击被批判者。

4. 以不损害他人人格为界限

哲学家波普尔说:"理论批判并不是针对个人的。它不去批判坚持某一理论的个人,它只批判理论本身。我们必须尊重个人以及由个人所创造的观念,即使这些观念错了。如果不去创造观念——新的甚至革命性的观念,我们就会永远一事无成。但是既然人们创造并阐明了这种观念,我们就有责任批判地对待它们。"②

学术批评应以学术为中心,以不损害他人人格为限,即使文章总体精神上是正常的学术批评,但某些文字有损他人人格,无论字数多

---

① [英]以赛亚·伯林.俄国思想家[M].2版.彭淮栋,译.南京:译林出版社,2011:154-158.

② [英]卡尔·波普尔.科学知识进化论:波普尔科学哲学选集[M].纪树立,编译.北京:生活·读书·新知三联书店,1987:作者前言.

少,都有可能构成对他人名誉权的侵害①。

最高人民法院在1993年8月发布的《最高人民法院关于审理名誉权案件若干问题的解答》(法发〔1993〕15号)中,就因撰写、发表批评文章引起的名誉权纠纷的情况,表示人民法院应根据不同情况处理:

(1) 文章反映的问题基本真实,没有侮辱他人人格的内容的,不应认定为侵害他人名誉权。

(2) 文章反映的问题虽基本属实,但有侮辱他人人格的内容,使他人名誉受到损害的,应认定为侵害他人名誉权。

(3) 文章的基本内容失实,使他人名誉受到损害的,应认定为侵害他人名誉权②。

16.2 学术批评的类型

许多从事过学术批评的人,尤其是文学批评者,都尝试过对批评进行分类,因为这样有助于把握各种批评的本质。法国文学评论名家阿尔贝·蒂博代(Albert Thibaudet,1874—1936)认为批评共和国里有三种文学批评形态:自发的批评、职业的批评和大师的批评。**自发的批评**来自民间大众,**职业的批评**来自知识生产与传播的教授(批评家往往出自他们之中),而**大师的批评**多来自艺术家、文学家。他认为,"自发的批评流于沙龙谈话,职业的批评很快成为文学史的组成部分,艺术家的批评迅速变为普通美学。批评只有抵抗这三个难以回避的滑坡,或者(更应如此)只有试图连续地追随这三种批评并从中找出共同的分水岭,才能在纯批评中得以存在。"③北京师范大学罗炳良(1963—2016)教授曾提到史学批评有评价式、商榷式和反思式三个类别④。上海大学的葛红兵(1968—)教授也曾提及中国的文学批评有评委式批评、牧师型批评、哨兵型批评(起着窥视者的作用)等种类⑤。

---

① 徐辉鸿.知识产权权利冲突研究[M].长春:吉林大学出版社,2008:78.
② 国务院法制办公室,编.中华人民共和国常用司法解释[M].北京:中国法制出版社,2016:30.
③ [法]蒂博代.批评生理学[M].赵坚,译.北京:商务印书馆,2015.111.
④ 罗炳良.中国古代史学批评与史学批评范畴[J].郑州大学学报(哲学社会科学版),2009,42(1):137-139.
⑤ 葛红兵.我的批评观[M]//张燕玲,张萍,主编.今日批评百家:我的批评观[M].桂林:广西师范大学出版社,2016:90-91.

不过从写作方式上，学术界有学者将学术批评划分为书评式批评、切磋争鸣式批评和打假式批评①。这种类型划分影响较大，也得到较多的认可。但是以批评功用为分类标准的话，这三种学术批评宜称为品评式批评、商榷式批评和揭露式批评。这三种批评主要有以下特征：

1. 品评式批评

品评式批评大多出于人们对作品的评头品足，以书评为主要形式。书评本身并不等于品评式批评。**书评**（book review）是指一种针对书刊的批评或评论性文章。一般发表在相应的报刊上②。书评对作品有评价功能，但这种评价有赞誉有批评，且赞誉往往是更多的。萧乾的《书评研究》提到："作者对批评的一个普遍的要求是赞誉。连已写出八十本书的作者对于赞誉仍贪餍不足的。"③英国一家书评期刊调查收集到的作家反应也说明，书评的一个重要社会功能是反应—赞誉—激励。通过反应—激励，促使作者调整与改进自己的创作，以取得更好的社会效益④。但**品评式批评**则是对作品的指责、批评，而非赞誉。以批评为主的书评，才属于此类。

品评式批评虽然经常使得作者陷入不快，但它能够使读者辨别良莠，功莫大焉。当然，优秀的作者，往往面对品评式批评，也能从善如流，引以自醒。

品评式批评在中国有着悠久的传统，以乾隆年间集大成者《四库全书总目》为例，四库馆臣在介绍所录书籍时，往往要对其进行一下点评，其中不乏批评之灼见。例如，南宋袁说友（1140—1204）任四川安抚使时，组织属下八位文友编辑了一部有关成都地区诗文的总集《成都文类》。该书收录赋一卷、诗歌十四卷、文三十五卷，共五十卷，上起西汉，下迄孝宗淳熙间，凡一千篇有奇。分为十有一门，各以文体相从，故曰《文类》。《四库全书总目》批评道："每类之中，又各有子目，颇伤繁碎。然《昭明文选》已创是例，宋人编杜甫、苏轼诗，亦往往如斯。当时风尚使然，不足怪也。以周复俊《全蜀艺文志》校之，所载不免於挂漏。然创始者难工，踵事者易密，固不能一例视之。且使先无

---

① 叶继元，等编著.学术规范通论[M].2版.上海：华东师范大学出版社，2017：282-290.

② 图书馆·情报与文献学名词审定委员会，编.图书馆·情报与文献学名词[M].北京：科学出版社，2019：66.

③ 萧乾.书评研究[M].上海：商务印书馆，1935（民国二十四年）：132-133.

④ 孟昭晋，编著.书评概论[M].南京：南京大学出版社，1994：28.

此书,则逸篇遗什,复俊必有不能尽考者。其蒐辑之功,亦何可尽没乎?"①

《总目》先是批评该书分类体例"繁碎",又指出其"挂漏"不全,不如周复俊的《全蜀艺文志》收录完善,但笔锋一转,说"繁碎"者出于沿袭《文选》类列,"挂漏"者因草创而不得周密,可谓是"同情之理解"。其"创始者难工,踵事者易密"肯定了《成都文类》作为蜀地诗文总集的开创之功,实为批评言论中的精当之句。

清人周中孚评价《总目》说:"窃谓自汉以后,簿录之书无论官撰私著,凡卷第之繁富,门类之允当,考证之精审,议论之公平,莫有过于是编矣。"②《四库全书总目》的品评式批评,随处可见,引起了现代学者们的研究兴趣,周积明③、张新民④、叶文青⑤、王记录⑥等都有专文论述,探讨其范式、方法特征,开拓出《四库全书总目》批评方法研究之新领域。《总目》可谓中国古代品评式批评的最杰出的代表。

品评式书评虽然大多以书评为主要形式,但也有针对某种学术现象进行学术批评的。这类批评论著,具有极强的反思、自醒特点,往往能对学术发展方向提出很好的建议或预警分析。

2. 商榷式批评

"商榷"指有不同的意见或见解提出与对方讨论,多用于学术的探讨和论争⑦。**商榷式批评**是指批评者善意地把批评意见传递给被批评者,与被批评者进行切磋,从而获得一个合理的结论或认识。

中国史学较为发达,相应的史学理论也颇成熟。有历史学研究者提出中国史学批评中就使用了"商榷式史学批评方法",并认为"商榷式批评有得有失,并不表明被商榷者完全错误或完全正确,应当具体对待其评价结论。然而其商榷意识和批评态度是非常可取的,成为推

---

① [清]永瑢,等.四库全书总目:卷一八七·集部·总集类二[M].影印浙本.北京:中华书局,1965:下册,1699.
② [清]周中孚.郑堂读书记:卷三十二·史部十八·目录类·钦定四库全书总目二百卷[M].北京:中华书局,1993:149.
③ 周积明.《四库全书总目》批评方法论[J].历史研究,1988(5):74-85.
④ 张新民.通观与局部:论《四库全书总目》的学术批评方法[J].贵州师范大学学报(社会科学版),1995(1):1-4.
⑤ 叶文青.《四库全书总目》与学术批评[J].湘潭大学学报(哲学社会科学版),1997(2):39-41.
⑥ 王记录.《四库全书总目》史学批评的特点[J].史学史研究,1999(4):41-49.
⑦ 倪明亮,主编.实用汉语高级教程[M].北京:华语教学出版社,1997:第4册,293.

动史学批评不断发展的活力。"①

语言学家吕叔湘先生曾写过《整理古籍的第一关》②的文章,批评新整理出版的某些古籍在标点上的错误。文中引用了唐人李济翁《资暇集》中的一句话:"学识何如观点书"。吕先生将"点书"作为句读或标点来理解的。然而不久,河南师范大学中文系教师吕友仁写了一篇小文,认为李济翁的所谓"点书"系指音训而言,意思是在一个字的某个角上用红笔加个点,以表示该字的正确读音;"点书"在唐朝是一种标音手段,与"句读"无关。

起初,吕友仁作为晚辈,不敢直接将文章寄给吕叔湘先生,而是先寄给傅璇琮先生,傅先生又转给了吕叔湘先生。后来吕叔湘先生推荐吕友仁文章《"学识何如观点书"辨》发表在《中国语文》1989年4期上,还专门写了"附记",言"早些时在傅璇琮同志处看到这篇文稿,很高兴有人指出我引书不加审核,因而误解文义。当初我确是看见别人文章里引用《资暇集》和《日知录》,没有去核对原书就引用了。这种粗疏的学风应该得到纠正。"③这个案例是傅璇琮先生讲到的④,这是学术晚辈与学术大家进行学术商榷的一个经典案例。

3. 揭露式批评

揭露式批评就是通过揭露抄袭剽窃、假冒伪装、粗制滥造之作,来警示学术腐败的危害性,呼吁学人守住底线,阻止学术道德的进一步滑坡⑤。也可以称为**打假式批评**、**曝光式批评**。

抄袭剽窃、假冒伪装的学术成果如果不揭露、不曝光,那么抄袭剽窃者就会越来越多。故揭露他人的抄袭剽窃、假冒伪装,这是打假式批评的一个重要内容,起着学术啄木鸟的作用。抄袭剽窃的案例不胜枚举,其特征也为公众所熟知。而假冒伪装的案例数量略少一些,但伪造实验数据、伪造实物或文献资料等现象也屡禁不止,2006年披露的上海交通大学"汉芯"造假事件,乃为一个经典的案例。此外,粗制

---

① 刘开军.罗炳良教授在中国史学批评研究上的建树与构想[J].廊坊师范学院学报(社会科学版),2017,33(1):61-65.

② 吕叔湘.整理古籍的第一关[M]//国务院古籍整理出版规划小组,编.古籍点校疑误汇录.1984:30-37.

③ 吕叔湘.《"学识何如观点书"辨》附记[J].中国语文,1989(4):314.

④ 傅璇琮.想起一则"附记"[M]//傅璇琮.濡沫集.北京:北京联合出版公司,2013:27-28.

⑤ 叶继元,等编著.学术规范通论[M].2版.上海:华东师范大学出版社,2017:290.

滥造或低水平重复的学术著述,更是揭露式批评要关注的另一主要内容。

粗制滥造的典型案例是20世纪90年代王同亿主编的《语言大典》①等系列辞书。如《语言大典》存在大量的抄袭,全书所收成语不满5000条,抄自上海辞书出版社《中国成语大辞典》的竟有3700条之多,占《语言大典》中成语条的75％以上②;此外,《语言大典》存在着大量不当释义、胡乱释义的现象:将"寄生者"释为"没有固定职业而靠其机智维持生活的人";"因病缺勤"释为"工人借口生病而组织的停工,其目的是向管理部门施加压力,但无实行罢工行为";"色狼"释为"有进取性格,直接而且热烈地追逐女性的人";"老妪"释为"不足挂齿的小事"等等③。这位从20世纪80年代开始,在10年左右的时间里主编、自编出版各类词典25部、字数达1.7亿字的辞书编纂者,一度被媒体称之为"辞书大王",誉为"著作等身""改变了大国家、小词典的面貌"等④。但是最终还是遭到了辞书界、语言学界、出版界的揭露、批评,最终形成了一致声讨。

16.3 学术批评的方法

1. 知人论世

知人论世是中国传统的批评方法,是"同情之理解"具体化的方式,为历代学者文人所推崇。所谓**知人论世**,典出《孟子·万章下》:"以友天下善士为未足,又尚论古之人,颂其诗,读其书,不知其人可乎?是以论其世也。是尚友也。"⑤就是指判断作品价值时,要接近人情,揆诸时事。用在学术批评上,就是要将作者和作品联系起来,在了解了作者所处时代、环境及其经历之后,再来进一步理解作品,在此基础上提出相应的批评。如清代学者钱大昕(1728—1804),就反对某些学者"空疏措大,辄以褒贬自任,强作聪明,妄生疻痏,不稽年代,不揆

---

① 王同亿,主编.语言大典[M].海口:三环出版社,1990.
② 巢峰."王同亿现象"剖析:1994年9月15日在中国辞书学会专科词典专业委员会首届年会上的讲话[J].编辑学刊,1994(6):1-4.
③ 巢峰.刹一刹著书出书中的粗制滥造风:兼评王同亿主编的《语言大典》[J].辞书研究,1994(4):1-4.
④ 同②.
⑤ [清]焦循,撰.孟子正义:卷二十一·万章下[M].北京:中华书局,1987:下册,726.

时势,强人以所难行,责人以所难受,陈义甚高,居心过刻"①。

尽管"知人论世"方法在学术作品的阐释解读中具有重要价值,但是,如果过分倚重这一方法,使文本外围的资料凌驾于文本的内在结构之上,也将极有可能曲解作者的创作意图②。这也是提醒我们说,在借鉴以赛亚·伯林提到俄国式批评态度时,切记不能走向极端化、绝对化。

2. 就事论事

就事论事是"以事实为依据"批评原则的具体化,即在批评时采用无征不信、有一说一、就事论事。这种无征不信、有一说一、就事论事的方法,既能促使学术批评做到"一把钥匙开一把锁";也可保障学术批评在一定的范围里展开,不做过多延伸、引申,或以偏概全,据一两处失误,而全盘否定被批评者。

就事论事是实事求是精神的体现。**实事求是**(seeking truth from facts)是指从客观事实中去寻找真相,或原因、规律。语出汉代班固,班固称河间献王刘德"修学好古,实事求是"③,唐代颜师古注"实事求是"曰:"务得事实,每求真是也"④。后得到学者们的高度认可,尤其是在清代乾嘉时期,当时戴震、钱大昕等著名学者多推崇"事实求是"⑤。如凌廷堪(1755—1809)在《戴东原先生事略状》里,介绍完戴震的实学、理义成果后言:"昔河间献王'实事求是'。夫实事在前,吾所谓是者,人不能强辞而非之;吾所谓非者,人不能强辞而是之也,如六书、九数及典章制度之学是也。虚理在前,吾所谓是者,人既可别持一说以为非,吾所谓非者,人亦可别持一说以为是也,如理义之学是也。"⑥其意谓戴震的实学(考证成果)所出论断,属于实事求是,是不易做是非妄议的;然而那些脱离事实依据的理义之学,不同人则可以有不

---

① 钱大昕.《廿二史考异》序[M]//[清]钱大昕.潜研堂集:卷二十四.吕友仁,校点.上海:上海古籍出版社,2009:上册,407-408.
② 吕茂峰.警惕"知人论世"的解读风险[J].语文学习,2018(11):1.
③ [汉]班固.汉书:卷五十三·景十三王传第二十三[M].北京:中华书局,1962:2410.
④ 同③.
⑤ 罗炳良."实事求是"观念与中国传统史学转型[J].廊坊师范学院学报(社会科学版),2013,29(5):54-59.
⑥ [清]凌廷堪.校礼堂文集:卷三十五·行状·墓志铭[M].王文锦,点校.北京:中华书局,1998:312-316.

同的是非解释。梁启超称赞凌廷堪这段话"绝似实证哲学派之口吻"①。

3. 功过分明

做品评式批评、商榷式批评时,若涉及作品的整体评价,批评者应以公平的态度对作品做出公允的评价,尽可能做到明察功过,功过分明;褒贬有据,功过两清。

例如对一部学术著作做品评式批评,贺昌群(1903—1973)先生早在1934年就提出:"一部书的'好',决不是一篇颂辞的堆砌,一部书的'坏',也不是一言可以诋毁的,褒贬之间,应当公平地详细指出其'为什么'的原因。称赞当具不偏不倚的精神,指摘宜出以谨严审慎的态度,则所谓图书评论之义,可以思过半矣。"②

当然批评者能对批评对象做出功过分明、褒贬有据的准确批评,自身功夫一定要高。刘再复先生(1941—)曾经指出,人文学术批评家的主体条件要兼备学、胆、识,且进入批评实践,还得付出另一番艰辛,即少不了知识考证、概念辨析、史迹追踪、思想探究、语境比较、价值判断等基本环节。每一环节都牵涉主体眼光、学科背景③。

总之,写论文难,做学术批评更难。且优秀的学术批评者是学术界的少数人,但恰如英国的约翰·密尔(John Stnart Mill,1806—1873)所言"这些少数人好比是地上的盐,没有他们,人类生活就会变成一池死水。"④

学术批评是对话,是参与。法国文学评论名家阿尔贝·蒂博代说:"我甚至认为一本批评著作的生命就在于它是否引起批评,是否参加了对话"⑤。

---

① 梁启超.清代学术概论[M].长沙:岳麓书社,2009:37.
② 贺昌群.贺昌群文集:第3卷·文论及其它[M].北京:商务印书馆,2003:400.
③ 刘再复,著;白烨,叶鸿基,编.八方序跋:刘再复散文精编·第6卷[M].北京:生活·读书·新知三联书店,2013:127.
④ [英]约翰·密尔.论自由:权威全译本[M].许宝骙,译.北京:商务印书馆,2015:76.
⑤ [法]蒂博代.批评生理学[M].赵坚,译.北京:商务印书馆,2015.59.

附　　录

附录 A

中共中央办公厅、国务院办公厅印发
《关于进一步加强科研诚信建设的若干意见》[①]

新华社北京5月30日电 近日,中共中央办公厅、国务院办公厅印发了《关于进一步加强科研诚信建设的若干意见》,并发出通知,要求各地区各部门结合实际认真贯彻落实。

《关于进一步加强科研诚信建设的若干意见》全文如下。

关于进一步加强科研诚信建设的若干意见

科研诚信是科技创新的基石。近年来,我国科研诚信建设在工作机制、制度规范、教育引导、监督惩戒等方面取得了显著成效,但整体上仍存在短板和薄弱环节,违背科研诚信要求的行为时有发生。为全面贯彻党的十九大精神,培育和践行社会主义核心价值观,弘扬科学精神,倡导创新文化,加快建设创新型国家,现就进一步加强科研诚信建设、营造诚实守信的良好科研环境提出以下意见。

一、总体要求

(一)指导思想。全面贯彻党的十九大和十九届二中、三中全会精神,以习近平新时代中国特色社会主义思想为指导,落实党中央、国务院关于社会信用体系建设的总体要求,以优化科技创新环境为目标,以推进科研诚信建设制度化为重点,以健全完善科研诚信工作机制为保障,坚持预防与惩治并举,坚持自律与监督并重,坚持无禁区、全覆盖、零容忍,严肃查处违背科研诚信要求的行为,着力打造共建共享共治的科研诚信建设新格局,营造诚实守信、追求真理、崇尚创新、鼓励探索、勇攀高峰的良好氛围,为建设世界科技强国奠定坚实的社会文化基础。

[①] 中共中央办公厅、国务院办公厅印发《关于进一步加强科研诚信建设的若干意见》[EB/OL]. 中国政府网, (2018-05-30)[2020-03-05]. http://www.gov.cn/zhengce/2018-05/30/content_5294886.htm.

（二）基本原则

——明确责任，协调有序。加强顶层设计、统筹协调，明确科研诚信建设各主体职责，加强部门沟通、协同、联动，形成全社会推进科研诚信建设合力。

——系统推进，重点突破。构建符合科研规律、适应建设世界科技强国要求的科研诚信体系。坚持问题导向，重点在实践养成、调查处理等方面实现突破，在提高诚信意识、优化科研环境等方面取得实效。

——激励创新，宽容失败。充分尊重科学研究灵感瞬间性、方式多样性、路径不确定性的特点，重视科研试错探索的价值，建立鼓励创新、宽容失败的容错纠错机制，形成敢为人先、勇于探索的科研氛围。

——坚守底线，终身追责。综合采取教育引导、合同约定、社会监督等多种方式，营造坚守底线、严格自律的制度环境和社会氛围，让守信者一路绿灯，失信者处处受限。坚持零容忍，强化责任追究，对严重违背科研诚信要求的行为依法依规终身追责。

（三）主要目标。在各方共同努力下，科学规范、激励有效、惩处有力的科研诚信制度规则健全完备，职责清晰、协调有序、监管到位的科研诚信工作机制有效运行，覆盖全面、共享联动、动态管理的科研诚信信息系统建立完善，广大科研人员的诚信意识显著增强，弘扬科学精神、恪守诚信规范成为科技界的共同理念和自觉行动，全社会的诚信基础和创新生态持续巩固发展，为建设创新型国家和世界科技强国奠定坚实基础，为把我国建成富强民主文明和谐美丽的社会主义现代化强国提供重要支撑。

二、完善科研诚信管理工作机制和责任体系

（四）建立健全职责明确、高效协同的科研诚信管理体系。科技部、中国社科院分别负责自然科学领域和哲学社会科学领域科研诚信工作的统筹协调和宏观指导。地方各级政府和相关行业主管部门要积极采取措施加强本地区本系统的科研诚信建设，充实工作力量，强化工作保障。科技计划管理部门要加强科技计划的科研诚信管理，建立健全以诚信为基础的科技计划监管机制，将科研诚信要求融入科技计划管理全过程。教育、卫生健康、新闻出版等部门要明确要求教育、医疗、学术期刊出版等单位完善内控制度，加强科研诚信建设。中国科学院、中国工程院、中国科协要强化对院士的科研诚信要求和监督管理，加强院士推荐（提名）的诚信审核。

（五）从事科研活动及参与科技管理服务的各类机构要切实履行科研诚信建设的主体责任。从事科研活动的各类企业、事业单位、社会组织等是科研诚信建设第一责任主体，要对加强科研诚信建设作出具体安排，将科研诚信工作纳入常态化管理。通过单位章程、员工行为规范、岗位说明书等内部规章制度及聘用合同，对本单位员工遵守科研诚信要求及责任追究作出明确规定或约定。

科研机构、高等学校要通过单位章程或制定学术委员会章程，对学术委员会科研诚信工作任务、职责权限作出明确规定，并在工作经费、办事机构、专职人员等方面提供必要保障。学术委员会要认真履行科研诚信建设职责，切实发挥审议、评定、受理、调查、监督、咨询等作用，对违背科研诚信要求的行为，发现一起，查处一起。学术委员会要组织开展或委托基层学术组织、第三方机构对本单位科研人员的重要学术论文等科研成果进行全覆盖核查，核查工作应以3—5年为周期持续开展。

科技计划（专项、基金等）项目管理专业机构要严格按照科研诚信要求，加强立项评审、项目管理、验收评估等科技计划全过程和项目承担单位、评审专家等科技计划各类主体的科研诚信管理，对违背科研诚信要求的行为要严肃查处。

从事科技评估、科技咨询、科技成果转化、科技企业孵化和科研经费审计等的科技中介服务机构要严格遵守行业规范，强化诚信管理，自觉接受监督。

（六）学会、协会、研究会等社会团体要发挥自律自净功能。学会、协会、研究会等社会团体要主动发挥作用，在各自领域积极开展科研活动行为规范制定、诚信教育引导、诚信案件调查认定、科研诚信理论研究等工作，实现自我规范、自我管理、自我净化。

（七）从事科研活动和参与科技管理服务的各类人员要坚守底线、严格自律。科研人员要恪守科学道德准则，遵守科研活动规范，践行科研诚信要求，不得抄袭、剽窃他人科研成果或者伪造、篡改研究数据、研究结论；不得购买、代写、代投论文，虚构同行评议专家及评议意见；不得违反论文署名规范，擅自标注或虚假标注获得科技计划（专项、基金等）等资助；不得弄虚作假，骗取科技计划（专项、基金等）项目、科研经费以及奖励、荣誉等；不得有其他违背科研诚信要求的行为。

项目（课题）负责人、研究生导师等要充分发挥言传身教作用，加强对项目(课题)成员、学生的科研诚信管理,对重要论文等科研成果的署名、研究数据真实性、实验可重复性等进行诚信审核和学术把关。院士等杰出高级专家要在科研诚信建设中发挥示范带动作用,做遵守科研道德的模范和表率。

评审专家、咨询专家、评估人员、经费审计人员等要忠于职守,严格遵守科研诚信要求和职业道德,按照有关规定、程序和办法,实事求是,独立、客观、公正开展工作,为科技管理决策提供负责任、高质量的咨询评审意见。科技管理人员要正确履行管理、指导、监督职责,全面落实科研诚信要求。

三、加强科研活动全流程诚信管理

(八)加强科技计划全过程的科研诚信管理。科技计划管理部门要修改完善各级各类科技计划项目管理制度,将科研诚信建设要求落实到项目指南、立项评审、过程管理、结题验收和监督评估等科技计划管理全过程。要在各类科研合同(任务书、协议等)中约定科研诚信义务和违约责任追究条款,加强科研诚信合同管理。完善科技计划监督检查机制,加强对相关责任主体科研诚信履责情况的经常性检查。

(九)全面实施科研诚信承诺制。相关行业主管部门、项目管理专业机构等要在科技计划项目、创新基地、院士增选、科技奖励、重大人才工程等工作中实施科研诚信承诺制度,要求从事推荐(提名)、申报、评审、评估等工作的相关人员签署科研诚信承诺书,明确承诺事项和违背承诺的处理要求。

(十)强化科研诚信审核。科技计划管理部门、项目管理专业机构要对科技计划项目申请人开展科研诚信审核,将具备良好的科研诚信状况作为参与各类科技计划的必备条件。对严重违背科研诚信要求的责任者,实行"一票否决"。相关行业主管部门要将科研诚信审核作为院士增选、科技奖励、职称评定、学位授予等工作的必经程序。

(十一)建立健全学术论文等科研成果管理制度。科技计划管理部门、项目管理专业机构要加强对科技计划成果质量、效益、影响的评估。从事科学研究活动的企业、事业单位、社会组织等应加强科研成果管理,建立学术论文发表诚信承诺制度、科研过程可追溯制度、科研成果检查和报告制度等成果管理制度。学术论文等科研成果存在违背科研诚信要求情形的,应对相应责任人严肃处理并要求其采取撤回论文等措施,消除不良影响。

（十二）着力深化科研评价制度改革。推进项目评审、人才评价、机构评估改革，建立以科技创新质量、贡献、绩效为导向的分类评价制度，将科研诚信状况作为各类评价的重要指标，提倡严谨治学，反对急功近利。坚持分类评价，突出品德、能力、业绩导向，注重标志性成果质量、贡献、影响，推行代表作评价制度，不把论文、专利、荣誉性头衔、承担项目、获奖等情况作为限制性条件，防止简单量化、重数量轻质量、"一刀切"等倾向。尊重科学研究规律，合理设定评价周期，建立重大科学研究长周期考核机制。开展临床医学研究人员评价改革试点，建立设置合理、评价科学、管理规范、运转协调、服务全面的临床医学研究人员考核评价体系。

四、进一步推进科研诚信制度化建设

（十三）完善科研诚信管理制度。科技部、中国社科院要会同相关单位加强科研诚信制度建设，完善教育宣传、诚信案件调查处理、信息采集、分类评价等管理制度。从事科学研究的企业、事业单位、社会组织等应建立健全本单位教育预防、科研活动记录、科研档案保存等各项制度，明晰责任主体，完善内部监督约束机制。

（十四）完善违背科研诚信要求行为的调查处理规则。科技部、中国社科院要会同教育部、国家卫生健康委、中国科学院、中国科协等部门和单位依法依规研究制定统一的调查处理规则，对举报受理、调查程序、职责分工、处理尺度、申诉、实名举报人及被举报人保护等作出明确规定。从事科学研究的企业、事业单位、社会组织等应制定本单位的调查处理办法，明确调查程序、处理规则、处理措施等具体要求。

（十五）建立健全学术期刊管理和预警制度。新闻出版等部门要完善期刊管理制度，采取有效措施，加强高水平学术期刊建设，强化学术水平和社会效益优先要求，提升我国学术期刊影响力，提高学术期刊国际话语权。学术期刊应充分发挥在科研诚信建设中的作用，切实提高审稿质量，加强对学术论文的审核把关。

科技部要建立学术期刊预警机制，支持相关机构发布国内和国际学术期刊预警名单，并实行动态跟踪、及时调整。将罔顾学术质量、管理混乱、商业利益至上，造成恶劣影响的学术期刊，列入黑名单。论文作者所在单位应加强对本单位科研人员发表论文的管理，对在列入预警名单的学术期刊上发表论文的科研人员，要及时警示提醒；对在列入黑名单的学术期刊上发表的论文，在各类评审评价中不予认可，不得报销论文发表的相关费用。

五、切实加强科研诚信的教育和宣传

（十六）加强科研诚信教育。从事科学研究的企业、事业单位、社会组织应将科研诚信工作纳入日常管理，加强对科研人员、教师、青年学生等的科研诚信教育，在入学入职、职称晋升、参与科技计划项目等重要节点必须开展科研诚信教育。对在科研诚信方面存在倾向性、苗头性问题的人员，所在单位应当及时开展科研诚信诫勉谈话，加强教育。

科技计划管理部门、项目管理专业机构以及项目承担单位，应当结合科技计划组织实施的特点，对承担或参与科技计划项目的科研人员有效开展科研诚信教育。

（十七）充分发挥学会、协会、研究会等社会团体的教育培训作用。学会、协会、研究会等社会团体要主动加强科研诚信教育培训工作，帮助科研人员熟悉和掌握科研诚信具体要求，引导科研人员自觉抵制弄虚作假、欺诈剽窃等行为，开展负责任的科学研究。

（十八）加强科研诚信宣传。创新手段，拓宽渠道，充分利用广播电视、报刊杂志等传统媒体及微博、微信、手机客户端等新媒体，加强科研诚信宣传教育。大力宣传科研诚信典范榜样，发挥典型人物示范作用。及时曝光违背科研诚信要求的典型案例，开展警示教育。

六、严肃查处严重违背科研诚信要求的行为

（十九）切实履行调查处理责任。自然科学论文造假监管由科技部负责，哲学社会科学论文造假监管由中国社科院负责。科技部、中国社科院要明确相关机构负责科研诚信工作，做好受理举报、核查事实、日常监管等工作，建立跨部门联合调查机制，组织开展对科研诚信重大案件联合调查。违背科研诚信要求行为人所在单位是调查处理第一责任主体，应当明确本单位科研诚信机构和监察审计机构等调查处理职责分工，积极主动、公正公平开展调查处理。相关行业主管部门应按照职责权限和隶属关系，加强指导和及时督促，坚持学术、行政两条线，注重发挥学会、协会、研究会等社会团体作用。对从事学术论文买卖、代写代投以及伪造、虚构、篡改研究数据等违法违规活动的中介服务机构，市场监督管理、公安等部门应主动开展调查，严肃惩处。保障相关责任主体申诉权等合法权利，事实认定和处理决定应履行对当事人的告知义务，依法依规及时公布处理结果。科研人员应当积极配合调查，及时提供完整有效的科学研究记录，对拒不配合调查、隐匿销毁研究记录的,要从重处理。对捏造事实、诬告陷害的,要依据有关规定严肃处理;对举报不实、给被举报单位和个人造成严重影响的,要及时澄清、消除影响。

(二十)严厉打击严重违背科研诚信要求的行为。坚持零容忍,保持对严重违背科研诚信要求行为严厉打击的高压态势,严肃责任追究。建立终身追究制度,依法依规对严重违背科研诚信要求行为实行终身追究,一经发现,随时调查处理。积极开展对严重违背科研诚信要求行为的刑事规制理论研究,推动立法、司法部门适时出台相应刑事制裁措施。

相关行业主管部门或严重违背科研诚信要求责任人所在单位要区分不同情况,对责任人给予科研诚信诫勉谈话;取消项目立项资格,撤销已获资助项目或终止项目合同,追回科研项目经费;撤销获得的奖励、荣誉称号,追回奖金;依法开除学籍,撤销学位、教师资格,收回医师执业证书等;一定期限直至终身取消晋升职务职称、申报科技计划项目、担任评审评估专家、被提名为院士候选人等资格;依法依规解除劳动合同、聘用合同;终身禁止在政府举办的学校、医院、科研机构等从事教学、科研工作等处罚,以及记入科研诚信严重失信行为数据库或列入观察名单等其他处理。严重违背科研诚信要求责任人属于公职人员的,依法依规给予处分;属于党员的,依纪依规给予党纪处分。涉嫌存在诈骗、贪污科研经费等违法犯罪行为的,依法移交监察、司法机关处理。

对包庇、纵容甚至骗取各类财政资助项目或奖励的单位,有关主管部门要给予约谈主要负责人、停拨或核减经费、记入科研诚信严重失信行为数据库、移送司法机关等处理。

(二十一)开展联合惩戒。加强科研诚信信息跨部门跨区域共享共用,依法依规对严重违背科研诚信要求责任人采取联合惩戒措施。推动各级各类科技计划统一处理规则,对相关处理结果互认。将科研诚信状况与学籍管理、学历学位授予、科研项目立项、专业技术职务评聘、岗位聘用、评选表彰、院士增选、人才基地评审等挂钩。推动在行政许可、公共采购、评先创优、金融支持、资质等级评定、纳税信用评价等工作中将科研诚信状况作为重要参考。

七、加快推进科研诚信信息化建设

(二十二)建立完善科研诚信信息系统。科技部会同中国社科院建立完善覆盖全国的自然科学和哲学社会科学科研诚信信息系统,对科研人员、相关机构、组织等的科研诚信状况进行记录。研究拟订科学合理、适用不同类型科研活动和对象特点的科研诚信评价指标、方法模型,明确评价方式、周期、程序等内容。重点对参与科技计划(项目)组织管理或实施、科技统计等科技活动的项目承担人员、咨询评审专家,以及项目管理专业机构、项目承担单位、中介服务机构等相关责任主体开展诚信评价。

(二十三)规范科研诚信信息管理。建立健全科研诚信信息采集、记录、评价、应用等管理制度,明确实施主体、程序、要求。根据不同责任主体的特点,制定面向不同类型科技活动的科研诚信信息目录,明确信息类别和管理流程,规范信息采集的范围、内容、方式和信息应用等。

(二十四)加强科研诚信信息共享应用。逐步推动科研诚信信息系统与全国信用信息共享平台、地方科研诚信信息系统互联互通,分阶段分权限实现信息共享,为实现跨部门跨地区联合惩戒提供支撑。

八、保障措施

(二十五)加强党对科研诚信建设工作的领导。各级党委(党组)要高度重视科研诚信建设,切实加强领导,明确任务,细化分工,扎实推进。有关部门、地方应整合现有科研保障措施,建立科研诚信建设目标责任制,明确任务分工,细化目标责任,明确完成时间。科技部要建立科研诚信建设情况督查和通报制度,对工作取得明显成效的地方、部门和机构进行表彰;对措施不得力、工作不落实的,予以通报批评,督促整改。

(二十六)发挥社会监督和舆论引导作用。充分发挥社会公众、新闻媒体等对科研诚信建设的监督作用。畅通举报渠道,鼓励对违背科研诚信要求的行为进行负责任实名举报。新闻媒体要加强对科研诚信正面引导。对社会舆论广泛关注的科研诚信事件,当事人所在单位和行业主管部门要及时采取措施调查处理,及时公布调查处理结果。

(二十七)加强监测评估。开展科研诚信建设情况动态监测和第三方评估,监测和评估结果作为改进完善相关工作的重要基础以及科研事业单位绩效评价、企业享受政府资助等的重要依据。对重大科研诚信事件及时开展跟踪监测和分析。定期发布中国科研诚信状况报告。

(二十八)积极开展国际交流合作。积极开展与相关国家、国际组织等的交流合作,加强对科技发展带来的科研诚信建设新情况新问题研究,共同完善国际科研规范,有效应对跨国跨地区科研诚信案件。

附录 B

科学技术部令第 11 号
《国家科技计划实施中科研不端行为处理办法(试行)》[①]

《国家科技计划实施中科研不端行为处理办法(试行)》已于 2006 年 9 月 14 日经科学技术部第 25 次部务会议审议通过,现予发布,自 2007 年 1 月 1 日起施行。

部长　徐冠华
二零零六年十一月七日

国家科技计划实施中科研不端行为处理办法(试行)

第一章　总则

第一条　为了加强国家科技计划实施中的科研诚信建设,根据《中华人民共和国科学技术进步法》的有关规定,制定本办法。

第二条　对科学技术部归口管理的国家科技计划项目的申请者、推荐者、承担者在科技计划项目申请、评估评审、检查、项目执行、验收等过程中发生的科研不端行为(以下称科研不端行为)的查处,适用本办法。

第三条　本办法所称的科研不端行为,是指违反科学共同体公认的科研行为准则的行为,包括:

(一)在有关人员职称、简历以及研究基础等方面提供虚假信息;
(二)抄袭、剽窃他人科研成果;
(三)捏造或篡改科研数据;
(四)在涉及人体的研究中,违反知情同意、保护隐私等规定;
(五)违反实验动物保护规范;
(六)其他科研不端行为。

---

① 国家科技计划实施中科研不端行为处理办法(试行)[EB/OL]. 中华人民共和国科学技术部,(2006-11-10)[2020-03-10]. http://www.most.gov.cn/kjbgz/200611/t20061109_37931.html.

第四条 科学技术部、行业科技主管部门和省级科技行政部门（以下简称项目主持机关）、国家科技计划项目承担单位（以下称项目承担单位）是科研不端行为的调查机构，根据其职责和权限对科研不端行为进行查处。

第五条 调查和处理科研不端行为应遵循合法、客观、公正的原则。

在调查和处理科研不端行为中，要正确把握科研不端行为与正当学术争论的界限。

第二章 调查和处理机构

第六条 任何单位和个人都可以向科学技术部、项目主持机关、项目承担单位举报在国家科技计划项目实施过程中发生的科研不端行为。

鼓励举报人以实名举报。

第七条 科学技术部负责查处影响重大的科研不端行为。必要时，科学技术部会同其他部门联合进行查处。

科学技术部成立科研诚信建设办公室（以下称办公室），负责科研诚信建设的日常工作。其主要职责是：

（一）接受、转送对科研不端行为的举报；

（二）协调项目主持机关和项目承担单位的调查处理工作；

（三）向被处理人或实名举报人送达科学技术部的查处决定；

（四）推动项目主持机关、项目承担单位的科研诚信建设；

（五）研究提出加强科研诚信建设的建议；

（六）科技部交办的其他事项。

第八条 项目主持机关负责对其推荐、主持、受委托管理的科技计划项目实施中发生的科研不端行为进行调查和处理。

项目主持机关应当建立健全科研诚信建设工作体系。

第九条 项目承担单位负责对本单位承担的国家科技计划项目实施中发生的科研不端行为进行调查和处理。

承担国家科技计划项目的科研机构、高等学校应当建立科研诚信管理机构，建立健全调查处理科研不端行为的制度。科研机构、高等学校的科研诚信制度建设，作为国家科技计划项目立项的条件之一。

第十条 国家科技计划项目承担者在申请项目时应当签署科研诚信承诺书。

第三章 处罚措施

第十一条 项目承担单位应当根据其权限和科研不端行为的情

节轻重,对科研不端行为人做出如下处罚:

(一) 警告;

(二) 通报批评;

(三) 责令其接受项目承担单位的定期审查;

(四) 禁止其一定期限内参与项目承担单位承担或组织的科研活动;

(五) 记过;

(六) 降职;

(七) 解职;

(八) 解聘、辞退或开除等。

第十二条 项目主持机关应当根据其权限和科研不端行为的情节轻重,对科研不端行为人做出如下处罚:

(一) 警告;

(二) 在一定范围内通报批评;

(三) 记过;

(四) 禁止其在一定期限内参加项目主持机关主持的国家科技计划项目;

(五) 解聘、开除等。

第十三条 科学技术部应当根据其权限和科研不端行为的情节轻重,对科研不端行为人做出如下处罚:

(一) 警告;

(二) 在一定范围内通报批评;

(三) 中止项目,并责令限期改正;

(四) 终止项目,收缴剩余项目经费,追缴已拨付项目经费;

(五) 在一定期限内,不接受其国家科技计划项目的申请。

第十四条 项目主持机关对举报的科研不端行为不开展调查、无故拖延调查的,科学技术部可以停止该机关在一定期限内主持、管理相关项目的资格。

第十五条 被调查人有下列情形之一的,从轻处罚:

(一) 主动承认错误并积极配合调查的;

(二) 经批评教育确有悔改表现的;

(三) 主动消除或者减轻科研不端行为不良影响的;

(四) 其他应从轻处罚的情形。

第十六条 被调查人有下列情形之一的,从重处罚:

（一）藏匿、伪造、销毁证据的；

（二）干扰、妨碍调查工作的；

（三）打击、报复举报人的；

（四）同时涉及多种科研不端行为的。

第十七条 举报人捏造事实、故意陷害他人的，一经查实，在一定期限内，不接受其国家科技计划项目的申请。

第十八条 科研不端行为涉嫌违纪、违法的，移交有关机关处理。

第四章 处理程序

第十九条 调查机构接到举报后，应进行登记。

被举报的行为属于本办法规定的科研不端行为，且事实基本清楚，并属于本机构职责范围的，应予以受理；不属于本机构职责范围的，转送有关机构处理。

不符合受理条件不予受理的，应当书面通知实名举报人。

第二十条 调查机构应当成立专家组进行调查。专家组包括相关领域的技术专家、法律专家、道德伦理专家。项目承担单位为调查机构的，可由其科研诚信管理机构进行调查。

专家组成员或调查人员与举报人、被举报人有利害关系的，应当回避。

第二十一条 在有关举报未被查实前，调查机构和参与调查的人员不得公开有关情况；确需公开的，应当严格限定公开范围。

第二十二条 被调查人、有关单位及个人有义务协助提供必要证据，说明事实真相。

第二十三条 调查工作应当按照下列程序进行：

（一）核实、审阅原始记录，多方面听取有关人员的意见；

（二）要求被调查人提供有关资料，说明事实情况；

（三）形成初步调查意见，并听取被调查人的陈述和申辩；

（四）形成调查报告。

第二十四条 科研不端行为影响重大或争议较大的，可以举行听证会。需经过科学试验予以验证的，应当进行科学试验。

听证会和科学试验由调查机构组织。

第二十五条 专家组完成调查工作后，向调查机构提交调查报告。

调查报告应当包括调查对象、调查内容、调查过程、主要事实与证据、处理意见。

第二十六条　调查机构根据专家组的调查报告,做出处理决定。

第二十七条　调查机构应在做出处理决定后 10 日内将处理决定送被处理人、实名举报人。

第二十八条　项目主持机关、项目承担单位为调查机构的,应当在做出处理决定后 10 日内将处理决定送科学技术部科研诚信建设办公室备案。

科学技术部将处理决定纳入国家科技计划信用信息管理体系,作为科技计划实施和管理的参考。

第五章　申诉和复查

第二十九条　被处理人或实名举报人对调查机构的处理决定不服的,可以在收到处理决定后 30 日内向调查机构或其上级主管部门提出申诉。

科学技术部和国务院其他部门为调查机构的,申诉应向调查机构提出。

第三十条　收到申诉的机构经审查,认为原处理决定认定事实不清,或适用法律、法规和有关规定不正确的,应当进行复查。

复查机构应另行组成专家组进行调查。复查程序按照本办法规定的调查程序进行。

收到申诉的机构决定不予复查的,应书面通知申诉人。

第三十一条　申诉人对复查决定仍然不服,以同一事实和理由提出申诉的,不予受理。

第三十二条　被处理人对有关行政机关的处罚决定不服的,可以依照《中华人民共和国行政复议法》的规定,申请复议。

属于人事和劳动争议的,依照有关规定处理。

第六章　附则

第三十三条　在国家科技奖励推荐、评审过程中发生的科研不端行为,参照本规定执行。

第三十四条　本办法自 2007 年 1 月 1 日起施行。

附录 C

高等学校预防与处理学术不端行为办法[①]

中华人民共和国教育部令第 40 号

《高等学校预防与处理学术不端行为办法》已于 2016 年 4 月 5 日经教育部 2016 年第 14 次部长办公会议审议通过,现予发布,自 2016 年 9 月 1 日起施行。

教育部部长　袁贵仁
2016 年 6 月 16 日

高等学校预防与处理学术不端行为办法

第一章　总则

第一条　为有效预防和严肃查处高等学校发生的学术不端行为,维护学术诚信,促进学术创新和发展,根据《中华人民共和国高等教育法》《中华人民共和国科学技术进步法》《中华人民共和国学位条例》等法律法规,制定本办法。

第二条　本办法所称学术不端行为是指高等学校及其教学科研人员、管理人员和学生,在科学研究及相关活动中发生的违反公认的学术准则、违背学术诚信的行为。

第三条　高等学校预防与处理学术不端行为应坚持预防为主、教育与惩戒结合的原则。

第四条　教育部、国务院有关部门和省级教育部门负责制定高等学校学风建设的宏观政策,指导和监督高等学校学风建设工作,建立健全对所主管高等学校重大学术不端行为的处理机制,建立高校学术不端行为的通报与相关信息公开制度。

第五条　高等学校是学术不端行为预防与处理的主体。高等学

[①] 高等学校预防与处理学术不端行为办法[EB/OL].中华人民共和国教育部,(2016-06-16)[2020-03-06]. http://www.moe.gov.cn/srcsite/A02/s5911/moe_621/201607/t20160718_272156.html.

校应当建设集教育、预防、监督、惩治于一体的学术诚信体系,建立由主要负责人领导的学风建设工作机制,明确职责分工;依据本办法完善本校学术不端行为预防与处理的规则与程序。

高等学校应当充分发挥学术委员会在学风建设方面的作用,支持和保障学术委员会依法履行职责,调查、认定学术不端行为。

第二章 教育与预防

第六条 高等学校应当完善学术治理体系,建立科学公正的学术评价和学术发展制度,营造鼓励创新、宽容失败、不骄不躁、风清气正的学术环境。

高等学校教学科研人员、管理人员、学生在科研活动中应当遵循实事求是的科学精神和严谨认真的治学态度,恪守学术诚信,遵循学术准则,尊重和保护他人知识产权等合法权益。

第七条 高等学校应当将学术规范和学术诚信教育,作为教师培训和学生教育的必要内容,以多种形式开展教育、培训。

教师对其指导的学生应当进行学术规范、学术诚信教育和指导,对学生公开发表论文、研究和撰写学位论文是否符合学术规范、学术诚信要求,进行必要的检查与审核。

第八条 高等学校应当利用信息技术等手段,建立对学术成果、学位论文所涉及内容的知识产权查询制度,健全学术规范监督机制。

第九条 高等学校应当建立健全科研管理制度,在合理期限内保存研究的原始数据和资料,保证科研档案和数据的真实性、完整性。

高等学校应当完善科研项目评审、学术成果鉴定程序,结合学科特点,对非涉密的科研项目申报材料、学术成果的基本信息以适当方式进行公开。

第十条 高等学校应当遵循学术研究规律,建立科学的学术水平考核评价标准、办法,引导教学科研人员和学生潜心研究,形成具有创新性、独创性的研究成果。

第十一条 高等学校应当建立教学科研人员学术诚信记录,在年度考核、职称评定、岗位聘用、课题立项、人才计划、评优奖励中强化学术诚信考核。

第三章 受理与调查

第十二条 高等学校应当明确具体部门,负责受理社会组织、个人对本校教学科研人员、管理人员及学生学术不端行为的举报;有条件的,可以设立专门岗位或者指定专人,负责学术诚信和不端行为举报相关事宜的咨询、受理、调查等工作。

第十三条 对学术不端行为的举报,一般应当以书面方式实名提出,并符合下列条件:

(一)有明确的举报对象;

(二)有实施学术不端行为的事实;

(三)有客观的证据材料或者查证线索。

以匿名方式举报,但事实清楚、证据充分或者线索明确的,高等学校应当视情况予以受理。

第十四条 高等学校对媒体公开报道、其他学术机构或者社会组织主动披露的涉及本校人员的学术不端行为,应当依据职权,主动进行调查处理。

第十五条 高等学校受理机构认为举报材料符合条件的,应当及时作出受理决定,并通知举报人。不予受理的,应当书面说明理由。

第十六条 学术不端行为举报受理后,应当交由学校学术委员会按照相关程序组织开展调查。

学术委员会可委托有关专家就举报内容的合理性、调查的可能性等进行初步审查,并作出是否进入正式调查的决定。

决定不进入正式调查的,应当告知举报人。举报人如有新的证据,可以提出异议。异议成立的,应当进入正式调查。

第十七条 高等学校学术委员会决定进入正式调查的,应当通知被举报人。

被调查行为涉及资助项目的,可以同时通知项目资助方。

第十八条 高等学校学术委员会应当组成调查组,负责对被举报行为进行调查;但对事实清楚、证据确凿、情节简单的被举报行为,也可以采用简易调查程序,具体办法由学术委员会确定。

调查组应当不少于3人,必要时应当包括学校纪检、监察机构指派的工作人员,可以邀请同行专家参与调查或者以咨询等方式提供学术判断。

被调查行为涉及资助项目的,可以邀请项目资助方委派相关专业人员参与调查组。

第十九条 调查组的组成人员与举报人或者被举报人有合作研究、亲属或者导师学生等直接利害关系的,应当回避。

第二十条 调查可通过查询资料、现场查看、实验检验、询问证人、询问举报人和被举报人等方式进行。调查组认为有必要的,可以委托无利害关系的专家或者第三方专业机构就有关事项进行独立调查或者验证。

第二十一条　调查组在调查过程中,应当认真听取被举报人的陈述、申辩,对有关事实、理由和证据进行核实;认为必要的,可以采取听证方式。

第二十二条　有关单位和个人应当为调查组开展工作提供必要的便利和协助。

举报人、被举报人、证人及其他有关人员应当如实回答询问,配合调查,提供相关证据材料,不得隐瞒或者提供虚假信息。

第二十三条　调查过程中,出现知识产权等争议引发的法律纠纷的,且该争议可能影响行为定性的,应当中止调查,待争议解决后重启调查。

第二十四条　调查组应当在查清事实的基础上形成调查报告。调查报告应当包括学术不端行为责任人的确认、调查过程、事实认定及理由、调查结论等。

学术不端行为由多人集体做出的,调查报告中应当区别各责任人在行为中所发挥的作用。

第二十五条　接触举报材料和参与调查处理的人员,不得向无关人员透露举报人、被举报人个人信息及调查情况。

第四章　认定

第二十六条　高等学校学术委员会应当对调查组提交的调查报告进行审查;必要的,应当听取调查组的汇报。

学术委员会可以召开全体会议或者授权专门委员会对被调查行为是否构成学术不端行为以及行为的性质、情节等作出认定结论,并依职权作出处理或建议学校作出相应处理。

第二十七条　经调查,确认被举报人在科学研究及相关活动中有下列行为之一的,应当认定为构成学术不端行为:

（一）剽窃、抄袭、侵占他人学术成果;

（二）篡改他人研究成果;

（三）伪造科研数据、资料、文献、注释,或者捏造事实、编造虚假研究成果;

（四）未参加研究或创作而在研究成果、学术论文上署名,未经他人许可而不当使用他人署名,虚构合作者共同署名,或者多人共同完成研究而在成果中未注明他人工作、贡献;

（五）在申报课题、成果、奖励和职务评审评定、申请学位等过程中提供虚假学术信息；

（六）买卖论文、由他人代写或者为他人代写论文；

（七）其他根据高等学校或者有关学术组织、相关科研管理机构制定的规则，属于学术不端的行为。

第二十八条 有学术不端行为且有下列情形之一的，应当认定为情节严重：

（一）造成恶劣影响的；

（二）存在利益输送或者利益交换的；

（三）对举报人进行打击报复的；

（四）有组织实施学术不端行为的；

（五）多次实施学术不端行为的；

（六）其他造成严重后果或者恶劣影响的。

第五章 处 理

第二十九条 高等学校应当根据学术委员会的认定结论和处理建议，结合行为性质和情节轻重，依职权和规定程序对学术不端行为责任人作出如下处理：

（一）通报批评；

（二）终止或者撤销相关的科研项目，并在一定期限内取消申请资格；

（三）撤销学术奖励或者荣誉称号；

（四）辞退或解聘；

（五）法律、法规及规章规定的其他处理措施。

同时，可以依照有关规定，给予警告、记过、降低岗位等级或者撤职、开除等处分。

学术不端行为责任人获得有关部门、机构设立的科研项目、学术奖励或者荣誉称号等利益的，学校应当同时向有关主管部门提出处理建议。

学生有学术不端行为的，还应当按照学生管理的相关规定，给予相应的学籍处分。

学术不端行为与获得学位有直接关联的，由学位授予单位作暂缓授予学位、不授予学位或者依法撤销学位等处理。

第三十条 高等学校对学术不端行为作出处理决定，应当制作处理决定书，载明以下内容：

（一）责任人的基本情况；

（二）经查证的学术不端行为事实；

（三）处理意见和依据；

（四）救济途径和期限；

（五）其他必要内容。

第三十一条　经调查认定，不构成学术不端行为的，根据被举报人申请，高等学校应当通过一定方式为其消除影响、恢复名誉等。

调查处理过程中，发现举报人存在捏造事实、诬告陷害等行为的，应当认定为举报不实或者虚假举报，举报人应当承担相应责任。属于本单位人员的，高等学校应当按照有关规定给予处理；不属于本单位人员的，应通报其所在单位，并提出处理建议。

第三十二条　参与举报受理、调查和处理的人员违反保密等规定，造成不良影响的，按照有关规定给予处分或其他处理。

第六章　复核

第三十三条　举报人或者学术不端行为责任人对处理决定不服的，可以在收到处理决定之日起 30 日内，以书面形式向高等学校提出异议或者复核申请。

异议和复核不影响处理决定的执行。

第三十四条　高等学校收到异议或者复核申请后，应当交由学术委员会组织讨论，并于 15 日内作出是否受理的决定。

决定受理的，学校或者学术委员会可以另行组织调查组或者委托第三方机构进行调查；决定不予受理的，应当书面通知当事人。

第三十五条　当事人对复核决定不服，仍以同一事实和理由提出异议或者申请复核的，不予受理；向有关主管部门提出申诉的，按照相关规定执行。

第七章　监督

第三十六条　高等学校应当按年度发布学风建设工作报告，并向社会公开，接受社会监督。

第三十七条　高等学校处理学术不端行为推诿塞责、隐瞒包庇、查处不力的，主管部门可以直接组织或者委托相关机构查处。

第三十八条　高等学校对本校发生的学术不端行为，未能及时查处并做出公正结论，造成恶劣影响的，主管部门应当追究相关领导的责任，并进行通报。

高等学校为获得相关利益，有组织实施学术不端行为的，主管部门调查确认后,应当撤销高等学校由此获得的相关权利、项目以及其他利益,并追究学校主要负责人、直接负责人的责任。

第八章 附则

第三十九条 高等学校应当根据本办法,结合学校实际和学科特点,制定本校学术不端行为查处规则及处理办法,明确各类学术不端行为的惩处标准。有关规则应当经学校学术委员会和教职工代表大会讨论通过。

第四十条 高等学校主管部门对直接受理的学术不端案件,可自行组织调查组或者指定、委托高等学校、有关机构组织调查、认定。对学术不端行为责任人的处理,根据本办法及国家有关规定执行。

教育系统所属科研机构及其他单位有关人员学术不端行为的调查与处理,可参照本办法执行。

第四十一条 本办法自2016年9月1日起施行。

教育部此前发布的有关规章、文件中的相关规定与本办法不一致的,以本办法为准。

附录 D

中华人民共和国新闻出版行业标准

学术出版规范 期刊学术不端行为界定[①]

Academic publishing specification—Definition of academic misconduct for journals

(CY/T 174—2019)

前言

学术出版规范系列标准目前包括：

CY/T 118—2015 学术出版规范 一般要求
CY/T 119—2015 学术出版规范 科学技术名词
CY/T 120—2015 学术出版规范 图书版式
CY/T 121—2015 学术出版规范 注释
CY/T 122—2015 学术出版规范 引文
CY/T 123—2015 学术出版规范 中文译著
CY/T 124—2015 学术出版规范 古籍整理
CY/T 170—2019 学术出版规范 表格
CY/T 171—2019 学术出版规范 插图
CY/T 172—2019 学术出版规范 图书出版流程管理
CY/T 173—2019 学术出版规范 关键词编写规则
CY/T 174—2019 学术出版规范 期刊学术不端行为界定

本标准按照 GB/T 1.1—2009 给出的规则起草。

本标准由全国新闻出版标准化技术委员会（SAC/TC 527）提出并归口。

本标准起草单位：同方知网数字出版技术股份有限公司、中国科学院科技战略咨询研究院。

本标准主要起草人：李真真、张宏伟、黄小茹、孙雄勇。

[①] 全国新闻出版标准化技术委员会. 学术出版规范 期刊学术不端行为界定：CY/T 174—2019[S/OL]. 行业标准信息服务平台，(2019-05-29)[2020-02-08]. http://hbba.sacinfo.org.cn/stdDetail/106d3905ac9d1ea10368f707ccdc33a02680eb41d12c919462e74f79e0d288a1.

学术出版规范 期刊学术不端行为界定

1 范围

本标准界定了学术期刊论文作者、审稿专家、编辑者所可能涉及的学术不端行为。

本标准适用于学术期刊论文出版过程中各类学术不端行为的判断和处理。其他学术出版物参照使用。

2 术语和定义

下列术语和定义适用于本文件。

2.1

剽窃 plagiarism

采用不当手段,窃取他人的观点、数据、图像、研究方法、文字表述等并以自己名义发表的行为。

2.2

伪造 fabrication

编造或虚构数据、事实的行为。

2.3

篡改 falsification

故意修改数据和事实使其失去真实性的行为。

2.4

不当署名 inappropriate authorship

与对论文实际贡献不符的署名或作者排序行为。

2.5

一稿多投 duplicate submission;multiple submissions

将同一篇论文或只有微小差别的多篇论文投给两个及以上期刊,或者在约定期限内再转投其他期刊的行为。

2.6

重复发表 overlapping publications

在未说明的情况下重复发表自己(或自己作为作者之一)已经发表文献中内容的行为。

3 论文作者学术不端行为类型

3.1 剽窃

3.1.1 观点剽窃

不加引注或说明地使用他人的观点,并以自己的名义发表,应界定为观点剽窃。观点剽窃的表现形式包括:

a) 不加引注地直接使用他人已发表文献中的论点、观点、结论等。

b) 不改变其本意地转述他人的论点、观点、结论等后不加引注地使用。

c) 对他人的论点、观点、结论等删减部分内容后不加引注地使用。

d) 对他人的论点、观点、结论等进行拆分或重组后不加引注地使用。

e) 对他人的论点、观点、结论等增加一些内容后不加引注地使用。

3.1.2 数据剽窃

不加引注或说明地使用他人已发表文献中的数据,并以自己的名义发表,应界定为数据剽窃。数据剽窃的表现形式包括:

a) 不加引注地直接使用他人已发表文献中的数据。

b) 对他人已发表文献中的数据进行些微修改后不加引注地使用。

c) 对他人已发表文献中的数据进行一些添加后不加引注地使用。

d) 对他人已发表文献中的数据进行部分删减后不加引注地使用。

e) 改变他人已发表文献中数据原有的排列顺序后不加引注地使用。

f) 改变他人已发表文献中的数据的呈现方式后不加引注地使用,如将图表转换成文字表述,或者将文字表述转换成图表。

3.1.3 图片和音视频剽窃

不加引注或说明地使用他人已发表文献中的图片和音视频,并以自己的名义发表,应界定为图片和音视频剽窃。图片和音视频剽窃的表现形式包括:

a) 不加引注或说明地直接使用他人已发表文献中的图像、音视频等资料。

b) 对他人已发表文献中的图片和音视频进行些微修改后不加引注或说明地使用。

c) 对他人已发表文献中的图片和音视频添加一些内容后不加引注或说明地使用。

d) 对他人已发表文献中的图片和音视频删减部分内容后不加引注或说明地使用。

e) 对他人已发表文献中的图片增强部分内容后不加引注或说明地使用。

f) 对他人已发表文献中的图片弱化部分内容后不加引注或说明

地使用。

3.1.4 研究(实验)方法剽窃

不加引注或说明地使用他人具有独创性的研究(实验)方法,并以自己的名义发表,应界定为研究(实验)方法剽窃。研究(实验)方法剽窃的表现形式包括：

a) 不加引注或说明地直接使用他人已发表文献中具有独创性的研究(实验)方法。

b) 修改他人已发表文献中具有独创性的研究(实验)方法的一些非核心元素后不加引注或说明地使用。

3.1.5 文字表述剽窃

不加引注地使用他人已发表文献中具有完整语义的文字表述,并以自己的名义发表,应界定为文字表述剽窃。文字表述剽窃的表现形式包括：

a) 不加引注地直接使用他人已发表文献中的文字表述。

b) 成段使用他人已发表文献中的文字表述,虽然进行了引注,但对所使用文字不加引号,或者不改变字体,或者不使用特定的排列方式显示。

c) 多处使用某一已发表文献中的文字表述,却只在其中一处或几处进行引注。

d) 连续使用来源于多个文献的文字表述,却只标注其中一个或几个文献来源。

e) 不加引注、不改变其本意地转述他人已发表文献中的文字表述,包括概括、删减他人已发表文献中的文字,或者改变他人已发表文献中的文字表述的句式,或者用类似词语对他人已发表文献中的文字表述进行同义替换。

f) 对他人已发表文献中的文字表述增加一些词句后不加引注地使用。

g) 对他人已发表文献中的文字表述删减一些词句后不加引注地使用。

3.1.6 整体剽窃

论文的主体或论文某一部分的主体过度引用或大量引用他人已发表文献的内容,应界定为整体剽窃。整体剽窃的表现形式包括：

a) 直接使用他人已发表文献的全部或大部分内容。

b) 在他人已发表文献的基础上增加部分内容后以自己的名义发

表,如补充一些数据,或者补充一些新的分析等。

c) 对他人已发表文献的全部或大部分内容进行缩减后以自己的名义发表。

d) 替换他人已发表文献中的研究对象后以自己的名义发表。

e) 改变他人已发表文献的结构、段落顺序后以自己的名义发表。

f) 将多篇他人已发表文献拼接成一篇论文后发表。

3.1.7 他人未发表成果剽窃

未经许可使用他人未发表的观点,具有独创性的研究(实验)方法、数据、图片等,或获得许可但不加以说明,应界定为他人未发表成果剽窃。他人未发表成果剽窃的表现形式包括:

a) 未经许可使用他人已经公开但未正式发表的观点,具有独创性的研究(实验)方法、数据、图片等。

b) 获得许可使用他人已经公开但未正式发表的观点,具有独创性的研究(实验)方法、数据、图片等,却不加引注,或者不以致谢等方式说明。

3.2 伪造

伪造的表现形式包括:

a) 编造不以实际调查或实验取得的数据、图片等。

b) 伪造无法通过重复实验而再次取得的样品等。

c) 编造不符合实际或无法重复验证的研究方法、结论等。

d) 编造能为论文提供支撑的资料、注释、参考文献。

e) 编造论文中相关研究的资助来源。

f) 编造审稿人信息、审稿意见。

3.3 篡改

篡改的表现形式包括:

a) 使用经过擅自修改、挑选、删减、增加的原始调查记录、实验数据等,使原始调查记录、实验数据等的本意发生改变。

b) 拼接不同图片从而构造不真实的图片。

c) 从图片整体中去除一部分或添加一些虚构的部分,使对图片的解释发生改变。

d) 增强、模糊、移动图片的特定部分,使对图片的解释发生改变。

e) 改变所引用文献的本意,使其对己有利。

3.4 不当署名

不当署名的表现形式包括:

a) 将对论文所涉及的研究有实质性贡献的人排除在作者名单外。
b) 未对论文所涉及的研究有实质性贡献的人在论文中署名。
c) 未经他人同意擅自将其列入作者名单。
d) 作者排序与其对论文的实际贡献不符。
e) 提供虚假的作者职称、单位、学历、研究经历等信息。

3.5 一稿多投

一稿多投的表现形式包括：

a) 将同一篇论文同时投给多个期刊。
b) 在首次投稿的约定回复期内，将论文再次投给其他期刊。
c) 在未接到期刊确认撤稿的正式通知前，将稿件投给其他期刊。
d) 将只有微小差别的多篇论文，同时投给多个期刊。
e) 在收到首次投稿期刊回复之前或在约定期内，对论文进行稍微修改后，投给其他期刊。
f) 在不做任何说明的情况下，将自己（或自己作为作者之一）已经发表论文，原封不动或做些微修改后再次投稿。

3.6 重复发表

重复发表的表现形式包括：

a) 不加引注或说明，在论文中使用自己（或自己作为作者之一）已发表文献中的内容
b) 在不做任何说明的情况下，摘取多篇自己（或自己作为作者之一）已发表文献中的部分内容，拼接成一篇新论文后再次发表。
c) 被允许的二次发表不说明首次发表出处。
d) 不加引注或说明地在多篇论文中重复使用一次调查、一个实验的数据等。
e) 将实质上基于同一实验或研究的论文，每次补充少量数据或资料后，多次发表方法、结论等相似或雷同的论文。
f) 合作者就同一调查、实验、结果等，发表数据、方法、结论等明显相似或雷同的论文。

3.7 违背研究伦理

论文涉及的研究未按规定获得伦理审批，或者超出伦理审批许可范围，或者违背研究伦理规范，应界定为违背研究伦理。违背研究伦理的表现形式包括：

a) 论文所涉及的研究未按规定获得相应的伦理审批，或不能提供相应的审批证明。

b) 论文所涉及的研究超出伦理审批许可的范围。

c) 论文所涉及的研究中存在不当伤害研究参与者,虐待有生命的实验对象,违背知情同意原则等违背研究伦理的问题。

d) 论文泄露了被试者或被调查者的隐私。

e) 论文未按规定对所涉及研究中的利益冲突予以说明。

3.8 其他学术不端行为

其他学术不端行为包括:

a) 在参考文献中加入实际未参考过的文献。

b) 将转引自其他文献的引文标注为直引,包括将引自译著的引文标注为引自原著。

c) 未以恰当的方式,对他人提供的研究经费、实验设备、材料、数据、思路、未公开的资料等,给予说明和承认(有特殊要求的除外)。

d) 不按约定向他人或社会泄露论文关键信息,侵犯投稿期刊的首发权。

e) 未经许可,使用需要获得许可的版权文献。

f) 使用多人共有版权文献时,未经所有版权者同意。

g) 经许可使用他人版权文献,却不加引注,或引用文献信息不完整。

h) 经许可使用他人版权文献,却超过了允许使用的范围或目的。

i) 在非匿名评审程序中干扰期刊编辑、审稿专家。

j) 向编辑推荐与自己有利益关系的审稿专家。

k) 委托第三方机构或者与论文内容无关的他人代写、代投、代修。

l) 违反保密规定发表论文。

4 审稿专家学术不端行为类型

4.1 违背学术道德的评审

论文评审中姑息学术不端的行为,或者依据非学术因素评审等,应界定为违背学术道德的评审。违背学术道德的评审的表现形式包括:

a) 对发现的稿件中的实际缺陷、学术不端行为视而不见。

b) 依据作者的国籍、性别、民族、身份地位、地域以及所属单位性质等非学术因素等,而非论文的科学价值、原创性和撰写质量以及与期刊范围和宗旨的相关性等,提出审稿意见。

4.2 干扰评审程序

故意拖延评审过程,或者以不正当方式影响发表决定,应界定为干扰评审程序。干扰评审程序的表现形式包括：

  a) 无法完成评审却不及时拒绝评审或与期刊协商。

  b) 不合理地拖延评审过程。

  c) 在非匿名评审程序中不经期刊允许，直接与作者联系。

  d) 私下影响编辑者，左右发表决定。

4.3 违反利益冲突规定

不公开或隐瞒与所评审论文的作者的利益关系，或者故意推荐与特定稿件存在利益关系的其他审稿专家等，应界定为违反利益冲突规定。违反利益冲突规定的表现形式包括：

  a) 未按规定向编辑者说明可能会将自己排除出评审程序的利益冲突。

  b) 向编辑者推荐与特定稿件存在可能或潜在利益冲突的其他审稿专家。

  c) 不公平地评审存在利益冲突的作者的论文。

4.4 违反保密规定

擅自与他人分享、使用所审稿件内容，或者公开未发表稿件内容，应界定为违反保密规定。违反保密规定的表现形式包括：

  a) 在评审程序之外与他人分享所审稿件内容。

  b) 擅自公布未发表稿件内容或研究成果。

  c) 擅自以与评审程序无关的目的使用所审稿件内容。

4.5 盗用稿件内容

擅自使用自己评审的、未发表稿件中的内容，或者使用得到许可的未发表稿件中的内容却不加引注或说明，应界定为盗用所审稿件内容。盗用所审稿件内容的表现形式包括：

  a) 未经论文作者、编辑者许可，使用自己所审的、未发表稿件中的内容。

  b) 经论文作者、编辑者许可，却不加引注或说明地使用自己所审的、未发表稿件中的内容。

4.6 谋取不正当利益

利用评审中的保密信息、评审的权利为自己谋利，应界定为谋取不正当利益。谋取不正当利益的表现形式包括：

  a) 利用保密的信息来获得个人的或职业上的利益。

  b) 利用评审权利谋取不正当利益。

4.7 其他学术不端行为

其他学术不端行为包括：

a）发现所审论文存在研究伦理问题但不及时告知期刊。
　　b）擅自请他人代自己评审。

5　编辑者学术不端行为类型

5.1　违背学术和伦理标准提出编辑意见

　　不遵循学术和伦理标准、期刊宗旨提出编辑意见，应界定为违背学术和伦理标准提出编辑意见。违背学术和伦理标准提出编辑意见表现形式包括：
　　a）基于非学术标准、超出期刊范围和宗旨提出编辑意见。
　　b）无视或有意忽视期刊论文相关伦理要求提出编辑意见。

5.2　违反利益冲突规定

　　隐瞒与投稿作者的利益关系，或者故意选择与投稿作者有利益关系的审稿专家，应界定为违反利益冲突规定。违反利益冲突规定的表现形式包括：
　　a）没有向编辑者说明可能会将自己排除出特定稿件编辑程序的利益冲突。
　　b）有意选择存在潜在或实际利益冲突的审稿专家评审稿件。

5.3　违反保密要求

　　在匿名评审中故意透露论文作者、审稿专家的相关信息，或者擅自透露、公开、使用所编辑稿件的内容，或者因不遵守相关规定致使稿件信息外泄，应界定为违反保密要求。违反保密要求的表现形式包括：
　　a）在匿名评审中向审稿专家透露论文作者的相关信息。
　　b）在匿名评审中向论文作者透露审稿专家的相关信息。
　　c）在编辑程序之外与他人分享所编辑稿件内容。
　　d）擅自公布未发表稿件内容或研究成果。
　　e）擅自以与编辑程序无关的目的使用稿件内容。
　　f）违背有关安全存放或销毁稿件和电子版稿件文档及相关内容的规定，致使信息外泄。

5.4　盗用稿件内容

　　擅自使用未发表稿件的内容，或者经许可使用未发表稿件内容却不加引注或说明，应界定为盗用稿件内容。盗用稿件内容的表现形式包括：
　　a）未经论文作者许可，使用未发表稿件中的内容。
　　b）经论文作者许可，却不加引注或说明地使用未发表稿件中的内容。

5.5 干扰评审

影响审稿专家的评审,或者无理由地否定、歪曲审稿专家的审稿意见,应界定为干扰评审。干扰评审的表现形式包括:

a) 私下影响审稿专家,左右评审意见。
b) 无充分理由地无视或否定审稿专家给出的审稿意见。
c) 故意歪曲审稿专家的意见,影响稿件修改和发表决定。

5.6 谋取不正当利益

利用期刊版面、编辑程序中的保密信息、编辑权利等谋利,应界定为谋取不正当利益。谋取不正当利益的表现形式包括:

a) 利用保密信息获得个人或职业利益。
b) 利用编辑权利左右发表决定,谋取不当利益。
c) 买卖或与第三方机构合作买卖期刊版面。
d) 以增加刊载论文数量牟利为目的扩大征稿和用稿范围,或压缩篇幅单期刊载大量论文。

5.7 其他学术不端行为

其他学术不端行为包括:

a) 重大选题未按规定申报。
b) 未经著作权人许可发表其论文。
c) 对需要提供相关伦理审查材料的稿件,无视相关要求,不执行相关程序。
d) 刊登虚假或过时的期刊获奖信息、数据库收录信息等。
e) 随意添加与发表论文内容无关的期刊自引文献,或者要求、暗示作者非必要地引用特定文献。
f) 以提高影响因子为目的协议和实施期刊互引。
g) 故意歪曲作者原意修改稿件内容。

参考文献

[1] 全国信息与文献标准化技术委员会.信息与文献 参考文献著录规则:GB/T 7714—2015[S].北京:中国标准出版社,2015.

[2] 新闻出版总署科技发展司,新闻出版总署图书出版管理司,中国标准出版社.作者编辑常用标准及规范[M].3 版.北京:中国标准出版社,2008.

[3] 汪继祥.科学出版社作者编辑手册[M].北京:科学出版社,2010.

[4] Francis L. Macrina. Scientific Integrity: Text and Cases in Re-

sponsible Conduct of Research[M]. Washington, DC: ASM Press,2005.

[5] InterAcademy Partnership. Doing Global Science: A Guide to Responsible Conduct in the Global Research Enterprise[M]. Princeton and Oxford: Princeton University Press,2016.

附录 E

中华人民共和国国家标准

学位论文编写规则[①]

Presentation of theses and dissertations

(GB/T 7713.1—2006)

前言

GB/T 7713 共分 3 部分：

——第 1 部分：学位论文编写规则；

——第 2 部分：学术论文编写规则；

——第 3 部分：科技报告编制规则。

本部分是 GB/T 7713 的第 1 部分，部分代替 GB/T 7713—1987《科学技术报告、学位论文和学术论文的编写格式》。

本部分修改采用 ISO 7144：1986《文献 论文和相关文献的编写》(英文版)。本部分在学位论文组成要索及结构等方面尽可能与国际标准保持一致，以达到资源共享和国际交流的目的。

本部分与 GB/T 7713—1987 相比主要变化如下：

——将原标准中的学位论文部分单独列为一个标准，并将标准名称改为《学位论文编写规则》，修改了相应的英文名称。

——增加了第 2 章"规范性引用文件"。

——在第 3 章中，将原标准中与学位论文编写规则无关的术语和定义去掉，增加了"封面""题名页""摘要""摘要页""目次""目次页""注释""文献类型""文献载体"等定义。

——将第 3 章"编写要求"改为第 4 章"一般要求"。

——将第 4 章"编写格式"改为第 5 章"组成部分"和第 6 章"编排格式"。

——增加了部分附录。

——按照 GB/T 1.1—2000 对原标准的格式、编排进行了重新调整。

本部分的附录 A 到附录 H 为规范性附录。

[①] 全国信息与文献标准化技术委员会. 学位论文编写规则：GB/T 7713.1—2006[S]. 北京：中国标准出版社，2007.

本部分由国务院学位委员会办公室提出。

本部分由全国信息与文献标准化技术委员会归口。

本部分主要起草单位：国务院学位委员会办公室，中国科学技术信息研究所。

本部分主要起草人：吴一、刘春燕、沈玉兰、白光武。

本部分为第一次修订。

学位论文编写规则

1 范围

本部分规定了学位论文的撰写格式和要求，以利于学位论文的撰写、收集、存储、加工、检索和利用。

本部分对学位论文的学术规范与质量保证具有一定的参考作用，不同学科的学位论文可参考本部分制定专业的学术规范。

本部分适用于印刷型、缩微型、电子版、网络版等形式的学位论文。同一学位论文的不同载体形式，其内容和格式应完全一致。

2 规范性引用文件

下列文件中的条款通过 GB/T 7713 的本部分的引用而成为本部分的条款。凡是注日期的引用文件，其随后所有的修改单（不包括勘误的内容）或修订版均不适用于本部分，然而，鼓励根据本部分达成协议的各方研究是否可使用这些文件的最新版本。凡是不注日期的引用文件，其最新版本适用于本部分。

GB/T 788—1999 图书杂志开本及其幅面尺寸（neq ISO 6716：1983）

GB/T 2260 中华人民共和国行政区划代码

GB 3100 国际单位制及其应用（GB 3100—1993，eqv ISO 1000：1992）

GB 3101—1993 有关量、单位和符号的一般原则（eqv ISO 31-0：1992）

GB 3102.1 空间和时间的量和单位（GB 3102.1—1993，eqv ISO 31-1：1992）

GB 3102.2 周期及其有关现象的量和单位（GB 3102.2—1993，eqv ISO 31-2：1992）

GB 3102.3 力学的量和单位（GB 3102.3—1993，eqv ISO 31-3：1992）

GB 3102.4 热学的量和单位(GB 3102.4—1993,eqv ISO 31-4：1992)

GB 3102.5 电学和磁学的量和单位(GB 3102.5—1993,eqv ISO 31-5：1992)

GB 3102.6 光及有关电磁辐射的量和单位(GB 3102.6—1993,eqv ISO 31-6：1992)

GB 3102.7 声学的量和单位(GB 3102.7—1993,eqv ISO 31-7：1992)

GB 3102.8 物理化学和分子物理学的量和单位(GB 3102.8—1993,eqv ISO 31-8：1992)

GB 3102.9 原子物理学和核物理学的量和单位(GB 3102.9—1993,eqv ISO 31-9：1992)

GB 3102.10 核反应和电离辐射的量和单位(GB 3102.10—1993,eqv ISO 31-10：1992)

GB 3102.11 物理科学和技术中使用的数学符号(GB 3102.11—1993,eqv ISO 31-11：1992)

GB 3102.12 特征数(GB 3102.12—1993,eqv ISO 31-12：1992)

GB 3102.13 固体物理学的量和单位(GB 3102.13—1993,eqv ISO 31-13：1992)

GB/T 3469 文献类型与文献载体代码

GB/T 3793 检索期刊文献条目著录规则

GB/T 4880 语种名称代码

GB 6447 文摘编写规则

GB 6864 中华人民共和国学位代码

GB/T 7156—2003 文献保密等级代码与标识

GB/T 7408 数据元和交换格式 信息交换 日期和时间表示法(GB/T 7408—1994,eqv ISO 8601：1988)

GB/T 7714—2005 文后参考文献著录规则(ISO 690：1987,ISO 690-2：1997,NEQ)

GB/T 12450—2001 图书书名页(eqv ISO 1086：1991)

GB/T 13417—1992 科学技术期刊目次表(eqv ISO 18：1981)

GB/T 13745 学科分类与代码

GB/T 11668—1989 图书和其他出版物的书脊规则(neq ISO 6357：1985)

GB/T 15834—1995 标点符号用法
GB/T 15835—1995 出版物上数字用法的规定
GB/T 16159—1996 汉语拼音正词法基本规则
CY/T 35—2001 科技文献的章节编号方法
ISO 15836：2003 信息与文献 都柏林核心元数据元素集

3 术语和定义

下列术语和定义适用于本部分。

3.1

学位论文 thesis；dissertation

作者提交的用于其获得学位的文献。

注1：博士论文表明作者在本门学科上掌握了坚实宽广的基础理论和系统深入的专门知识，在科学和专门技术上做出了创造性的成果，并具有独立从事创新科学研究工作或独立承担专门技术开发工作的能力。

注2：硕士论文表明作者在本门学科上掌握了坚实的基础理论和系统的专业知识，对所研究课题有新的见解，并具有从事科学研究工作或独立承担专门技术工作的能力。

注3：学士论文表明作者较好地掌握了本门学科的基础理论、专门知识和基础技能，并具有从事科学研究工作或承担专门技术工作的初步能力。

3.2

封面 cover

学位论文的外表面，对论文起装潢和保护作用，并提供相关的信息。

3.3

题名页 title page

包含论文全部书目信息，单独成页。

3.4

摘要 abstract

论文内容的简要陈述，是一篇具有独立性和完整性的短文，一般以第三人称语气写成，不加评论和补充的解释。

3.5

摘要页 abstract page

论文摘要及关键词、分类号等的总和，单独编页。

3.6

目次 table of contents

论文各章节的顺序列表，一般都附有相应的起始页码。

3.7

目次页 content page

论文中内容标题的集合。包括引言(前言)、章节或大标题的序号和名称、小结(结论或讨论)、参考文献、注释、索引等。

3.8

注释 notes

为论文中的字、词或短语作进一步说明的文字。一般分散著录在页下(脚注),或集中著录在文后(尾注),或分散著录在文中。

3.9

文献类型 document type

文献的分类。学位论文的代码为"D"。

3.10

文献载体 document carrier

记录文字、图像、声音的不同材质。纸质的载体代码为"P"。

4 一般要求

4.1 学位论文的内容应完整、准确。

4.2 学位论文一般应采用国家正式公布实施的简化汉字。学位论文一般以中文或英文为主撰写,特殊情况时,应有详细的中、英文摘要,正题名必须包括中、英文。

4.3 学位论文应采用国家法定的计量单位。

4.4 学位论文中采用的术语、符号、代号在全文中必须统一,并符合规范化的要求。论文中使用专业术语、缩略词应在首次出现时加以注释。外文专业术语、缩略词,应在首次出现的译文后用圆括号注明原词语全称。

4.5 学位论文的插图、照片应完整清晰。

4.6 学位论文应用 A4 标准纸(210 mm×297 mm),必须是打印件、印刷件或复印件。

5 组成部分

5.1 一般要求

学位论文一般包括以下 5 个组成部分:

a) 前置部分;

b) 主体部分;

c) 参考文献;

d) 附录;

e) 结尾部分。

注：学位论文结构图见附录 A。

5.2 前置部分

5.2.1 封面

学位论文可有封面。

学位论文封面应包括题名页的主要信息，如论文题名、论文作者等。其他信息可由学位授予机构自行规定。

5.2.2 封二（可选）

学位论文可有封二。

包括学位论文使用声明和版权声明及作者和导师签名等，其内容应符合我国著作权相关法律法规的规定。

5.2.3 题名页

学位论文应有题名页。题名页主要内容：

a) 中图分类号

采用《中国图书馆分类法》(第 4 版)或《中国图书资料分类法》(第 4 版)标注。

示例：中图分类号 G250.7。

b) 学校代码

按照教育部批准的学校代码进行标注。

c) UDC

按《国际十进分类法》(Universal Decimal Classification)进行标注。

注：可登录 www.udcc.org，点击 outline 进行查询。

d) 密级

按 GB/T 7156—2003 标注。

e) 学位授予单位

指授予学位的机构，机构名称应采用规范全称。

f) 题名和副题名

题名以简明的词语恰当、准确地反映论文最重要的特定内容（一般不超过 25 字），应中英文对照。

题名通常由名词性短语构成，应尽量避免使用不常用缩略词、首字母缩写字、字符、代号和公式等。

如题名内容层次很多，难以简化时，可采用题名和副题名相结合的方法，其中副题名起补充、阐明题名的作用。

示例 1：斑马鱼和人的造血相关基因以及表观遗传学调控基因——进化、表

　　　　达谱和功能研究

　　示例2：阿片镇痛的调控机制研究：Delta型阿片肽受体转运的调控机理及功能

　　题名和副题名在整篇学位论文中的不同地方出现时,应保持一致。

　　g) 责任者

　　责任者包括研究生姓名,指导教师姓名、职称等。

　　如责任者姓名有必要附注汉语拼音时,遵照 GB/T 16159—1996 著录。

　　h) 申请学位

　　包括申请的学位类别和级别,学位类别参照《中华人民共和国学位条例暂行实施办法》的规定标注,包括以下门类：哲学、经济学、法学、教育学、文学、历史学、理学、工学、农学、医学、军事学、管理学。学位级别参照《中华人民共和国学位条例暂行实施办法》的规定标注,包括学士、硕士、博士。

　　i) 学科专业

　　参照国务院学位委员会颁布的《授予博士、硕士学位和培养研究生的学科、专业目录》进行标注。

　　j) 研究方向

　　指本学科专业范畴下的三级学科。

　　k) 论文提交日期

　　指论文上交到授予学位机构的日期。

　　l) 培养单位

　　指培养学位申请人的机构,机构名称应采用规范全称。

5.2.4　英文题名页

　　英文题名页是题名页的延伸,必要时可单独成页。

5.2.5　勘误页

　　学位论文如有勘误页,应在题名页后另起页。

　　在勘误页顶部应放置下列信息：

　　——题名；

　　——副题名(如有)；

　　——作者名。

5.2.6　致谢

　　放置在摘要页前,对象包括：

　　——国家科学基金,资助研究工作的奖学金基金,合同单位,资助或支持的企业、组织或个人。

——协助完成研究工作和提供便利条件的组织或个人。

——在研究工作中提出建议和提供帮助的人。

——给予转载和引用权的资料、图片、文献、研究思想和设想的所有者。

——其他应感谢的组织和个人。

5.2.7 摘要页

5.2.7.1 摘要应具有独立性和自含性,即不阅读论文的全文,就能获得必要的信息。摘要的内容应包含与论文等同量的主要信息,供读者确定有无必要阅读全文,也可供二次文献采用。摘要一般应说明研究工作目的、方法、结果和结论等,重点是结果和结论。

5.2.7.2 中文摘要一般字数为 300~600 字,外文摘要实词在 300 个左右。如遇特殊需要字数可以略多。

5.2.7.3 摘要中应尽量避免采用图、表、化学结构式、非公知公用的符号和术语。

5.2.7.4 每篇论文应选取 3~8 个关键词,用显著的字符另起一行,排在摘要的下方。关键词应体现论文特色,具有语义性,在论文中有明确的出处。并应尽量采用《汉语主题词表》或各专业主题词表提供的规范词。

5.2.7.5 为便于国际交流,应标注与中文对应的英文关键词。

5.2.8 序言或前言(如有)

学位论文的序言或前言,一般是作者对本篇论文基本特征的简介,如说明研究工作缘起、背景、主旨、目的、意义、编写体例,以及资助、支持、协作经过等。这些内容也可以在正文引言(绪论)中说明。

5.2.9 目次页

学位论文应有目次页,排在序言和前言之后,另起页。

5.2.10 图和附表清单(如有)

论文中如图表较多,可以分别列出清单置于目次页之后。图的清单应有序号、图题和页码。表的清单应有序号、表题和页码。

5.2.11 符号、标志、缩略词、首字母缩写、计量单位、术语等的注释表(如有)

符号、标志、缩略词、首字母缩写、计量单位、术语等的注释说明,如需汇集,可集中置于图表清单之后。

5.3 主体部分

5.3.1 一般要求

主体部分应从另页右页开始,每一章应另起页。

主体部分一般从引言(绪论)开始,以结论或讨论结束。

引言(绪论)应包括论文的研究目的、流程和方法等。

论文研究领域的历史回顾,文献回溯,理论分析等内容,应独立成章,用足够的文字叙述。

主体部分由于涉及的学科、选题、研究方法、结果表达方式等有很大的差异,不能作统一的规定。但是,必须实事求是、客观真切、准备完备、合乎逻辑、层次分明、简练可读。

5.3.2 图

图包括曲线图、构造图、示意图、框图、流程图、记录图、地图、照片等。

图应具有"自明性"。

图应有编号。图的编号由"图"和从"1"开始的阿拉伯数字组成,图较多时,可分章编号。

图宜有图题,图题即图的名称,置于图的编号之后。图的编号和图题应置于图下方。

照片图要求主题和主要显示部分的轮廓鲜明,便于制版。如用放大缩小的复制品,必须清晰,反差适中。照片上应有表示目的物尺寸的标度。

5.3.3 表

表应具有"自明性"。

表应有编号。表的编号由"表"和从"1"开始的阿拉伯数字组成,表较多时,可分章编号。

表宜有表题,表题即表的名称,置于表的编号之后。表的编号和表题应置于表上方。

表的编排,一般是内容和测试项目由左至右横读,数据依序竖读。

表的编排建议采用国际通行的三线表。

如某个表需要转页接排,在随后的各页上应重复表的编号。编号后跟表题(可省略)和"(续)",置于表上方。

续表均应重复表头。

5.3.4 公式

论文中的公式应另行起,并缩格书写,与周围文字留足够的空间区分开。

如有两个以上的公式,应用从"1"开始的阿拉伯数字进行编号,并将编号置于括号内。公式的编号右端对齐,公式与编号之间可用

"…"连接。公式较多时,可分章编号。

示例:

$$w_1 = u_{11} - u_{12}u_{21} \quad \cdots(5)$$

较长的公式需要转行时,应尽可能在"="处回行,或者在"+""—""×""/"等记号处回行。公式中分数线的横线,其长度应等于或略大于分子和分母中较长的一方。

如正文中书写分数,应尽量将其高度降低为一行。如将分数线书写为"/",将根号改为负指数。

示例:

将 $\frac{1}{\sqrt{2}}$ 写成 $1/\sqrt{2}$ 或 $2^{-1/2}$

5.3.5 引文标注

论文中引用的文献的标注方法遵照 GB/T 7714—2005,可采用顺序编码制,也可采用著者-出版年制,但全文必须统一。

示例 1:引用单篇文献的顺序编码制

德国学者 N. 克罗斯研究了瑞士巴塞尔市附近侏罗山中老第三纪断裂对第三系褶皱的控制[235];之后,他又描述了西里西亚第 3 条大型的近南北向构造带,并提出地槽是在不均一的块体的基底上发展的思想[236]。

示例 2:引用多篇文献的顺序编码制

莫拉德对稳定区的节理格式的研究[255-256]。

示例 3:标注著者姓氏和出版年的著者-出版年制

结构分析的子结构然最早是为解决飞机结构这类大型和复杂结构的有限元分析问题而发展起来的(Przemienicki,1968),而后,被用于共同作用分析(Haddadin,1971),并且已经取得快速发展。

示例 4:标注出版年的著者-出版年制

Brodaway 等(1986)报道在人工饲料中添加蛋白酶抑制剂会抑制昆虫的生长和发育。Johnson 等(1993)报道蛋白酶抑制剂基因在烟草中表达,可有效减少昆虫的危害。

5.3.6 注释

当论文中的字、词或短语,需要进一步加以说明,而又没有具体的文献来源时,用注释。注释一般在社会科学中用得较多。

应控制论文中的注释数量,不宜过多。

由于论文篇幅较长,建议采用文中编号加"脚注"的方式,最好不用采用文中编号加"尾注"。

示例 1:这是包含公民隐私权的最重要的国际人权法渊源。我国是该宣言的主要起草国之一,也是最早批准该宣言的国家③,当然庄严地承诺了这条规定所包含的义务和责任。

··········
―――――――

③ 中国为人权委员会的创始国。中国代表张彭春(P. C. Chang)出任第一届人权委员会主席,领导并参加了《世界人权宣言》的起草。

示例 2：这包括如下事实,"未经本人同意,监听、录制或转播私人性质的谈话或秘密谈话;未经本人同意,拍摄、录制或转播个人在私人场所的形象。"①

··········
―――――――

④ 根据同条规定,上述行为可被处以 1 年监禁,并科以 30 万法郎罚金。

5.3.7 结论

论文的结论是最终的、总体的结论,不是正文中各段的小结的简单重复。结论应包括论文的核心观点,交代研究工作的局限,提出未来工作的意见或建议。结论应该准确、完整、明确、精练。

如果不能导出一定的结论,也可以没有结论而进行必要的讨论。

5.4 参考文献表

参考文献表是文中引用的有具体文字来源的文献集合,其著录项目和著录格式遵照 GB/T 7714—2005 的规定执行。

参考文献表应置于正文后,并另起页。

所有被引用文献均要列入参考文献表中。

正文中未被引用但被阅读或具有补充信息的文献可集中列入附录中,其标题为"书目"。

引文采用著作-出版年制标注时,参考文献表应按著者字顺和出版年排序。

5.5 附录

附录作为主体部分的补充,并不是必需的。

下列内容可以作为附录编于论文后:

——为了整篇论文材料的完整,但编入正文又有损于编排的条理性和逻辑性,这一材料包括比正文更为详尽的信息、研究方法和技术更深入的叙述,对了解正文内容有用的补充信息等。

——由于篇幅过大或取材于复制品而不便于编入正文的材料。

——不便于编入正文的罕见珍贵资料。

——对一般读者并非必要阅读,但对本专业同行有参考价值的资料。

——正文中未被引用但被阅读或具有补充信息的文献。

——某些重要的原始数据、数学推导、结构图、统计表、计算机打印输出件等。

5.6 结尾部分(如有)

5.6.1 分类索引、关键词索引(如有)

可以编排分类索引,关键词索引等。

5.6.2 作者简历

包括教育经历、工作经历、攻读学位期间发表的论文和完成的工作等。

示例：

姓名：程晓丹 性别：女 民族：汉 出生年月：1976-07-23

籍贯：江苏省东台市

1995-09—1999-07 清华大学计算机系学士；

1999-09—2004-06 清华大学攻读博士学位(直博)

获奖情况：

参加项目：

攻读博士学位期间发表的学术论文：

5.6.3 其他

包括学位论文原创性声明等。

5.6.4 学位论文数据集

由反映学位论文主要特征的数据组成,共33项：

A1 关键词*,**A2** 密级*,**A3** 中图分类号*,**A4** UDC,**A5** 论文资助；

B1 学位授予单位名称*,**B2** 学位授予单位代码*,**B3** 学位类别*,**B4** 学位级别*；

C1 论文题名*,**C2** 并列题名,**C3** 论文语种*；

D1 作者姓名*,**D2** 学号*；

E1 培养单位名称*,**E2** 培养单位代码*,**E3** 培养单位地址,**E4** 邮编；

F1 学科专业*,**F2** 研究方向*,**F3** 学制*,**F4** 学位授予年*,**F5** 论文提交日期*；

G1 导师姓名*,**G2** 职称*；

H1 评阅人；**H2** 答辩委员会主席*,**H3** 答辩委员会成员；

I1 电子版论文提交格式,**I2** 电子版论文出版(发布)者,**I3** 电子版论文出版(发布)地,**I4** 权限声明；

J1 论文总页数*。

注：有星号*者为必选项,共22项。

6 编排格式

6.1 封面
见附录C。

6.2 目次页
见附录F。

6.3 章、节

6.3.1 论文主体部分可根据需要划分为不同数量的章、节,章、节的划分建议参照CY/T 35—2001。

示例:

第一级	第二级	第三级
1	2.1	2.8.1
2	2.2	2.8.2
3	2.3	2.8.3
⋮	⋮	⋮
6	2.6	2.8.6
7	2.7	2.8.7
8	2.8	2.8.8

6.3.2 章、节编号全部顶格排,编号与标题之间空1个字的间隙。章的标题占2行。正文另起行,前空2个字起排,回行时顶格排。

6.4 页码
学位论文的页码,正文和后置部分用阿拉伯数字编连续码,前置部分用罗马数字单独编连续码(封面除外)。

6.5 参考文献表
见附录G。

6.6 附录
附录编号、附录标题各占1行,置于附录条文之上居中位置。

每一个附录通常应另起页,如果有多个较短的附录,也可接排。

6.7 版面
论文在打印和印刷时,要求纸张的四周留足的空白边缘,以便于装订、复印和读者批注。每一面的上方(天头)和左侧(订口)应分别留边25 mm以上间隙,下方(地角)和右侧(切口)应分别留边20 mm以上间隙。

6.8 书脊
为便于学位论文的管理,建议参照GB/T 11668—1989,在学位论文书脊中标注学位论文题名及学位授予单位名称。
  示例：

```
┌─────────────┐
│   学        │
│   位        │
│   论        │
│   文        │
│   题        │
│   名        │
│             │
│             │
│   学        │
│   位        │
│   授        │
│   予        │
│   单        │
│   位        │
│   名        │
│   称        │
└─────────────┘
```

附录 A
（规范性附录）
学位论文结构图

前置部分
- 封面（见 5.2.1）（见附录 C）
- 封二（见 5.2.2）（如有）
- 题名页（见 5.2.3）
- 英文题名页（见 5.2.4）（如有）
- 勘误页（见 5.2.5）（如有）
- 致谢（见 5.2.6）
- 摘要页（见 5.2.7）
- 序言或前言（见 5.2.8）（如有）
- 目次页（见 5.2.9）
- 插图和附表清单（见 5.2.10）（如有）
- 缩写和符号清单（见 5.2.11）（如有）
- 术语表（见 5.2.11）（如有）

主体部分
- 引言（绪论）（见 5.3.1）
- 章、节
- 图（见 5.3.2）
- 表（见 5.3.3）
- 公式（见 5.3.4）
- 引文标注（见 5.3.5）
- 注释（见 5.3.6）
- 结论（见 5.3.7）

参考文献表（见 5.4）

附录（见 5.5）

结尾部分
- 索引（见 5.6.1）（如有）
- 作者简介（见 5.6.2）
- 其他（见 5.6.3）
- 学位论文数据集（见 5.6.4 和附录 J）
- 封底（如有）

附录 B
（规范性附录）
学位论文正文编排格式

1　（章的标题）

　　××

1.1　（节的标题）

　　××

1.2　（节的标题）

1.2.1　××

1.2.2　××××××××××××××××××××××××××××××××××××××

　　××××××××××××××××××××××××××××××××××××

　　××

2　（章的标题）

2.1　（节的标题）

2.1.1　××

2.2　（节的标题）

　　××××××××××××××××××××××××××××××××××××

××××××××××
　××××××××××××××××××××××××
××××××××××××××××××××××××
××××××××××××××××
3　(章的标题)
3.1　(节的标题)
　××××××××××××××××××××××××
××××××××××××××××××××××××××
××××
　　a. ×××××××××××××××××××××××
×××××××
　　b. ××××××××××××××××××××××××
××××××××××××××××××××××××
××××××××××
4　(章的标题)
　××××××××××××××××××××××××
××××××××××××××××××××××××××
××××××××××××××××××××××××××
×××××××××××××
　　…………

附录 C
（规范性附录）
封面编排示例

清华大学
博士学位论文

矩形截面 FS 约束混凝土柱抗震性能的试验研究与理论分析

Experimental Investigation and Theoretical Analysis on Seismic Behavior of FS Confined Rectangular Section

作　者　李　静
导　师　钱嫁茹教授

清华大学土木水利学院
二〇〇三年十月

Experimental Investigation and Theoretical Analysis on Seismic Behavior of FS Confined Rectangular Section

By

Jing Li

A Dissertation Submitted to

Tsinghua University

In partial fulfillment of the requirement

For the degree of

Doctor of Engineering

Department of Civil and Engineering

October, 2003

附录 D
（规范性附录）
题名页示例

中图分类号　TU375.3　　　　　　　　学校代码　10003
UDC　　　　624　　　　　　　　　　　密级　　　公开

清华大学
博士学位论文

矩形截面 FS 约束混凝土柱抗震性能的试验研究与理论分析

Experimental Investigation and Theoretical Analysis on Seismic Behavior of FS Confined Rectangular Section

作　　者	李静	导　　师	钱嫁茹 教授
申请学位	工学博士	培养单位	清华大学土木水利学院
学科专业	土木工程	研究方向	结构工程
答辩委员会主席		评 阅 人	

二○○三年十月

附录 E
（规范性附录）
摘要页示例

E.1 中文摘要页示例

论文题名

摘要：……。图 X 幅，表 X 个，参考文献 X 篇

关键词：(3-8)……………；……………；……………；……………

分类号：(1-2)……………；……………

E.2 英文摘要页示例

Title

Abstract：

Keywords：

Classification：

注：学位论文的英文摘要一般另起一页。

附录 F
（规范性附录）
目次页示例

序言（前言） ………………………………………	I
摘要 ………………………………………………	II
目次 ………………………………………………	IV
1 （第1章）引言（绪论）…………………………	1
1.1 （第1章第1节）题名 ………………………	1
2 （第2章）题名 …………………………………	3
2.1 （第2章第1节）题名 ………………………	7
2.2 （第2章第2节）题名 ………………………	10
……	
5 （第5章）结论 …………………………………	71
参考文献 …………………………………………	93
附录 A ……………………………………………	96
附录 B ……………………………………………	98
索引 ………………………………………………	101
作者简历 …………………………………………	102
学位论文数据集 …………………………………	103

附录 G
（规范性附录）
参考文献表示例

参 考 文 献

[1] 昂温 G,昂温 PS. 外国出版史[M]. 陈生铮,译. 北京：中国书籍出版社,1998.

[2] 赵耀东. 新时代的工业工程师[M/OL]. 台北：天下文化出版社,1998[1998-09-26]. http://www.ie.nthu.edu.tw/info/ie.newie.htm(Big5).

[3] 马克思. 关于《工资、价格和利润》的报告札记[M]//马克思,恩格斯. 马克思恩格斯全集：第44卷. 北京：人民出版社,1982：505.

[4] 李炳穆. 理想的图书馆员和信息专家的素质与形象[J]. 图书情报工作,2000(2)：5-8.

[5] 姜锡洲. 一种温热外敷药制备方案：中国,88105607.3[P]. 1989-07-26.

[6] METCALFS W. The Tort Hall air emission study [C/OL]// The International Congress on Hazardous Waste, Atlanta Marriott Marquis Hotel, Atlanta, Georgia, June 5-8, 1995: Impact on human and ecological health [1998-09-22]. http://atsdrl.astdr.cde.gov:8080/Cong95.html.

附录 H
（规范性附录）
学位论文数据集

表 H.1　数据集页

关键词*	密级*	中图分类号*	UDC*	论文资助
学位授予单位名称*	学位授予单位代码*		学位类别*	学位级别*
论文题名*	并列题名*		论文语种*	
作者姓名			学号*	
培养单位名称*	培养单位代码*		培养单位地址	邮编
学科专业*	研究方向*		学制*	学位授予年*
论文提交日期*				
导师姓名*			职称	
评阅人	答辩委员会主席*		答辩委员会成员	
电子版论文提交格式　文本（　）　图像（　）　视频（　）　音频（　） 多媒体（　）　其他（　） 推荐格式：application/msword；application/pdf				
电子版论文出版（发布）者	电子版论文出版（发布）地		权限声明	
论文总页数*				
注：共33项，其中带*为必填数据，为22项。				

参考文献

[1] 中国标准研究中心等. GB/T 1.1—2000 标准化工作导则 第 1 部分：标准的结构和编写规则[S]. 北京：中国标准出版社，2001.

[2] 国防科工委情报研究所. GJB 567A—1997 中国国防科学技术报告编写规则[S]. 北京：国防科工委军标出版社，1997.

[3] 中华人民共和国教育部. 中华人民共和国学位条例暂行实施办法[EB/OL].（1981-05-20）[2004-06-23]. http://www.moe.gov.cn/edoas/website18/info5897.htm.

[4] 国务院学位委员会. 关于审定学位授予单位的原则和办法[EB/OL].（1981-02）[2004-06-23]. http://gov.hnedu.cn/fagui/Law/12/law_12.1013.htm.

[5] 国务院学位委员会办公室，教育部. 授予博士、硕士学位和培养研究生的学科、专业目录[EB/OL].（1997）[2004-06-23]. http://grs.zju.edu.cn/xkjw/major.htm.

[6] 国务院学位委员会. 关于审定学位授予单位的原则和办法[EB/OL].（1981-02-24）[2004-06-23]. http://gov.hnedu.cn/fagui/Law/12/law_12_1013.htm.

附录 F

中华人民共和国国家标准

信息与文献 参考文献著录规则[①]

Information and documentation—Rules for bibliographic references and citations to information resources

(GB/T 7714—2015)

前 言

本标准按照 GB/T 1.1—2009 给出的规则起草。

本标准代替 GB/T 7714—2005《文后参考文献著录规则》。与 GB/T 7714—2005 相比,主要技术变化如下:

——本标准的名称由《文后参考文献著录规则》更名为《信息与文献 参考文献著录规则》;

——根据本标准的适用范围和用途,将"文后参考文献"和"电子文献"分别更名为"参考文献"和"电子资源";

——在"3 术语和定义"中,删除了参考文献无需著录的"并列题名",增补了"阅读型参考文献"和"引文参考文献"。根据 ISO 690:2010(E)修改了"3.1 文后参考文献""3.2 主要责任者""3.3 专著""3.4 连续出版物""3.5 析出文献""3.6 电子文献"的术语、定义、英译名;

——在著录项目的设置方面,为了适应网络环境下电子资源存取路径的发展需要,本标准新增了"数字对象唯一标识符"(DOI),以便读者快捷、准确地获取电子资源;

——在著录项目的必备性方面,将"文献类型标识(电子文献必备,其他文献任选)"改为"文献类型标识(任选)";将"引用日期(联机文献必备,其他电子文献任选)"改为"引用日期";

——在著录规则方面,将"8.1.1"中的"用汉语拼音书写的中国著者姓名不得缩写"改为"依据 GB/T 28039—2011 有关规定,用汉语拼音书写的人名,姓全大写,其名可缩写,取每个汉字

[①] 全国信息与文献标准化技术委员会. 信息与文献 参考文献著录规则:GB/T 7714—2015[S]. 北京:中国标准出版社,2015.

附录 F 信息与文献 参考文献著录规则

拼音的首字母"。在"8.8.2"中增加了"阅读型参考文献的页码著录文章的起讫页或起始页,引文参考文献的页码著录引用信息所在页"。在"8.5 页码"中增补了"引自序言或扉页题词的页码,可按实际情况著录"的条款。新增了"8.6 获取和访问路径"和"8.7 数字对象统一标识符"的著录规则;

——在参考文献著录用文字方面,在"6.1"中新增了"必要时,可采用双语著录。用双语著录参考文献时,首先用信息资源的原语种著录,然后用其他语种著录";

——为了便于识别参考文献类型、查找原文献、开展引文分析,在"文献类型标识"中新增了"A"档案、"CM"舆图、"DS"数据集以及"Z"其他;

——各类信息资源更新或培补了一些示例,重点增补了电子图书、电子学位论文、电子期刊、电子资源的示例,尤其是增补了附视频的电子期刊、载有 DOI 的电子图书和电子期刊的示例以及韩文、日文、俄文的示例。

本标准使用重新起草法参考 ISO 690:2010(E)《信息和文献 参考文献和信息资源引用指南》编制,与 ISO 690:2010 的一致性程度为非等效。

本标准由全国信息与文献标准化技术委员会(SAC/TC4)提出并归口。

本标准起草单位:北京大学信息管理系、中国科学技术信息研究所、北京师范大学学报(自然科学版)编辑部、北京大学学报(哲学社会科学版)编辑部、中国科学院文献情报中心。

本标准主要起草人:段明莲、白光武、陈浩元、刘曙光、曾燕。

本标准所代替标准的历次版本发布情况为:

——GB/T 7714—1987、GB/T7714—2005。

信息与文献 参考文献著录规则

1 范围

本标准规定了各个学科、各种类型信息资源的参考文献的著录项目、著录顺序、著录用符号、著录用文字、各个著录项目的著录方法以及参考文献在正文中的标注法。

本标准适用于著者和编辑著录参考文献,而不是供图书馆员、文献目录编制者以及索引编辑者使用的文献著录规则。

2　规范性引用文件

下列文件对于本文件的应用是必不可少的。凡是注日期的引用文件,仅注日期的版本适用于本文件。凡是不注日期的引用文件,其最新版本(包括所有的修改版)适用于本文件。

GB/T 7408—2005　数据元和交换格式　信息交换　日期和时间表示法

GB/T 28039—2011　中国人名汉语拼音字母拼写规则

ISO 4 信息与文献　出版物题名和标题缩写规则(Information and documentation—Rules for the abbreviation of title words and titles of publications)

3　术语和定义

下列术语和定义适用于本文件。

3.1

参考文献 reference

对一个信息资源或其中一部分进行准确和详细著录的数据,位于文末或文中的信息源。

3.2

主要责任者 creator

主要负责创建信息资源的实体,即对信息资源的知识内容或艺术内容负主要责任的个人或团体。主要责任者包括著者、编者、学位论文撰写者、专利申请者或专利权人、报告撰写者、标准提出者、析出文献的著者等。

3.3

专著 monograph

以单行本或多卷册(在限定的期限内出齐)形式出版的印刷型或非印刷型出版物,包括普通图书、古籍、学位论文、会议文集、汇编、标准、报告、多卷书、丛书等。

3.4

连续出版物 serial

通常载有年卷期号或年月日顺序号,并计划无限期连续出版发行的印刷或非印刷形式的出版物。

3.5

析出文献 contribution

从整个信息资源中析出的具有独立篇名的文献。

3.6

电子资源 electronic resource

以数字方式将图、文、声、像等信息存储在磁、光、电介质上,通过计算机、网络或相关设备使用的记录有知识内容或艺术内容的信息资源,包括电子公告、电子图书、电子期刊、数据库等。

3.7

顺序编码制 numeric references method

一种引文参考文献的标注体系,即引文采用序号标注,参考文献表按引文的序号排序。

3.8

著者-出版年制 first element and date method

一种引文参考文献的标注体系,即引文采用著者出版年标注,参考文献表按著者字顺和出版年排序。

3.9

合订题名 title of the individual works

由2种或2种以上的著作汇编而成的无总题名的文献中各部著作的题名。

3.10

阅读型参考文献 reading reference

著者为撰写或编辑论著而读过的信息资源,或供读者进一步阅读的信息资源。

3.11

引文参考文献 cited reference

著者为撰写或编辑论著而引用的信息资源。

3.12

数字对象唯一标识符 digital object identifier;DOI

针对数字源的全球唯一永久性标识符,具有对资源进行永久命名标志、动态解析链接的特性。

4 著录项目与著录格式

本标准规定参考文献设必备项目与选择项目。凡是标注"任选"字样的著录项目系参考文献的选择项目,其余均为必备项目。标准分别规定了专著、专著中的析出文献,连续出版物、连续出版物中的析出文献、专利文献以及电子资源的著录项目和著录格式。

4.1 专著
4.1.1 著录项目
主要责任者
题名项
　题名
　其他题名信息
　文献类型标识(任选)
其他责任者(任选)
版本项
出版项
　出版地
　出版者
　出版年
　引文页码
　引用日期
获取和访问路径(电子资源必备)
数字对象唯一标识符(电子资源必备)

4.1.2 著录格式
主要责任者.题名：其他题名信息［文献类型标识/文献载体标识］.其他责任者.版本项.出版地：出版者,出版年：引文页码［引用日期］.获取和访问路径.数字对象唯一标识符.

示例：

［1］陈登原.国史旧闻：第1卷［M］.北京：中华书局,2000：29.

［2］哈里森,沃尔德伦.经济数学与金融数学［M］.谢远涛,译.北京：中国人民大学出版社,2012：235-236.

［3］北京市政协民族和宗教委员会,北京联合大学民族与宗教研究所.历代王朝与民族宗教［M］.北京：民族出版社,2012：112.

［4］全国信息与文献标准化技术委员会.信息与文献 都柏林核心元数据元素集：GB/T 25100—2010［S］.北京：中国标准出版社,2010：2-3.

［5］徐光宪,王祥云.物质结构［M］.北京：科学出版社,2010.

［6］顾炎武.昌平山水记；京东考古录［M］.北京：北京古籍出版社,1992.

［7］王夫之.宋论［M］.刻本.金陵：湘乡曾国荃,1865(清同治四年).

［8］牛志明,斯温兰德,雷光春.综合湿地管理国际研讨会论文集［C］.北京：海洋出版社,2012.

［9］中国第一历史档案馆,辽宁省档案馆.中国明朝档案总汇［M］.桂林：广西师范大学出版社,2001.

[10] 杨保军. 新闻道德论[D/OL]. 北京：中国人民大学，2010[2012-11-01]. http://apabi.lib.pku.edu.cn/usp/pku/pub.mvc?pid=book.detail&metaid=m.20101104-BPO-889-1023&cult=CN.

[11] 赵学功. 当代美国外交[M/OL]. 北京：社会科学文献出版社，2001[2014-06-11]. http://www.cadal.zju.edu.cn/bookltrySinglePage133023884/1.

[12] 同济大学土木工程防灾国家重点实验室. 汶川地震震害研究[M/OL]. 上海：同济大学出版社，2011：5-6[2013-05-09]. http://apabi.lib.pku.edu.cn/usp/pku/pub.mvc?pid=book.detail&metaid=m.20120406-YPT889-0010.

[13] 中国造纸学会中国造纸年鉴：2003[M/OL]. 北京：中国轻工业出版社，2003[2014-04-25]. http://www.cadal.zju.edu.cn/bookview/25010080.

[14] PEEBLES P Z, Jr. Probability, random variable, and random signal principles[M]. 4th ed. New York: McGraw Hill, 2001.

[15] YUFIN S A. Geoecology and computers: proceedings of the Third International Conference on Advances of Computer Methods in Geo technical and Geoenvironmental Engineering, Moscow, Russia, February 1-4, 2000 [C]. Rotterdam: A. A. Balkema, 2000.

[16] BALDOCK P. Developing early childhood services: past, present and future[M/OL]. [S.l.]: Open University Press, 2011: 105 [2012-11-27]. http://llib.myilibrary.com/Open.aspx?id=312377.

[17] FAN X, SOMMERS C H. Food irradiation research and technology[M/OL]. 2nd ed. Ames, Iowa: Blackwell Publishing, 2013: 25-26[2014-06-26]. http://onlinelibrary.wiley.comldoi/l0.1002l9781118422557.ch2/summary.

4.2 专著中的析出文献
4.2.1 著录项目

析出文献主要责任者
析出文献题名项
 析出文献题名
 文献类型标识（任选）
析出文献其他责任者（任选）
出处项
 专著主要责任者
 专著题名
 其他题名信息
版本项
出版项
 出版地

出版者
出版年
析出文献的页码
引用日期
获取和访问路径(电子资源必备)
数字对象唯一标识符(电子资源必备)

4.2.2 著录格式

析出文献主要责任者.析文献题名[文献类型标识/文献载体标识].析出文献其他责任者//专著主要责任者.专著题名：其他题名信息.版本项.出版地：出版者,出版年：析出文献的页码[引用日期].获取和访问路径.数字对象唯一标识符.

示例：

[1] 周易外传：卷5[M]//王夫之.船山全书：第6册.长沙：岳麓书社,2011：1109.

[2] 程根伟.1998年长江洪水的成因与减灾对策[M]//许厚泽,赵其国.长江流域洪涝灾害与科技对策.北京：科学出版社,1999：32-36.

[3] 陈晋镳,张惠民,朱士兴,等.蓟县震旦亚界研究[M]//中国地质科学院天津地质矿产研究所,中国震旦亚界.天津：天津科学技术出版社,1980：56-114.

[4] 马克思.政治经济学批判[M]//马克思,恩格斯.马克思恩格斯全集：第35卷.北京：人民出版社,2013：302.

[5] 贾东琴,柯平.面向数字素养的高校图书馆数字服务体系研究[C]//中国图书馆学会.中国图书馆学会年会论文集：2011年卷.北京：国家图书馆出版社,2011：45-52.

[6] WEINSTEIN L,SWERTZ M N. Pathogenic properties of invading microorganism[M]//SODEMAN W A,Jr,SODEMAN W A. Pathologic physiology: mechanisms of disease. Philadelphia: Saunders,1974：745-772.

[7] ROBERSON J A,BURNESON E G. Drinking water standards,regulation and goals[M/OL]//American Water Works Association. Water quality & treatment: a handbook on drinking water. 6th ed. New York: McGraw-Hill,2011：1.1-1.36[2012-12-10]. http://lib.myilibrary.com/open.aspx? id=291430.

4.3 连续出版物

4.3.1 著录项目

主要责任者
题名项
  题名

其他题名信息

文献类型标识(任选)

年卷期或其他标识(任选)

出版项

出版地

出版者

出版年

引用日期

获取和访问路径(电子资源必备)

数字对象唯一标识符(电子资源必备)

4.3.2 著录格式

主要责任者.题名:其他题名信息[文献类型标识/文献载体标识].年,卷(期)-年,卷(期).出版地:出版者,出版年[引用日期].获取和访问路径.数字对象唯一标识符.

示例:

[1] 中华医学会湖北分会.临床内科杂志[J].1984,1(1)-.武汉:中华医学会湖北分会,1984-.

[2] 中国图书馆学会.图书馆学通讯[J].1957(1)-1990(4).北京:北京图书馆,1957-1990.

[3] American Association for the Advancement of Science. Science[J].1883,1(1)-. Washington,D.C.: American Association for the Advancement of Science,1883-.

4.4 连续出版物中的析出文献

4.4.1 著录项目

析出文献主要责任者

析出文献题名项

析出文献题名

文献类型标识(任选)

出处项

连续出版物题名

其他题名信息

年卷期标识与页码

引用日期

获取和访问路径(电子资源必备)

数字对象唯一标识符(电子资源必备)

4.4.2 著录格式

析出文献主要责任者.析出文献题名[文献类型标识/文献载体标识].连续出版物题名:其他题名信息,年,卷(期):页码[引用日期].获取和访问路径.数字对象唯一标识符.

示例:

[1] 袁训来,陈哲,肖书海,等.蓝田生物群:一个认识多细胞生物起源和早期演化的新窗口[J].科学通报,2012,57(34):3219.

[2] 余建斌.我们的科技一直在追赶:访中国工程院院长周济[N/OL].人民日报,2013-01-12(2)[2013-03-20]. http://paper.people.com.cn/rmrb/html/2013-01/12/nw.D110000renmrb_20130112_5-02.htm.

[3] 李炳穆.韩国图书馆法[J/OL].图书情报工作,2008,52(6):6-12[2013-10-25]. http://www.docin.com/p-400265742.html.

[4] 李幼平,王莉.循证医学研究方法:附视频[J/OL].中华移植杂志(电子版),2010,4(3):225-228[2014-06-09]. http://www.cqvip.com/Read/Read.aspx?id=36658332.

[5] 武丽丽,华一新,张亚军,等."北斗一号"监控管理网设计与实现[J/OL].测绘科学,2008,33(5):8-9[2009-10-25]. http://vip.calis.edu.cn/CSTJ/Sear.dll?OPAC_CreateDetail. DOI:10.3771/j.issn.1009-2307.2008.05.002.

[6] KANAMORI H. Shaking without quaking[J]. Science,1998,279(5359):2063.

[7] CAPLAN P. Cataloging internet resources[J]. The public access computer systems review,1993,4(2):61-66.

[8] FRESE K S,KATUS H A,MEDER B. Next-generation sequencing,from understanding biology to personalized medicine[J/OL]. Biology,2013,2(1):378-398[2013-03-19]. http://www.mdpi.com/2079-7737/2/1/378. DOI:10.3390/biology2010378.

[9] MYBURG A,GRATTAPAGLIA D,TUSKAN G A,et al. The genome of Eucalyptus grandis[J/OL]. Nature,2014,510:356-362(2014-06-19)[2014-06-25]. http://www.nature.com/nature/journal/v510/n7505/pdf/nature13308.pdf. DOI:10.1038/nature13308.

4.5 专利文献
4.5.1 著录项目

专利申请者或所有者

题名项

 专利题名

 专利号

文献类型标识(任选)
　出版项
　　公告日期或开日期
　　引用日期
　　获取和访问路径(电子资源必备)
　　数字对象唯一标识符(电子资源必备)
4.5.2　著录格式
专利申请者或所有者.专利题名：专利号[文献类型标识/文献载体标识].公告日期或公开日期[引用日期].获取和访问路径.数字对象唯一标识符.

　示例：
[1] 邓一刚.全智能节电器：200610171314.3[P].2006-12-13.
[2] 西安电子科技大学.光折变自适应光外差探测方法：01128777.2[P/OL].2002-03-06[2002-05-28].http：//211.152.9.47/sipoasp/zljs/hyjs-yx-new.asp？recid=01128777.2&leixin=0.
[3] TACHIBANA R,SHMZU S,KOBAYSHI S,et al. Electronic watermarking method and system：US1915001[P/OL].2005-07-05[2013-11-11].http：//www.google.in/patents/US1915001.

4.6　电子资源
凡属电子专著、电子专著中的析出文献、电子连续出版物、电子连续出版物中的析出文献以及电子专利的著录项目与著录格式分别按4.1～4.5中的有关规则处理。除此而外的电子资源根据本规则著录。

4.6.1　著录项目
　主要责任者
　题名项
　　题名
　　其他题名信息
　　文献类型标识(任选)
　出版项
　　出版地
　　出版者
　　出版年
　　引文页码
　　更新或修改日期
　　引用日期

获取和访问路径

数字对象唯一标识符

4.6.2 著录格式

主要责任者.题名:其他题名信息[文献类型标识/文献载体标识].出版地:出版者,出版年:引文页码(更新或修改日期)[引用日期].获取和访问路径.数字对象唯一标识符.

示例:

[1] 中国互联网络信息中心.第29次中国互联网络发展现状统计报告[R/OL].(2012-01-16)[2013-03-26]. http://www.cnnic.net.cnlhlwfzyjlhl-wxzbg/201201/P020120709345264469680.pdf.

[2] 北京市人民政府办公厅.关于转发北京市企业投资项目核准暂行实施办法的通知:京政办发[2005]37号[EB/OL].(2005-07-12)[2011-07-12]. http://china.findlaw.cn/lfagui/p_1/39934.html.

[3] BAWDEN D. Origins and concepts of digital literacy[EB/OL].(2008-05-04)[2013-03-08]. http://www.soi.city.ac.uk/~dbawden/digital%20literacy%20chapter.pdf.

[4] Online Computer Library Center,Inc. About OCLC: history of cooperation [EB/OL].[2012-03-27]. http://www.oclc.org/about/cooperation.en.html.

[5] HOPKINSON A. UNIMARC and metadata: Dublin core[EB/OL].(2009-04-22)[2013-03-27]. http://archive.ifla.org/IV/ifla64/138-161e.htm.

5 著录信息源

参考文献的著录信息源是被著录的信息资源本身。专著、论文集、学位论文、报告、专利文献等可依据题名页、版权页、封面等主要信息源著录各个著录项目;专著、论文集中析出的篇章与报刊上的文章依据参考文献本身著录析出文献的信息,并依据主要信息源著录析出文献的出处;电子资源依据特定网址中的信息著录。

6 著录用文字

6.1
参考文献原则上要求用信息资源本身的语种著录。必要时,可采用双语著录。用双语著录参考文献时,首先应用信息资源的原语种著录,然后用其他语种著录。

示例1:用原语种著录参考文献

[1] 周鲁卫.软物质物理导论[M].上海:复旦大学出版社,2011:1.

[2] 常森.《五行》学说与《荀子》[J].北京大学学报(哲学社会科学版),2013,50(1):75.

[3] 김세훈,외.도시관및독서진흥법 개정안 연구[M].서울:한국문화관광정책연구원,

2003:15.

[4] 図書館用語辞典編集委員会.最新図書館用語大辞典[M].東京:柏書房株式会社,2004:154.

[5] RUDDOCK L. Economics for ihe modern built environment[M/OL]. London: Taylor & Francis, 2009: 12[2010-06-15]. http://lib. myilihrary. com/Open. aspx? icl=179660.

[6] Кочетков А Я. Молибден-медно-эолотопорфиовое месторождение Рябиновсе[J/OL]. Отечественная гелогия,1993(7):50-58.

示例2:用韩中2种语种著录参考文献

[1] 이병목.도서관법규총람:제1권[M]. 서울:구미무역 출판부,2005:67-68.
李炳穆.图书馆法规总览:第1卷[M].首尔:九美贸易出版部,2005:67-68.

[2] 도서관정보정책위원회 발족식 및 도서관정보정책기획단 신설[J]. 圖書館文化,2007,48(7):11-12.
图书馆信息政策委员会成立仪式与图书馆信息政策规划团[J].图书馆文化,2007,48(7):11-12.

示例3:用中英2种语种著录参考文献

[1] 熊平,吴颉.从交易费用的角度谈如何构建药品流通的良性机制[J].中国物价,2005(8):42-45.
XIONG P, WU X. Discussion on how to construct benign medicine circulation mechanism from transaction cost perspective[J]. China price, 2005 (8):42-45.

[2] 上海市食品药品监督管理局课题组.互联网药品经营现状和监管机制的研究[J].上海食品药品监管情报研究,2008(1):8-11.
Research Group of Shanghai Food and Drug Administration. A study on online pharmaceutical operating situation and supervision mechanism[J]. Shanghai food and drug information research,2008(1):8-11.

6.2 著录数字时,应保持信息资源原有的形式。但是,卷期号、页码、出版年、版次、更新或修改日期、引用日期、顺序编码制的参考文献序号等应用阿拉伯数字表示。外文书的版次用序数词的缩写形式表示。

6.3 个人著者,其姓全部著录,字母全大写,名可缩写为首字母(见8.1.1);如用首字母无法识别该人名时,则用全名。

6.4 出版项中附在出版地之后的省名、州名、国名等(见8.4.1.1)以及作为限定语的机关团体名称可按国际公认的方法缩写。

6.5 西文期刊刊名的缩写可参照 ISO 4 的规定。

6.6 著录西文文献时,大写字母的使用要符合信息资源本身文种的习惯用法。

7 著录用符号

7.1 本标准中的著录用符号为前置符。按著者-出版年制组织的参考文献表中的第一个著录项目,如主要责任者、析出文献主要责任者、专利申请者或所有者前不使用任何标识符号。按顺序编码制组织的参考文献表中的各篇文献序号用方括号,如:[1]、[2]………

7.2 参考文献使用下列规定的标识符号:

- . 用于题名项、析出文献题名项、其他责任者、析出文献其他责任者、连续出版物的"年卷期或其他标识"项、版本项、出版项、连续出版物中析出文献的出处项、获取和访问路径以及数字对象唯一标识符前。每一条参考文献的结尾可用"."号。
- : 用于其他题名信息、出版者、引文页码、析出文献的页码、专利号前。
- , 用于同一著作方式的责任者、"等""译"字样、出版年、期刊年卷期标识中的年和卷号前。
- ; 用于同一责任者的合订题名以及期刊后续的年卷期标识与页码前。
- // 用于专著中析出文献的出处项前。
- ( ) 用于期刊年卷期标识中的期号、报纸的版次、电子资源的更新或修改日期以及非公元纪年的出版年。
- [ ] 用于文献序号、文献类型标识、电子资源的引用日期以及自拟的信息。
- / 用于合期的期号间以及文献载体标识前。
- - 用于起讫序号和起讫页码间。

8 著录细则

8.1 主要责任者或其他责任者

8.1.1 个人著者采用姓在前名在后的著录形式。欧美著者的名可用缩写字母,缩写名后省略缩写点。欧美著者的中译名只著录其姓;同姓不同名的欧美著者,其中译名不仅要著录其姓,还需著录其名的首字母。依据 GB/T 28039—2011 有关规定,用汉语拼音书写的人名,姓全大写,其名可缩写,取每个汉字拼音的首字母。

示例 1:李时珍　　　　　　　原题:(明)李时珍
示例 2:乔纳斯　　　　　　　原题:(瑞士)伊迪斯·乔纳斯
示例 3:昂温　　　　　　　　原题:(美)S. 昂温(Stephen Unwin)
示例 4:昂温 G,昂温 PS　　　原题:(英)G. 昂温(G. Unwin),P. S. 昂温(P. S. Unwin)

示例 5：丸山敏秋　　　　　　原题：（日）丸山敏秋
示例 6：凯西尔　　　　　　　原题：（阿拉伯）伊本·凯西尔
示例 7：EINSTEIN A　　　　原题：Albert Einstein
示例 8：WILLIAMS-ELLIS A　原题：Amabel Williams-Elis
示例 9：DE MORGAN A　　　原题：Augustus De Morgan
示例 10：LI Jiangning　　　　原题：LI Jiangning
示例 11：LI J N　　　　　　　原题：LI Jiangning

8.1.2 著作方式相同的责任者不超过 3 个时，全部照录。超过 3 个时，著录前 3 个责任者，其后加",等"或与之相应的词。

示例 1：钱学森,刘再复　　　　原题：钱学森　刘再复
示例 2：李四光,华罗庚,茅以升　原题：李四光　华罗庚　茅以升
示例 3：印森林,吴胜和,李俊飞,等　原题：印森林　吴胜和　李俊飞　冯文杰
示例 4：FORDHAM E W, ALI A, TURNER D A, et al.
　　　原题：Evenst W. Fordham Amiad Ali David A. Turner John R. Charters

8.1.3 无责任者或者责任者情况不明的文献，"主要责任者"项应注明"佚名"或与之相应的词。凡采用顺序编码制组织的参考文献可省略此项，直接著录题名。

示例：Anon, 1981. Coffee drinking and cancer of the pancreas[J]. Br Med J, 283(6292): 628.

8.1.4 凡是对文献负责的机关团体名称，通常根据著录信息源著录。机关团体名称应由上至下分级著录，上下级间用"."分隔，用汉字书写的机关团体名称除外。

示例 1：中国科学院物理研究所
示例 2：贵州省土壤普查办公室
示例 3：American Chemical Society
示例 4：Stanford University. Department of Civil Engineering

8.2　题名

题名包括书名、刊名、报纸名、专利题名、报告名、标准名、学位论文名、档案名、舆图名、析出的文献名等。题名按著录信息源所载的内容著录。

示例 1：王夫之"乾坤并建"的诠释面向
示例 2：张子正蒙注
示例 3：化学动力学和反应器原理
示例 4：袖珍神学,或,简明基督教词典
示例 5：北京师范大学学报(自然科学版)
示例 6：Gases in sea ice 1975-1979
示例 7：J Math & Phys

8.2.1 同一责任者的多个合订题名,著录前 3 个合订题名。对于不同责任者的多个合订题名,可以只著录第一个或处于显要位置的合订题名。在参考文献中不著录并列题名。

  示例 1：为人民服务;纪念白求恩;愚公移山 原题：为人民服务 纪念白求恩
     愚公移山 毛泽东著

  示例 2：大趋势 原题：大趋势 Megatrends

8.2.2 文献类型标识(含文献载体标识)宜依附录 B《文献类型和文献载体标识代码》著录。电子资源既要著录文献类型标识,也要著录文献载体标识。本标准根据文献类型及文献载体的发展现状作了必要的补充。

8.2.3 其他题名信息根据信息资源外部特征的具体情况决定取舍。其他题名信息包括副题名,说明题名文字,多卷书的分卷书名、卷次、册次,专利号,报告号,标准号等。

  示例 1：地壳运动假说：从大陆漂移到板块构造［M］
  示例 2：三松堂全集：第 4 卷［M］
  示例 3：世界出版业：美国卷［M］
  示例 4：ECL 集成电路：原理与设计［M］
  示例 5：中国科学技术史：第 2 卷 科学思想史［M］
  示例 6：商鞅战秋菊：法治转型的一个思想实验［J］
  示例 7：中国科学：D 辑 地球科学［J］
  示例 8：信息与文献—都柏林核心元数据元素集：GB/T 25100—2010［S］
  示例 9：中子反射数据分析技术：CNIC-01887［R］
  示例 10：Asian Pacific journal of cancer prevention：e-only

8.3 版本

  第 1 版不著录,其他版本说明应著录。版本用阿拉伯数字、序数缩写形式或其他标识表示。古籍的版本可著录"写本""抄本""刻本""活字本"等。

  示例 1：3 版   原题：第三版
  示例 2：新 1 版   原题：新 1 版
  示例 3：明刻本   原题：明刻本
  示例 4：5th ed.   原题：Fifth edition
  示例 5：Rev. ed.   原题：Revised edition

8.4 出版项

  出版项应按出版地、出版者、出版年顺序著录。

  示例 1：北京：人民出版社,2013
  示例 2：New York：Academic Press,2012

8.4.1 出版地

8.4.1.1 出版地著录出版者所在地的城市名称。对同名异地或不为人们熟悉的城市名,宜在城市名后附省、州名或国名等限定语。

示例1:Cambridge,Eng.

示例2:Cambridge,Mass.

8.4.1.2 文献中载有多个出版地,只著录第一个或处于显要位置的出版地。

示例1:北京:科学出版社,2013

原题:科学出版社 北京 上海 2013

示例2:London:Butterworths,2000

原题:Butterworths London Boston Durban Syngapore Sydney Toronto Wellington 2000

8.4.1.3 无出版地的中文文献著录"出版地不详",外文文献著录"s.l."并置于方括号内。无出版地的电子资源可省略此项。

示例1:[出版地不详]:三户图书刊行社,1990

示例2:[s.l.]:MacMillan,1975

示例3:Open University Press,2011:105[2014-06-16]. http://llib.myilibrary.com/Open.aspx?id=312377

8.4.2 出版者

8.4.2.1 出版者可以按著录信息源所载的形式著录,也可以按国际公认的简化形式或缩写形式著录。

示例1:中国标准出版社　　　　　原题:中国标准出版社

示例2:Elsevier Science Publishers　　原题:Elsevier Science Publishers

示例3:IRRI　　　　　　　　　　原题:International Rice Reasearch Institute

8.4.2.2 文献中载有多个出版者,只著录第一个或处于显要位置的出版者。

示例:Chicago:ALA,1978

原题:American Library Association/Chicago　Canadian Library Association/Ottawa 1978

8.4.2.3 无出版者的中文文献著录"出版者不详",外文文献著录"s.n.",并置于方括号内,无出版者的电子资源可省略此项。

示例1:哈家滨:[出版者不详],2013

示例2:Salt Lake City:[s.n.],1964

8.4.3 出版日期

8.4.3.1 出版年采用公元纪年,并用阿拉伯数字著录。如有其他纪年形式时,将原有的纪年形式置于"( )"内。

  示例 1:1947(民国三十六年)

  示例 2:1705(康熙四十四年)

8.4.3.2 报纸的出版日期按照"YYYY-MM-DD"格式,用阿拉伯数字著录。

  示例:2013-01-08

8.4.3.3 出版年无法确定时,可依次选用版权年、印刷年、估计的印刷年。估计的出版年置于方括号内。

  示例 1:c1988

  示例 2:1995 印刷

  示例 3:[1936]

8.4.4 公告日期、更新日期、引用日期

8.4.4.1 依据 GB/T 7408-2005 专利文献的公告日期或公开日期按照"YYYY-MM-DD"格式,用阿拉伯数字著录。

8.4.4.2 依据 GB/T 7408-2005 电子资源的更新或修改日期、引用日期按照"YYYY-MM-DD"格式,用阿拉伯数字著录。

  示例:(2012-05-03)[2013-11-12]

8.5 页码

  专著或期刊中析出文献的页码或引文页码,应采用阿拉伯数字著录(参见 8.8.2、10.1.3、10.2.4)。引自序言或扉页题词的页码,可按实际情况著录。

  示例 1:曹凌.中国佛教疑伪经综录[M].上海:上海古籍出版社,2011:19.

  示例 2:钱学森.创建系统学[M].太原:山西科学技术出版社,2001:序 2-3.

  示例 3:冯友兰.冯友兰自选集[M].2 版.北京:首都师范大学出版社,2008:第 1 版自序.

  示例 4:李约瑟.题词[M]//苏克福,管成学,邓明鲁.苏颂与《本草图经》研究.长春:长春出版社,1991:扉页.

  示例 5:DUNBAR K L,MITCHELL D A. Revealing nature's synthetic potential through the study of ribosomal natural product biosynthesis[J/OL]. ACS chemical biology,2013,8:473-487[2013-10-06]. http://pubs.acs.org/doi/pdfplus/10.1021/cb3005325.

8.6 获取和访问路径

  根据电子资源在互联网中的实际情况,著录其获取和访问路径。

  示例 1:储大同.恶性肿瘤个体化治疗靶向药物的临床表现[J/OL].中华肿瘤杂志,2010,32(10):721-724[2014-06-25]. http://vip.calis.edu.cn/asp/Detail.asp.

示例2：WEINER S. Microarchaeology: beyond the visible archaeological record[M/OL]. Cambridge, Eng. : Cambridge University Press Textbooks,2010：38[2013-10-14]. http：// lib. myilibrary. com/Open. aspx? id=253897.

8.7 数字对象唯一标识符

获取和访问路径中不含数字对象唯一标识符时，可依原文如实著录数字对象唯一标识符。否则，可省略数字对象唯一标识符。

示例1：获取和访问路径中不含数字对象唯一标识符

刘乃安. 生物质材料热解失重动力学及其分析方法研究[D/OL]. 合肥：中国科学技术大学,2000：17-18[2014-08-29]. http：// wenku. baidu. com/link? url=GJDJ_xb4lxBUXnlPmq1XoEGSlrlH8TMLbidW_LjlYu33tpt707u62rKliypU_FBGUmox7ovPNaVIVBALAMd5yfwuKUUOAGYuB7cuZ-BYEhXa. DOI：10.7666/d. y351065.

（该书数字对象唯一标识符为：DOI：10.7666/d. y351065）

示例2：获取和访问路径中含数字对象唯一标识符

DEVERELL W, IGLER D. A companion to California history[M/OL]. New York：John Wiley & Sons,2013：21-22(2013-11-15)[2014-06-24]. http：// onlinelibrary. wiley. com/doi/10.1002/9781444305036. ch2/summary.

（该书数字对象唯一标识符为：DOI：10.1002/9781444305036. ch2）

8.8 析出文献

8.8.1 从专著中析出有独立著者、独立篇名的文献按4.2的有关规定著录，其析出文献与源文献的关系用"//"表示。凡是从报刊中析出具有独立著者、独立篇名的文献按4.4的有关规定著录，其析出文献与源文献的关系用"."表示。关于引文参考文献的著录与标识参见10.1.3与10.2.4。

示例1：姚中秋. 作为一种制度变迁模式的"转型"[M]// 罗卫东,姚中秋. 中国转型的理论分析：奥地利学派的视角. 杭州：浙江大学出版社,2009：44.

示例2：关立哲,韩纪富,张晨珏. 科技期刊编辑审读中要注重比较思维的科学运用[J]. 编辑学报,2014,26(2)：144-146.

示例3：TENOPIR C. Online databases：quality control[J]. Library journal,1987,113(3)：124-125.

8.8.2 凡是从期刊中析出的文章，应在刊名之后注明其年、卷、期、页码。阅读型参考文献的页码著录文章的起讫页或起始页，引文参考文献的页码著录引用信息所在页。

示例1：2001,1(1)：5-6
　　　　　年　卷期　页码
示例2：2014,510：356-363
　　　　　年　卷　页码
示例3：2010(6)：23
　　　　　年　期　页码
示例4：2012,22(增刊2)：81-86
　　　　　年　卷　期　　页码

8.8.3 对从合期中析出的文献,按8.8.2的规则著录,并在圆括号内注明合期号。

　　示例：2001(9/10)：36-39
　　　　　　年　期　　　页码

8.8.4 凡是在同一期刊上连载的文献,其后续部分不必另行著录,可在原参考文献后直接注明后续部分的年、卷、期、页码等。

　　示例：2011,33(2)：20-25；2011,33(3)：26-30
　　　　　　年　卷期　页码　年　卷期　页码

8.8.5 凡是从报纸中析出的文献,应在报纸名后著录其出版日期与版次。

　　示例：2013-03-16(1)
　　　　　　年　月　日　版次

9　参考文献表

参考文献表可以按顺序编码制组织,也可以按著者-出版年制组织。引文参考文献既可以集中著录在文后或书末,也可以分散著录在页下端。阅读型参考文献著录在文后、书的各章节后或书末。

9.1　顺序编码制

参考文献表采用顺序编码制组织时,各篇文献应按正文部分标注的序号依次列出(参见10.1)。

示例：

[1] BAKER S K,JACKSOW M E. The future of resource sharing[M]. New York：The Haworth Press,1995.

[2] CHERNIK B E. Introduction to library services for library technicians[M]. Littleton,Colo.：Libraries Unlimited,Inc.,1982.

[3] 尼葛洛庞帝. 数字化生存[M]. 胡泳,范海燕,译. 海口：海南出版社,1996.

[4] 汪冰. 电子图书理论与实践研究[M]. 北京：北京图书馆出版社,1997：16.

[5] 杨宗英. 电子图书馆的现实模型[J]. 中国图书馆学报,1996(2)：24-29.

[6] DOWLER L. The research university's dilemma: resource sharing and research in a transinstitutional environment[J]. Journal of Library administration,1995,21(1/2): 5-26.

9.2 著者-出版年制

参考文献表采用著者-出版年制组织时,各篇文献首先按文种集中,可分为中文、日文、西文、俄文、其他文种 5 部分；然后按著者字顺和出版年排列。中文文献可以按著者汉语拼音字顺排列(参见 10.2),也可以按著者的笔画笔顺排列。

示例：

尼葛洛庞帝,1996.数字化生存[M].胡泳,范海燕,译.海口：海南出版社.

汪冰,1997.电子图书馆理论与实践研究[M].北京：北京图书馆出版社：16.

杨宗英,1996.电子图书馆的现实模型[J].中国图书馆学报(2)：24-29.

BAKER S K, JACKSON M E, 1995. The future of resource sharing[M]. New York: The Haworth Press.

CHERNIK B E,1982. Introduction to library services for library technicians[M]. Littleton, Colo.: Libraries Unlimited, Inc.

DOWLER L,1995. The research university 1s dilemma: resource sharing and research in a transinstitutional environment[J]. Journal of library administration,21(1/2): 5-26.

10 参考文献标注法

正文中引用的文献的标注方法可以采用顺序编码制,也可以采用著者-出版年制。

10.1 顺序编码制

10.1.1 顺序编码制是按正文中引用的文献出现的先后顺序连续编码,将序号置于方括号中。如果顺序编码制用脚注方式时,序号可由计算机自动生成圈码。

示例 1：引用单篇文献,序号置于方括号中

……德国学者 N. 克罗斯研究了瑞士巴塞尔市附近侏罗山中老第三纪断裂对第三系褶皱的控制[235]；之后,他又描述了西里西亚第三条大型的近南北向构造带,并提出地槽是在不均一的块体的基底上发展的思想[236]。

…………

示例 2：引用单篇文献,序号由计算机自动生成圈码

……所谓"移情",就是"说话人将自己认同于……他用句子所描写的事件或状态中的一个参与者"①。《汉语大词典》和张相②都认为"可"是"痊愈",侯精一认为是"减轻"③。……另外,根据侯精一,表示病痛程度减轻的形容词"可"和表示逆转否定的副词"可"是兼类词④,这也说明二者应该存在着源流关系。

…………

10.1.2 同一处引用多篇文献时,应将各篇文献的序号在方括号内全部列出,各序号间用","。如遇连续序号,起讫序号间用短横线连接。此规则不适用于用计算机自动编码的序号。

> 示例:引用多篇文献
>
> 裴伟[570,83]提出……
>
> 莫拉德对稳定区的节理格式的研究[255-256]……

10.1.3 多次引用同一著者的同一文献时,在正文中标注首次引用的文献序号,并在序号的"[ ]"外著录引文页码。如果用计算机自动编序号时,应重复著录参考文献,但参考文献表中的著录项目可简化为文献序号及引文页码,参见本条款的示例2。

> **示例1**:多次引用同一著者的同一文献的序号
>
> ……改变社会规范也可能存在类似的"二阶囚徒困境"问题:尽管改变旧的规范对所有人都好,但个人理性选择使得没有人愿意率先违反旧的规范[1]。……事实上,古希腊对轴心时代思想真正的贡献不是来自对民主的赞扬,而是来自对民主制度的批评,苏格拉底、柏拉图和亚里士多德三位贤圣都是民主制度的坚决反对者[2]260。……柏拉图在西方世界的影响力是如此之大以至于有学者评论说,一切后世的思想都是一系列为柏拉图思想所作的脚注[3]……据《唐会要》记载,当时拆毁的寺院有4 600余所,招提、兰若等佛教建筑4万余所,没收寺产,并强迫僧尼还俗达260 500人。佛教受到极大的打击[2]326-329。……陈登原先生的考证是非常精确的,他印证了《春秋说题辞》"黍者绪也,故其立字,禾人米为黍,为酒以扶老,为酒以序尊卑,禾为柔物,亦宜养老",指出:"以上谓等威之辨,尊卑之序,由于饮食荣辱。"[4]
>
> **参考文献**:
>
> [1] SUNSTEIN C R. Social norms and social roles[J/OL]. Columbia law review,1996,96:903[2012-01-26]. http://www.heinonline.org/HOL/Page?handle=hein.journals/clr96&.id=913&.collection=journals&.index=journals/cir.
>
> [2] MORRI I. Why the west rules for now: the patterns of history, and what they reveal about the future[M]. New York: Farrar, Straus and Giroux,2010.
>
> [3] 罗杰斯.西方文明史:问题与源头[M].潘惠霞,魏婧,杨艳,等译.大连:东北财经大学出版社,2011:15-16.
>
> [4] 陈登原.国史旧闻:第1卷[M].北京:中华书局,2000:29.
>
> **示例2**:多次引用同一著者的同一文献的脚注序号
>
> ……改变社会规范也可能存在类似的"二阶囚徒困境"问题:尽管改变旧的规范对所有人都好,但个人理性选择使得没有人愿意率先违反旧的规范①。……事实上,古希腊对轴心时代思想真正的贡献不是来自对民主的赞扬,而是来自对民

主制度的批评,苏格拉底、柏拉图和亚里士多德三位贤圣都是民主制度的坚决反对者②。……柏拉图在西方世界的影响力是如此之大以至于有学者评论说,一切后世的思想都是一系列为柏拉图思想所作的脚注③。……据《唐会要》记载,当时拆毁的寺院有4 600余所,招提、兰若等佛教建筑4万余所,没收寺产,并强迫僧尼还俗达260 500人。佛教受到极大的打击④……陈登原先生的考证是非常精确的,他印证了《春秋说题辞》"黍者绪也,故其立字,禾入米为黍,为酒以扶老,为酒以序尊卑,禾为柔物,亦宜养老",指出:"以上谓等威之辨,尊卑之序,由于饮食荣辱。"⑤

参考文献:

① SUNSTEIN C R. Social norms and social roles[J/OL]. Columbia law review,1996,96:903[2012-01-26]. http://www.heinonline.org/HOL/Page? handle= hein.journals/clr96&. id = 913&. collection = journals&. index= journals/cir.

② MORRI I. Why the west rules for now:the patterns of history,and what they reveal about the future[M]. New York:Farrar,Straus and Giroux,2010:260.

③ 罗杰斯.西方文明史:问题与源头[M].潘惠霞,魏婧,杨艳,等译.大连:东北财经大学出版社,2011:15-16.

④ 同②:326-329.

⑤ 陈登原.国史旧闻:第1卷[M].北京:中华书局,2000:29.

10.2 著者-出版年制

10.2.1 正文引用的文献采用著者-出版年制时,各篇文献的标注内容由著者姓氏与出版年构成,并置于"()"内。倘若只标注著者姓氏无法识别该人名时,可标注著者姓名,例如中国人、韩国人、日本人用汉字书写的姓名。集体著者著述的文献可标注机关团体名称。倘若正文中已提及著者姓名,则在其后的"()"内只著录出版年。

示例: 引用单篇文献

The notion of an invisible college has been explored in the science(Crane,1972). Its absente among historians was noted by Stieg (1981)…

参考文献:

CRANE D,1972. Invisible college[M]. Chicago:Univ. of Chicago Press.
STIEG M F,1981. The information needs of historians[J]. College and research libraries,42(6):549-560.

10.2.2 正文中引用多著者文献时,对欧美著者只需标注第一个著者的姓,其后附"et al.";对于中国著者应标注第一著者的姓名,其后附"等"字。姓氏与"et al.""等"之间留适当空隙。

10.2.3 在参考文献表中著录同一著者在同一年出版的多篇文献时,出版年后应用小写字母 a,b,c…区别。

示例1：引用同一著者同年出版的多篇中文文献

王临惠,等,2010a.天津方言的源流关系刍议[J].山西师范大学学报(社会科学版),37(4):147.

王临惠,2010b.从几组声母的演变看天津方言形成的自然条件和历史条件[C]//曹志耘.汉语方言的地理语言学研究:首届中国地理语言学国际学术研讨会论文集.北京:北京语言大学出版社:138.

示例2：引用同一著者同年出版的多篇英文文献

KENNEDY W J, GARRISON R E, 1975a. Morphology and genesis of nodular chalks and hardgrounds in the Upper Cretaceous of southern England[J]. Sedimentology, 22: 311.

KENNEDY W J, GARRISON R E, 1975b. Morphology and genesis of nodular phosphates in the cenomanian of South-east England[J]. Lethaia, 8: 339.

10.2.4 多次引用同一著者的同一文献,在正文中标注著者与出版年,并在"()"外以角标的形式著录引文页码。

示例：多次引用同一著者的同一文献

主编靠编辑思想指挥全局已是编辑界的共识(张忠智,1997),然而对编辑思想至今没有一个明确的界定,故不妨提出一个构架……参与讨论。由于"思想"的内涵是"客观存在反映在人的意识中经过思维活动而产生的结果"(中国社会科学院语言研究所词典编辑室,1996)[1194],所以"编辑思想"的内涵就是编辑实践反映在编辑工作者的意识中,"经过思维活动而产生的结果"。……《中国青年》杂志创办人追求的高格调——理性的成熟与热点的凝聚(刘彻东,1998),表明其读者群的文化的品位的高层次……"方针"指"引导事业前进的方向和目标"(中国社会科学院语言研究所词典编辑室,1996)[235]。……对编辑方针,1981年中国科协副主席裴丽生曾有过科学的论断——"自然科学学术期刊应坚持以马列主义、毛泽东思想为指导,贯彻为国民经济发展服务,理论与实践相结合,普及与提高相结合,'百花齐放,百家争鸣'的方针。"(裴丽生,1981)它完整地回答了为谁服务,怎样服务,如何服务得更好的问题。

　　…………

参考文献：

裴丽生,1981.在中国科协学术期刊编辑工作经验交流会上的讲话[C]//中国科学技术协会.中国科协学术期刊编辑工作经验交流会资料选.北京:中国科学技术协会学会工作部:2-10.

刘彻东,1998.中国的青年刊物:个性特色为本[J].中国出版(5):38-39.

张忠智,1997.科技书刊的总编(主编)的角色要求[C]//中国科学技术期刊编辑学会.中国科学技术期刊编辑学会建会十周年学术研讨会论文汇编.北京:中国科学技术期刊编辑学会学术委员会:33-34.

中国社会科学院语言研究所词典编辑室,1996.现代汉语词典[M].修订本.北京:商务印书馆.

　　…………

附录 A
（资料性附录）
顺序编码制参考文献表著录格式示例

A.1　普通图书

[1] 张伯伟.全唐五代诗格会考[M].南京：江苏古籍出版社，2002：288.

[2] 师伏堂日记：第 4 册[M].北京：北京图书馆出版社，2009：155.

[3] 胡承正，周详，缪灵.理论物理概论：上[M].武汉：武汉大学出版社，2010：112.

[4] 美国妇产科医师学会.新生儿脑病和脑性瘫痪发病机制与病理生理[M].段涛，杨慧霞，译.北京：人民卫生出版社，2010：38-39.

[5] 康熙字典：巳集上：水部[M].同文书局影印本.北京：中华书局，1962：50.

[6] 汪昂.增订本草备要：四卷[M].刻本.京都：老二酉堂，1881（清光绪七年）.

[7] 蒋有绪，郭泉水，马娟，等.中国森林群落分类及其群落学特征[M].北京：科学出版社，1998.

[8] 中国企业投资协会，台湾并购与私募股权协会，汇盈国际投资集团.投资台湾：大陆企业赴台投资指南[M].北京：九州出版社，2013.

[9] 罗斯基.战前中国经济的增长[M].唐巧天，毛立坤，姜修宪，译.杭州：浙江大学出版社，2009.

[10] 库恩.科学革命的结构：第 4 版[M].金吾伦，胡新和，译.2版.北京：北京大学出版社，2012.

[11] 候文顺.高分子物理：高分子材料分析、选择与改性[M/OL].北京：化学工业出版社，2010：119[2011-11-27].http：//apabi.lib.pku.cdu.cn/usp/pku/pub.mve?pid＝book.detail&metaid＝m.20111114-HGS-889-0228.

[12] CRAWFPRD W，GORMAN M.Future libraries：dreams，madness，& reality[M].Chicago：American Library Asso-

ciation,1995.

[13] International Federation of Library Association and Institutions. Names of persons: national usages for entry in catalogues[M]. 3rd ed. London: IFLA International Office for UBC,1977.

[14] O'BRIEN J A. Introduction to information systems[M]. 7th ed. Burr Ridge,Ⅲ: Irwin,1994.

[15] KINCHY A. Seeds,sciences,and struggle: the global politics of transgenic crops[M/OL]. Cambridge,Mass.: MIT Press,2012:50[2013-07-14]. http://lib.myilibrary.com? ID=381443.

[16] PRAETZELLIS A. Death by theory: a tale of mystery and archaeological theory[M/OL]. Rev. ed. [s.l.]: Rowman & Littlefield Publishing Group,Inc.,2011:13[2012-07-26]. http://lib.myilibrary.com/Open.aspx? id=293666.

A.2 论文集、会议录

[1] 中国职工教育研究会.职工教育研究论文集[G].北京:人民教育出版社,1985.

[2] 中国社会科学院台湾史研究中心.台湾光复六十五周年暨抗战史实学术研讨会论文集[C].北京:九州出版社,2012.

[3] 雷光春.综合湿地管理:综合湿地管理国际研讨会论文集[C].北京:海洋出版社,2012.

[4] 陈志勇.中国财税文化价值研究:"中国财税文化国际学术研讨会"论文集[C/OL].北京:经济科学出版社,2011[2013-10-14]. http://apabi.lib.pku.cdu.cn/usp/pku/pub.mvc? pid=book.detail&metaid=m.20110628-BP0-889-0135&cult=CN.

[5] BABU B V,NAGAR A K,DEEP K,et al. Proceedings of the Second International Conference on Soft Computing for Problem Solving,December 28-30,2012[C]. New Delhi: Springer,2014.

A.3 报告

[1] 中华人民共和国国务院新闻办公室.国防白皮书:中国武装力量的多样化运用[R/OL].(2013-04-16)[2014-06-11]. http://

www.mod.gov.cnlaffair/2013-04/16lcontent_4442839.htm.

[2] 汤万金,杨跃翔,刘文,等.人体安全通要技术标准研制最终报告:7178999X-2006BAK04A10/10.2013[R/OL].(2013-09-30)[2014-06-24].http://www.nstrs.org.cn/xiangxi-BG.aspx?id=41707.

[3] CALKIN D, AGER A, THOMPSON M. A comparative risk assessment framework for wildland fire management: the 2010 cohesive strategy science report: RMRS-GTR-262 [R].[s.l.:s.n.],2011:8-9.

[4] U.S. Department of Transportation Federal Highway Administration. Guidelines for handling excavated acid-producing material: PB 91-194001[R]. Springfield: U.S. Department of Commerce National Information Service,1990.

[5] World Health Organization. Factors regulating the immune response: report of WHO Scientific Group[R]. Geneva: WHO,1970.

A.4 学位论文

[1] 马欢.人类活动影响下海河流域典型区水循环变化分析[D/OL].北京:清华大学,2011:27[2013-10-14].http://www.cnki.net/kcms/detail/detail.aspx?dbcode=CDFD&QueryID=.0&CurRec=11&dbname=CDFDLAST2013&filename=1012035905.nh&uid=WEEvREcwSlJHSldTT-GJhY1JRaEhGUXFQWVB6SGZXeisxdmVhV3ZyZkpoUnoze DE1b0paM0NmMjZiQ3p4TUdmcw=.

[2] 吴云芳.面向中文信息处理的现代汉语并列结构研究[D/OL].北京:北京大学,2003[2013-10-14].http://thesis.lib.pku.edu.en/dlib/List.asp?lang=gb&type=Reader&DocGrouplD=4&DocID=6328.

[3] CALMS R B. Infrared spectroscopic studies on solid oxygen [D]. Berkeley: Univ. of California,1965.

A.5 专利文献

[1] 张凯军.轨道火车及高速轨道火车紧急安全制动辅助装置:201220158825.2[P].2012-04-05.

[2] 河北绿洲生态环境科技有限公司.一种荒漠化地区生态植被

综合培育种植方法：01129210.5[P/OL].2001-10-24[2002-05-28].http：//211.152.9.47/sipoasp/zlijs/hyjs-yx-new.asp? recid＝01129210.5＆leixin＝0.

[3] KOSEKI A,MOMOSE H,KAWAHITO M,et al. Compiler：US828402[P/OL].2002-05-25[2002-05-28].http：//FF＆p＝1＆u＝nctahtml/PTO/scarch-bool.html＆r＝5＆f＝G＆1＝50＆col＝AND＆d＝PG01＆sl＝IBM.AS.＆OS＝AN/IBM/RS＝AN/IBM.

A.6 标准文献

[1] 全国信息与文献标准化技术委员会.文献著录：第4部分 非书资料：GB/T 3792.4—2009[S].北京：中国标准出版社.2010：3.

[2] 全国广播电视标准化技术委员会,广播电视售像资料编目规范：第2部分 广播资料：GY/T 202.2—2007[S].北京：国家广播电影电视总局广播电视规划院,2007：1.

[3] 国家环境保护局科技标准司.土壤环境质量标准：GB 15616—1995[S/OL].北京：中国标准出版社.1996：2-3[2013-10-14].http：//wenku.baidu.com/view/b950a34-b767f5acfa1c7cd49.html.

[4] Information and documentation-the Dublin core metadata element set：ISO 15836：2009[S/OL].[2013-03-24].http：//www.iso.org/iso/home/store/catalogue_tc/catalogue_detail.htm? csnumber＝52142.

A.7 专著中析出的文献

[1] 卷39乞致任第一[M]//苏魏公文集：下册.北京：中华书局,1988：590.

[2] 白书农.植物开花研究[M]//李承森.植物科学进展.北京：高等教育出版社,1998：146-163.

[3] 汪学军.中国农业转基因生物研发进展与安全管理[C]//国家环境保护总局生物安全管理办公室.中国国家生物安全框架实施国际合作项目研讨会论文集.北京：中国环境科学出版社,2002：22-25.

[4] 国家标准局信息分类编码研究所.世界各国和地区名称代码：GB/T 2659-1986[S]//全国文献工作标准化委员会.文

献工作国家标准汇编:3.北京:中国标准出版社,1988:59-92.

[5] 宋史卷三:本纪第三[M]//宋史:第1册.北京:中华书局,1977:49.

[6] 楼梦麟,杨燕.汶川地震基岩地震动特征分析[M/OL]//同济大学土木工程防灾国家重点实验室.汶川地震震害研究.上海:同济大学出版社,2011:011-012[2013-05-09]. http://apabi.lib.pku.edu.cn/usp/pku/pub.mvc?pid=book.detail&metaid=m.20120406-YPT-889-0010.

[7] BUSECK P R, NORD G L, Jr, VEBLEN D R. Subsolidus phenomena in pyroxenes[M]// Pyroxense. Washington, D. C.: Mineralogical Society of America, c1980: 117-211.

[8] FOURNEY M E. Advances in holographic photoelasticity[C]// Symposium on Applications of Holography in Mechanics, August 23-25, 1971, University of Southern California, Los Angeles, California. New York: ASME, c1971: 17-38.

A.8 期刊中析出的文献

[1] 扬洪升.四库馆私家抄校书考略[J].文献,2013(1):56-75.

[2] 李炳穆.韩国图书馆法[J].图书情报工作,2008,52(6):6-21.

[3] 于潇,刘义,柴跃廷,等.互联网药品可信交易环境中主体资质审核备案模式[J].清华大学学报(自然科学版),2012,52(11):1518-1523.

[4] 陈建军.从数字地球到智慧地球[J/OL].国土资源导刊,2010,7(10):93[2013-03-20]. http://d.g.wanfangdata.com.cn/Periodical_hunandz201010038.aspx. DOI:10.3969/j.issn.1672-5603.2010.10.038.

[5] DES MARAIS D J, STRAUSS H, SUMMONS R E, et al. Carbon isotope evidence for the stepwise oxidation of the Proterozoic environment[J]. Nature, 1992, 359: 605-609.

[6] SAITO M, MIYAZAKI K. Jadeite-bearing metagabbro in serpentinite mélange of the "Kurosegawa Belt" in Izumi Town, Yatsushiro City, Kumamoto Prefecture, central Kyu-

shu[J]. Bulletin of the geological survey of Japan,2006,57(5/6):169-176.

[7] WALLS S C,BARICHIVICH W J,BROWN M E. Drought, deluge and declines: the impact of precipitation extremes on amphibians in a changing climate[J/OL]. Biology,2013,2(1):399-418[2013-11-04]. http://www.mdpi.com/2079-7737/2/1/399. DOI:10.3390/biology2010399.

[8] FRANZ A K,DANIELEWICZ M A,WONG D M,et al. Phenotypic screening with oleaginous microalgae reveals modulators of lipid productivity[J/OL]. ACS Chemical biology,2013,8:1053-1062[2014-06-26]. http://pubs.acs.org/doi/ipdf/10.1021/cb300573r.

[9] PARK J R,TOSAKA Y. Metadata quality control in digital repositories and Collections: criteria, semantics, and mechanisms[J/OL]. Cataloging & classification quarterly, 2010, 48(8): 696-715 [2013-09-05]. http://www.tandfonline.com/doi/pdf/10.1080/01639374.2010.508711.

A.9 报纸中析出的文献

[1] 丁文详. 数字革命与竞争国际化[N]. 中国青年报,2000-11-20(15).

[2] 张田勤. 罪犯 DNA 库与生命伦理学计划[N]. 大众科技报,2000-11-12(7).

[3] 傅刚,赵承,李佳路. 大风沙过后的思考[N/OL]. 北京青年报,2000-01-12[2005-09-28]. http://www.bjyouth.com.cn/Bqb/20000412/GB/4216%5ED0412Bl401.htm.

[4] 刘裕国,杨柳,张洋,等. 雾霾来袭,如何突围?[N/OL]. 人民日报,2013-01-12[2013-11-06]. http://paper.people.com.cn/rmrb/html/2013-01/12/nw.D110000renmrb_20130112_204.htm.

A.10 电子资源(不包括电子专著、电子连续出版物、电子学位论文、电子专利)

[1] 萧钰. 出版业信息化迈入快车道[EB/OL]. (2001-12-19)[2002-04-15]. http://www.creader.com/news/20011219/200112190019.html.

[2] 李强. 化解医患矛盾需釜底抽薪[EB/OL]. (2012-05-03)[2013-03-25]. http://wenku. baidu. com/view/47c4f206b52acfc789ebc92f. html.

[3] Commonwealth Libraries Bureau of Library Development. Pennsylvania Department of Education Office. Pennsylvania library laws[EB/OL]. [2013-03-24]. http://www. racc. edu/yocum/pdf/PALibrary Laws. pdf.

[4] Dublin core metadata element set: version 1. 1[EB/OL]. (2012-06-14)[2014-06-11]. http://dublincore. org/documents/dces/.

附录 B
（资料性附录）
文献类型和文献载体标识代码

B.1 文献类型和标识代码

表 B.1 文献类型和标识代码

参考文献类型	文献类型标识代码
普通图书	M
会议录	C
汇编	G
报纸	N
期刊	J
学位论文	D
报告	R
标准	S
专利	P
数据库	DB
计算机程序	CP
电子公告	EB
档案	A
舆图	CM
数据集	DS
其他	Z

B.2 电子资源载体和标识代码

表 B.2 电子资源载体和标识代码

电子资源的载体类型	载体类型标识代码
磁带（magnetic tape）	MT
磁盘（disk）	DK
光盘（CD-ROM）	CD
联机网络（online）	OL

附录 G

北京大学研究生学位论文写作指南[①]

前 言

研究生学位论文是研究生在读期间独立完成的研究成果。学位论文不仅反映研究生对基础理论和专业技能的掌握情况,还应体现作者所研究领域,特别是所研究方向的最新成果和前沿进展。随着我国整体科研水平和国际影响力的提高,我国的学位论文在国内外学术交流中扮演着日益重要的角色,也会成为公众关注的对象。

学位论文的写作过程既是对研究生在学期间所得研究结果的全面总结,也是对研究工作的深化与升华。写作过程体现了作者的学术水平、动手能力、科学精神和学术规范。多年的学位论文评阅结果表明,不少研究生在撰写学位论文时,往往只关注研究内容和研究结果的表达,忽视了论文的写作规范,从而影响了学位论文的质量,也会影响导师、学生和学校的学术声誉。

研究生教育作为国民教育的最高层次,是培养高端人才的重要途径,是国家创新体系的重要组成部分,也是高等教育质量和国际竞争力的直接体现。北京大学崇尚"勤奋、严谨、求实、创新"的学术作风和做人之道,更应该把遵守科学道德、维护学术声誉和提高教育质量摆在突出和重要的位置。

近年来,国务院学位委员会办公室加大了对学位论文的抽检力度,我校也开始实行了学位论文抽检制度。我们希望同学们按照要求,掌握学位论文的撰写规范,在确保学术内容准确可靠的同时,严格遵守学位论文的写作规范,体现精益求精的治学态度,保证学位论文的质量。

[①] 北京大学学位办公室.北京大学研究生学位论文写作指南[EB/OL].北京大学研究生院,(2018-03-01)[2020-05-20]. https:// grs. pku. edu. cn/docs/2018-03/20180301083100898652.pdf.

为了便于研究生撰写学位论文,规范学位论文的写作格式,现编写《北京大学研究生学位论文写作指南》和学位论文写作模板,供同学们参考使用。

北京大学学位办公室
2014 年 5 月

第一章　内容及格式

研究生在撰写学位论文时,应按照《北京大学研究生学位论文的基本要求与书写格式》[1]各项要求进行撰写,同时需满足《科学技术报告、学位论文和学术论文的编写格式》(GB7713-1987)[2]格式要求。

学位论文要求内容完整,立论正确,数据可靠,说理透彻,推理严谨,层次分明,文字简练。必须是一篇(或一组相关论文组成的一篇)系统完整的、有创造性的学术论文。学位论文的撰写应遵循学术道德规范,避免涉嫌抄袭、剽窃等学术不端行为。

文中采用的术语、符号、代号,全文必须统一,并符合规范化的要求[3,4]。如果文中使用新的专业术语、缩略语、习惯用语,应加以注释。国外新的专业术语、缩略语,必须在译文后用圆括号注明原文。学位论文的插图、照片必须确保能复制或缩微。

非经学位办公室批准,除古汉语研究中涉及的古文字和参考文献中引用的外文文献,以及外国语言文学的论文之外,学位论文均应采用国家正式公布实施的简化汉字撰写[5]。计量单位采用法定的计量单位。

除下文有特殊要求外,中文用宋体字,英文和阿拉伯数字用 Times New Roman 字体,段落首行缩进两个汉字符。

学位论文一般应由 10 个主要部分组成,依次为:

1. 封面,2. 版权声明,3. 中文摘要,4. 英文摘要(ABSTRACT),5. 目录,6. 正文(含引言和结论),7. 参考文献,8. 附录,9. 致谢、后记或说明,10. 学位论文原创性声明和授权使用说明。

学位论文如果有缩略词或者符号表,可以放到目录之后、正文之前(5—6 之间)。

以上各部分独立为一部分,每部分从新的一页开始。各部分具体要求如下:

1.1　封面

学位论文应采用研究生院指定的统一封面,博士用青绿色封面,同等学力硕士用黄绿色封面,其他硕士用黄色封面。封面上的校徽和

"北京大学"字样应采用信息化办公室发布的核准版本。封面上应**居中填写**：论文题目、姓名、学号、院系、专业、研究方向、导师、完成年月等信息。

题目应准确概括整个论文的核心内容，简明扼要，一目了然。一般不宜超过 20 个汉字（符），**采用一号黑体字，居中填写**，一行写不完可以分两行填写。如有副标题，在主标题和副标题之间用破折号间隔。

院系填写培养院系全称，不得使用简称，院系名称前也不写"北京大学"四个字。

专业应使用学位管理系统中标准的专业名称，不得增减字。

导师一栏应填写**学籍管理系统中的导师姓名**，后衬"教授""研究员"等导师职称。**若指导教师多于一人**，则分行署名。

作者及导师信息部分使用**三号仿宋字**。

完成论文日期用**三号宋体汉字**，如"二〇一四年六月"，不用阿拉伯数字。

如需英文内封的，可以紧接中文封面之后，项目内容和中文封面内容一致。

1.2 版权声明

版权声明为全校统一格式、内容。从校内门户或者从研究生院网站下载、打印即可。

1.3 中文摘要

中文摘要部分的标题为"摘要"，用**黑体**三号字，居中书写，单倍行距，段前空 24 磅，段后空 18 磅。

摘要内容用小四号宋体字两端对齐书写，段落首行空两个汉字符，行距为固定值 20 磅，段前空 0 磅，段后空 0 磅。

博士中文摘要一般 **800—1000** 汉字（符），硕士论文摘要一般 **600** 汉字左右。

内容一般包括：论文研究的目的和意义；完成的工作和方法（作者独立进行的研究工作的概括性叙述）；获得的主要结论或提出的主要观点（这是摘要的中心内容）。硕士学位论文摘要应突出论文的新见解，博士学位论文摘要应突出论文的创新点。

论文摘要不能出现图片、表格或其他插图材料。

论文的关键词，是为了文献标引工作从论文中选取出来用以表示全文主题内容信息的**单词或术语**，应有 **3～5** 个，每个关键词之间用逗号间隔。关键词放摘要页最下方，从新的一行撰写。

如果论文的主体工作得到了有关基金资助，应在摘要第一页的页脚处标注：本研究得到某某基金（编号：□□□）资助。

1.4 英文摘要

英文摘要由上到下应包含英文题目、作者姓名、专业名称（用括号括起放姓名之后）、指导教师姓名、"ABSTRACT"、英文摘要内容和关键词（KEY WORDS）。

英文题目用 **Arial 三号字体**，居中书写，单倍行距，段前空 24 磅，段后空 18 磅。作者姓名、专业名称（用括号括起放姓名之后）和指导教师姓名用 Times New Roman 小四号字体，居中书写，固定行距 20 磅，段前、段后空 0 磅。

"ABSTRACT"用 Arial 小四号字体居中书写，固定行距 20 磅，段前空 8 磅，段后空 6 磅。

摘要内容和关键词（KEY WORDS）用小四号 Times New Roman 字体书写，两端对齐，标点符号用英文标点符号。固定行距 20 磅，段前、段后空 0 磅。

"KEY WORDS"大写，其后的关键词第一个字母大写，关键词之间用半角逗号间隔。关键词放英文摘要页下方，从新的一行写起。

英文摘要的内容应与中文摘要一致。

1.5 目录

目录既是论文的提纲，也是论文组成部分的小标题。目录由章节序号、标题名称和页码组成。章节序号，一般是下级引用上级序号，如 2.2.5 表示第二章第 2 节第 5 小节。目录一般列到三级标题，即二级节标题（如 2.2.5）即可。

目录内容一般从第一章引言开始，**目录之前的内容及目录本身不列入目录内**。目录中的章标题行采用黑体小四号字，固定行距 20 磅，段前空 6 磅，段后 0 磅；其他内容采用宋体小四号字，行距为固定值 20 磅，段前、段后均为 0 磅。

目录中的章标题行居左书写，一级节标题行缩进 1 个汉字符，二级节标题行缩进 2 个汉字符。

论文的图表一般不用专门制作目录，如确有必要，可另起一页放到本目录之后。

1.6 主要符号对照表

如果论文中使用了大量的符号、标志、缩略词、专门计量单位、自定义名词和术语等,应编写"主要符号对照表"。如果上述符号和缩略词数量不多,可以不设专门的"主要符号对照表",在论文中出现时随即加以说明即可。

"主要符号对照表"放目录之后、正文之前。格式上"主要符号对照表"同"章"标题,内容同正文格式。

1.7 正文

正文是学位论文的主体,根据学科专业特点和选题情况,可以有不同的写作方式。但必须言之成理,论据可靠,严格遵循本学科国际通行的学术规范。内容包括:第一章引言(或绪论、序言、导论等),第二章,……,第□章结论与展望。书写层次要清楚,内容要有逻辑性。

1.7.1 标题

标题要重点突出,简明扼要,格式如下:

● 各章标题,例如:"第一章　引言"。

章序号采用中文数字,章序号与标题之间空一个汉字符,采用黑体三号字,居中书写,单倍行距,段前空 24 磅,段后空 18 磅。目录中和章平级的其他标题也用这一格式。

● 一级节标题,例如:"2.1 实验装置与实验方法"。

节编号用阿拉伯数字表示,前边数字为上级章节的序号,后一数字为本节的顺序号。数字间用半角小数点"."连接。节标题序号与标题名之间空一个汉字符(下同)。采用黑体四号(14pt)字居左书写,行距为固定值 20 磅,段前空 24 磅,段后空 6 磅。

● 二级节标题,例如:"2.1.1　实验装置"。

采用黑体 13pt 字居左书写,行距为固定值 20 磅,段前空 12 磅,段后空 6 磅。

● 三级节标题,例如:"2.1.2.1　归纳法"。

采用黑体小四号(12pt)字居左书写,行距为固定值 20 磅,段前空 12 磅,段后空 6 磅。

一般情况下,不建议使用三级及以上节标题。

1.7.2 段落文字

采用小四号(12pt)字,汉字用宋体,英文和阿拉伯数字用 Times New Roman 体,两端对齐书写,段落首行左缩进 2 个汉字符。行距为固定值 20 磅(段落中有数学表达式时,可根据表达需要设置该段的行距),段前空 0 磅,段后空 0 磅。

1.7.3 脚注

正文中某句话需要具体注释、且注释内容与正文内容关系不大时可以采用脚注方式。在正文中需要注释的句子结尾处用①②③……样式的数字编排序号，以"上标"字体标示在需要注释的句子末尾。在当前页下部书写脚注内容。

脚注内容采用宋体小五号字，按两端对齐格式书写，单倍行距，段前段后均空 0 磅。脚注的序号按页编排，不同页的脚注序号不需要连续。详细规定见本页脚①。

1.7.4 有关图表和表达式

图、表和表达式按章编号，用两个阿拉伯数字表示，前一数字为章的序号，后一数字为本章内图、表或表达式的顺序号。两数字间用半角小数点"."连接。例如"图 2.1""表 5.6""式(1.2)"等等。若图或表中有附注，采用英文小写字母顺序编号，附注写在图或表的下方。

- 图

图应精选，具有自明性，切忌与表及文字表述重复。

图应清楚，但坐标比例不要过分放大，同一图上不同曲线的点要分别用不同形状的标识符标出。

图中的术语、符号、单位等应与正文表述中所用一致。

图序与图名，例如："图 2.1 1901-2011 年西北地区年平均气温分布"。"图 2.1"是图序，是"第二章第 1 个图"的序号，依次类推。**图序与图名置于图的下方**，采用宋体 **11pt** 字居中书写，段前空 **6 磅**，段后空 **12 磅**，行距为单倍行距，图序与图名文字之间空一个汉字符宽度。

图中标注的文字采用 9～10.5pt，以能够清晰阅读为标准。专用名字代号、单位可采用外文表示，坐标轴题名、词组、描述性的词语均须采用中文。

如果一个图由两个或两个以上分图组成时，各分图分别以(a)、(b)、(c)……作为图序，并须有分图名。

如需英文图名，应中英文对照，英文图序与图名另起一行放中文下方。英文序号和内容应和中文一致，如"Fig 2.1 Distribution of annual mean temperature Northwest China from 1901 to 2011"。

---

① 脚注处序号"①,……,⑩"的字体是"正文"，不是"上标"，序号与脚注内容文字之间空半个汉字符，脚注的段落格式为：单倍行距，段前空 0 磅，段后空 0 磅，悬挂缩进 1.5 字符；字号为小五号，汉字用宋体，外文和数字用 Times New Roman 字体。

- 表

表中参数应标明量和单位的符号。表单元格中的文字采用 11pt 宋体字,单倍行距,段前空 3 磅,段后空 3 磅。

表序与表名,例如:"表 4.1 植被功能类型及编号"。"表 4.1"是表序,是"第四章第 1 个表"的序号,依次类推。**表序与表名置于表的上方**,采用**宋体 11pt 字居中书写,段前空 12 磅,段后空 6 磅,行距为单倍行距**,表序与表名文字之间空一个汉字符。

当表格较大,不能在一页内打印时,可以"续表"的形式另页打印,格式同前,只需在每页表序前加"续"字即可,例如"续表 4.1 植被功能类型及编号"。

若在表下方注明资料来源,则此部分用**宋体五号字,单倍行距,段前空 6 磅,段后空 12 磅**。需要续表时,资料来源注明在续表之下。

如需英文表名,应中英文对照,英文表序与表名另起一行放中文下方。英文序号和内容应和中文一致,如"Table 4.1 Plant Function Type (PFT) and number"。

- 表达式

表达式主要是指数字表达式,例如数学表达式,也包括文字表达式。

表达式采用与正文相同的字号居中书写,或另起一段空两个汉字符书写,一旦采用了上述两种格式中的一种,全文都要使用同一种格式。表达式应有序号,序号用括号括起置于表达式右边行末,序号与表达式之间不加任何连线。

表达式行的行距为**单倍行距,段前段后各空 6 磅**。当表达式不是独立成行书写时,有表达式的段落的行距为单倍行距,段前段后各空 3 磅。

1.8 参考文献

参考文献是论文中用到的直接引语(数据、公式、理论、观点等)或间接引语以及作者曾经阅读过的相关文献信息资源,是论文的必要组成部分。撰写学位论文时要注意引用权威的和最新的文献。

著录参考文献必须实事求是,论文中引用过的文献必须著录,未引用的文献不得出现。

参考文献集中著录于正文之后,不得分章节著录。属于外文文献的,直接使用外文著录,不必译成中文。

"参考文献"四个字与章标题格式相同。参考文献表的正文部分用五号字,汉字用宋体,英文用 Times New Roman 体,行距采用固定值 16 磅,段前空 3 磅,段后空 0 磅,标点符号用半角符号。

参考文献的著录方法和文献的标注方式有关,可采用"**顺序编码制**"和"**著者-出版年制**"。"顺序编码制"是指正文中索引文献时,用顺序编号的方法标注文献。文献序号放"[ ]"内,以上标方式标注在索引位置。"著者-出版年制"是指索引文献处用文献著者和出版年度标注文献,一般著者和出版年度放"( )"内,以逗号分隔,标注在索引位置。

以"**顺序编码制**"索引文献时,其参考文献应按索引对应编号顺序著录。以"著者-出版年制"索引文献时,参考文献应按文种分类著录,按著者字母顺序排序,中文文献放前方。

参考文献的具体著录方法和标注方法见附录 A[①]。

1.9 附录

附录是与论文内容密切相关、但编入正文会影响整篇论文的条理性和逻辑性的一些资料,是论文主体的补充项目,并不是必须的。以下内容可置于附录之内:

a. 放在正文内过分冗长的公式推导;

b. 方便他人阅读所需要的辅助性教学工具或表格;

c. 重复性数据和图表;

d. 非常必要的程序说明和程序全文;

e. 关键调查问卷或方案等。

附录的格式与正文相同,并依顺序用大写字母 A,B,C,……编序号,如附录 A,附录 B,附录 C,……。只有一个附录时也要编序号,即附录 A。每个附录应有标题。附录序号与附录标题之间空一个汉字符。例如:"附录 A 参考文献著录规则及注意事项"。

附录中的图、表、数学表达式、参考文献等另行编序号,与正文分开,一律用阿拉伯数字编码,但在数码前冠以附录的序号,例如"图 A.1""表 B.2""式(C-3)"等。

1.10 致谢、原创性声明和授权使用说明

学位论文正文和附录之后,一般应放置致谢(后记或说明),主要感谢导师和对论文工作有直接贡献和帮助的人士和单位。致谢言语应谦虚诚恳,实事求是。字数不超过 1000 个汉字。

---

① 《学术规范手册》编者注:因本书收录了国家标准《信息与文献 参考文献著录规则》(GB/T 7714-2015)全文,故《北京大学研究生学位论文写作指南》中的"附录 A"省略。

一般致谢的对象有：

（一）指导或协助指导完成论文的导师；

（二）国家科学基金、资助研究工作的奖学金基金、合同单位、资助或支持的企业、组织或个人；

（三）协助完成研究工作和提供便利条件的组织或个人；

（四）在研究工作中提出建议和提供帮助的人；

（五）给予转载和引用权的资料、图片、文献、研究思想和设想的所有者；

（六）其他应感谢的组织和个人。

学位论文原创性声明和授权使用说明是固定格式、内容，从系统下载、打印放入即可。

致谢（后记或说明）、学位论文原创性声明和授权使用说明是论文的最后两项内容，目录中和章平级。电子版不签字，装订版要签字。

如果论文还有其它内容，如个人简历、在学期间发表的学术论文和成果等，可以放附录之后、致谢之前。发表论文列表要求同参考文献列表格式。

1.11 页面设置

纸张大小：标准 A4(21.0 cm×29.7cm)尺寸。

页边距：上、下、左、右、装订线的页边距分别为：3.0cm，2.5cm，2.6cm，2.6cm，0cm，装订线位置：左。左右对称页边距。

页眉和页脚：页眉距边界 2.0cm，页脚距边界 1.75cm。

页眉内容：从"摘要"到最后，每一页均须有页眉。页眉用五号宋体，居中排列，奇偶页不同。奇数页页眉为相应内容的名称、正文中相应各章的名称，偶数页页眉为"北京大学博士学位论文"或"北京大学硕士学位论文"。格式为页眉的文字内容之下画一条横线，线粗 0.75 磅，线长与页面齐宽。

页脚内容：页码。封面和原创声明不要页码，从"摘要"开始至"目录"（或图表目录、主要符号对照表）结束，页码用罗马数字"Ⅰ、Ⅱ、Ⅲ……"表示；从"第一章 引言"开始至论文结束，页码用阿拉伯数字"1、2、3……"表示。

页码置于页脚中部，采用 Times New Roman 五号字体，数字两侧不加修饰线。

经学位办公室批准的英文学位论文，格式要求同上。论文须用中文封面。

第二章 论文主要部分的写法

学位论文的书写,除表达形式上需要遵循一定的格式要求外,内容上也要符合一定的要求。

通常学位论文只能有一个主题(不能是几块工作拼凑在一起),该主题应针对某学科领域中的一个具体问题展开深入、系统的研究,并得出有价值的研究结论。学位论文的研究主题切忌过大。

2.1 论文的语言及表述

学位论文是学术作品,因此其表述要严谨简明,重点突出,专业常识应简写或不写,做到立论正确、层次分明、数据可靠、文字凝练、说理透彻、推理严谨,避免使用文学性质的或带感情色彩的非学术性语言。

论文中如出现一个非通用性的新名词、新术语或新概念,需随即解释清楚。

2.2 论文题目的写法

论文题目包含的关键词是检索论文的重要信息,因此题目应简明扼要地反映论文工作的主要内容,切忌笼统。论文题目应该是对研究对象的准确具体的描述,这种描述一般要在一定程度上体现研究结论,因此,好的论文题目不仅应告诉读者这本论文研究了什么问题,更要告诉读者这个研究得出的结论。

2.3 摘要的写法

论文的摘要,是对论文研究内容的高度概括,应包括:对问题及研究目的的描述、对研究方法和过程进行的简要介绍、对研究结论的简要概括等内容。摘要应具有独立性、自明性,应是一篇简短但意义完整的文章。

通过阅读论文摘要,读者应该能够对论文的研究方法及结论有一个整体性的了解,因此摘要的写法应力求精确简明。论文摘要切忌写成全文的提纲,尤其要避免"第一章……;第二章……;……"这样的陈述方式。

2.4 引言的写法

引言主要论述论文的选题意义、国内外研究现状、本论文要解决的问题、论文运用的主要理论与方法、基本思路及论文的结构等。大致包含如下几个部分:1.问题的提出;2.选题背景及意义;3.文献综述;4.研究方法;5.论文结构安排。

问题的提出:要清晰地阐述所要研究的问题"是什么"。

选题背景及意义:要论述清楚为什么选择这个题目来研究,即阐述该研究对学科发展的贡献、对国计民生的理论与现实意义等。

文献综述：要对本研究主题范围内的文献进行详尽的综合述评，"述"的同时一定要有"评"，指出现有研究状态，仍存在哪些尚待解决的问题，讲出自己的研究有哪些探索性内容。

研究方法：要讲清论文所使用的科学研究方法。

论文结构安排：要介绍本论文的写作结构安排。

2.5 "第二章，第三章，……，结论前的一章"的写法

本部分是论文作者的研究内容，不能将他人研究成果不加区分地掺和进来。

各章之间要存在有机联系，组织上要符合逻辑顺序。

2.6 结论与展望的写法

最后一章结论与展望着重总结论文的创新点或新见解及研究展望或建议。

结论是对论文主要研究结果、论点的提炼与概括，应准确、简明、完整、有条理，使人看后就能全面了解论文的意义、目的和工作内容。主要阐述自己的创造性工作及所取得的研究成果在本学术领域中的地位、作用和意义。

结论要严格区分自己取得的成果与导师及他人的科研工作成果。在评价自己的研究工作成果时，要实事求是，除非有足够的证据表明自己的研究是"首次"的、"领先"的、"填补空白"的，否则应避免使用这些或类似词语。

展望或建议，是在总结研究工作和现有结论的基础上，对该领域今后的发展方向及重要研究内容进行预测，同时对所获研究结果的应用前景和社会影响加以评价，从而对今后的研究有所启发。

第三章　打印和装订要求[①]

1. 学位论文必须打印，不得手写。
2. 除封面和原创性声明外，一律双面打印。
3. 统一用印有我校正确校徽和校名的"硕士研究生学位论文""博士研究生学位论文"的封面。封面上各栏目必须认真、正确填写。
4. 论文字迹和标点符号清楚、工整、正确，图表清晰、可复印和微缩。
5. 学位论文一律在左侧装订。

---

① 电子版论文除不用签字外，内容应和纸质版完全一致，应是 1 个独立的 pdf 文件。

6. 封面纸应不低于 200 克标准。

7. 书脊上应印上论文题名(如题名过长,应印成双列)、年份和学号。论文页数如果不足 50 页,书脊需夹垫白纸增厚(加厚至 50 页)装订。

8. 涉密学位论文应到保密办公室指定的地点装订,格式同普通论文。

参考文献

[1] 北京大学研究生院.北京大学研究生学位论文的基本要求与书写格式[M].北京大学研究生院,2007.

[2] 全国文献工作标准化技术委员会第七分委员会.科学技术报告、学位论文和学术论文的编写格式:GB 7713—1987[S].北京:中国标准出版社,1988.

[3] 全国量和单位标准化技术委员会.国际单位制及其应用:GB 3100—1993[S].北京:中国标准出版社,1994.

[4] 全国量和单位标准化技术委员会.有关量、单位和符号的一般原则:GB 3101—1993[S].北京:中国标准出版社,1994.

[5] 国家语言文字工作委员会.现代汉语通用字表[M].北京:语文出版社,1989.

[6] 全国信息与文献标准化技术委员会.文后参考文献著录规则:GB/T 7714—2005[S].北京:中国标准出版社,2005.

附录 H

武汉大学本科生毕业论文(设计)书写印制规范[①]

毕业论文写作是反映学生毕业论文工作成效的重要途径,是考核学生掌握和运用所学基础理论、基本知识、基本技能从事科学研究和解决实际问题能力的有效手段。掌握撰写毕业论文的基本能力是本科人才培养中的一个十分重要的环节。为了统一我校本科生毕业论文的书写格式,特制定本规范。

本规范约定的书写格式主要适用于用中文撰写的毕业论文。涉外专业用英文或其他外国语撰写毕业论文的书写规范可参照本规范执行。毕业论文由设计图纸和论文两部分组成的,其图纸部分的规范格式由各学院根据不同专业图纸的要求对图纸的版面尺寸大小、版式、数量、内容要求等制定详细的规范格式。

在遵照本规范的前提下,各学院(系)还可根据不同专业特点对相关专业的毕业论文撰写格式提出更具体的要求。

一、内容要求

(一) 论文题目

论文题目应以最恰当、最简明的词语准确概括整个论文的核心内容,避免使用不常见的缩略词、缩写字。中文题目一般不宜超过 24 个字,必要时可增加副标题。外文题目一般不宜超过 12 个实词。

(二) 摘要和关键词

1. 中文摘要和中文关键词

摘要内容应概括地反映出本论文的主要内容,主要说明本论文的研究目的、内容、方法、成果和结论。要突出本论文的创造性成果或新见解,不要与引言相混淆。语言力求精练、准确。在摘要的下方另起

[①] 本规范为《武汉大学本科生毕业论文(设计)工作管理办法(修订)》(武大教字[2008]21 号)的附件.出处详见:武汉大学本科生毕业论文(设计)书写印制规范[EB/OL]. 武汉大学本科生院,(2019-04-12)[2020-05-20]. http://uc.whu.edu.cn/info/1039/8967.htm.

一行,注明本文的关键词(3—5个)。摘要与关键词应在同一页。

2. 英文摘要和英文关键词

英文摘要内容与中文摘要相同。最下方一行为英文关键词(Keywords 3—5个)。

(三) 目录

论文目录是论文的提纲,也是论文各章节组成部分的小标题。目录应按照章、节、条三级标题编写,采用阿拉伯数字分级编号,要求标题层次清晰。目录中的标题要与正文中的标题一致。

(四) 正文

正文是毕业论文的主体和核心部分,不同学科专业和不同的选题可以有不同的写作方式。正文一般包括以下几个方面:

1. 引言或背景

引言是论文正文的开端,引言应包括毕业论文选题的背景、目的和意义;对国内外研究现状和相关领域中已有的研究成果的简要评述;介绍本项研究工作研究设想、研究方法或实验设计、理论依据或实验基础;涉及范围和预期结果等。要求言简意赅,注意不要与摘要雷同或成为摘要的注解。

2. 主体

论文主体是毕业论文的主要部分,必须言之成理,论据可靠,严格遵循本学科国际通行的学术规范。在写作上要注意结构合理、层次分明、重点突出,章节标题、公式图表符号必须规范统一。论文主体的内容根据不同学科有不同的特点,一般应包括以下几个方面:

(1) 毕业论文(设计)总体方案或选题的论证;

(2) 毕业论文(设计)各部分的设计实现,包括实验数据的获取、数据可行性及有效性的处理与分析、各部分的设计计算等;

(3) 对研究内容及成果的客观阐述,包括理论依据、创新见解、创造性成果及其改进与实际应用价值等;

(4) 论文主体的所有数据必须真实可靠,自然科学论文应推理正确、结论清晰;人文和社会学科的论文应把握论点正确、论证充分、论据可靠,恰当运用系统分析和比较研究的方法进行模型或方案设计,注重实证研究和案例分析,根据分析结果提出建议和改进措施等。

3. 结论

结论是毕业论文的总结,是整篇论文的归宿。应精炼、准确、完整。着重阐述自己的创造性成果及其在本研究领域中的意义、作用,还可进一步提出需要讨论的问题和建议。

（五）中外文参考文献

毕业论文的撰写应本着严谨求实的科学态度，凡有引用他人成果之处，均应按论文中所引用的顺序列于文末，并且所有参考文献必须在正文中有引用标注。参考文献的著录均应符合国家有关标准（按照 GB 7714—2015《信息与文献 参考文献著录规则》执行）。一篇论著在论文中多处引用时，在参考文献中只应出现一次，序号以第一次出现的位置为准。

（六）相关的科研成果目录

包括本科期间发表的与学位论文相关的已发表论文或被鉴定的技术成果、发明专利等成果，应在成果目录中列出。此项不是必需项，空缺时可以略掉。

（七）致谢

表达作者对完成论文和学业提供帮助的老师、同学、领导、同事及亲属的感激之情。

（八）附录

对于一些不宜放在正文中的重要支撑材料，可编入毕业论文的附录中。包括某些重要的原始数据、详细数学推导、程序全文及其说明、复杂的图表、设计图纸等一系列需要补充提供的说明材料。

二、书写和打印规范

（一）文字和字数

除有特殊要求的专业外，毕业论文一般用简化汉语文字撰写，毕业论文的字数人文社科类专业一般不应少于 1 万字，理工医类专业一般不应少于 1.5 万字。对于部分专业毕业设计成果由毕业设计图纸和毕业论文两部分组成者，其毕业论文字数原则上应不低于 1 万字。各专业可根据需要确定具体的文字和字数要求，并报教务部备案。

（二）书写及装订

论文按照本规范的要求单面或双面打印，论文裁切后规格为 70g 白色 A4 打印纸。一律左侧装订。封面为 120g 白色铜版纸。

（三）字体和字号

论文题目	黑体 2 号
各章标题	黑体小 2 号
各节的一级标题	黑体 4 号

各节的二级标题	黑体小 4 号
各节的三级标题	黑体小 4 号
款项	黑体小 4 号
正文	宋体小 4 号
中文摘要、结论、参考文献标题	黑体小 2 号
中文摘要、结论、参考文献内容	宋体小 4 号
英文摘要标题	Time New Roman 大写粗体小 2 号
英文摘要内容	Time New Roman 体小 4 号
中文关键词标题	黑体小 4 号
中文关键词	宋体小 4 号
英文关键词标题	Times New Roman 粗体小 4 号
英文关键词	Times New Roman 小 4 号
目录标题	黑体小 2 号
目录内容中章的标题（含结论、参考文献、致谢、附录标题）	黑体 4 号
目录中其他内容	宋体小 4 号
论文页码	页面底端居中、阿拉伯数字（Times New Roman 5 号）连续编码
页眉与页脚	宋体 5 号居中

(四) 封面

论文具体排版规范见封面示例，字体与字号要求如下：

学号	（黑体 5 号）
密级	（黑体 5 号）
武汉大学本科生毕业论文（设计）	（宋体 1 号居中）
论文题目	（黑体 2 号居中）
院（系）名称	（宋体小 3 号）
专业名称	（宋体小 3 号）
学生姓名	（宋体小 3 号）
指导教师	（宋体小 3 号）
年　　月	（宋体 3 号）

(五) 学术声明

郑重声明	（宋体粗体 2 号居中）
声明内容	（宋体 4 号）

见学术声明示例。

(六) 页面设置

页边距标准：上边距为 25 mm，下边距为 20 mm，左边距为 30 mm，右边距为 30 mm。

段前、段后及行间距：章标题的段前为 0.8 行，段后为 0.5 行；节标题段前为 0.5 行，段后 0.5 行；标题以外的文字行距为"固定值"23 磅，字符间距为"标准"。

(七) 摘要

摘要正文下空一行顶格打印"关键词"款项，每个关键词之间用"；"分开，最后一个关键词不打标点符号，英文摘要应另起一页。具体示例见中、英文摘要示例。

(八) 目录

目录应包括章、节、条三级标题，目录和正文中的标题题序统一按照"1……、1.1……、1.1.1……"的格式编写，目录中各章节题序中的阿拉伯数字用 Times New Roman 体。

目录的具体排版格式见目录示例。

(九) 正文

正文各章节应拟标题，每章结束后应另起一页。标题要简明扼要，不应使用标点符号。各章、节、条的层次按照"1……、1.1……、1.1.1……"标识，条以下具体款项的层次依次按照"1.1.1.1""(1)""①"标识。见正文示例。

(十) 引文标示

引文标示应全文统一，采用方括号上标的形式置于所引内容最末句的右上角，引文编号用阿拉伯数字置于半角方括号中，用小 4 号字体，如："……模式[3]"。各级标题不得使用引文标示。正文中如需对引文进行阐述时，引文序号应以逗号分隔并列排列于方括号中，如"文献[1,2,6-9]从不同角度阐述了……"

(十一) 名词术语

全文应统一科技名词术语、行业通用术语以及设备、元器件的名称。有国家标准的应采用标准中规定的术语，没有国家标准的应使用行业通用术语或名称。特定含义的名词术语或新名词应加以说明或注释。

(十二) 物理量名称、符号与计量单位

论文中某一物理量的名称和符号应统一，一律采用国务院发布的

《中华人民共和国法定计量单位》，单位名称和符号的书写方式，应采用国际通用符号。在不涉及具体数据表达时允许使用中文计量单位如"千克"。表达时刻应采用中文计量单位，如"下午 3 点 10 分"，不能写成"3h10min"。在表格中可以用"3：10PM"表示。

物理量符号、物理量常量、变量符号用斜体，计量单位符号均用正体。

（十三）数字

无特别约定情况下，一般均采用阿拉伯数字表示。年份一概用 4 位数字表示。小数的表示方法，一般情形下，小于 1 的数，需在小数点之前加 0。但当某些特殊数字不可能大于 1 时（如相关系数、比率、概率值），小数之前的 0 要去掉，如 $r=.26, p<.05$。

统计符号的字形格式，一般除 μ、α、β、λ、ε 以及 V 等符号外，其余统计符号一律以斜体字呈现，如 $ANCOVA, ANOVA, MANOVA, N, nl, M, SD, F, p, r$ 等。

（十四）公式

公式应另起一行居中，统一用公式编辑器编辑。公式与编号之间不加虚线。公式较长时应在"＝"前转行或在"＋、－、×、÷"运算符号处转行，等号或运算符号应在转行后的行首，公式的编号用圆括号括起来放在公式右边行末。

公式序号按章编排，如第 3 章第 2 个公式序号为"(3.2)"，附录中的第 n 个公式用序号"(An)"表示。文中引用公式时，采用"见公式(3.2)"表述。具体见公式图表示例。

（十五）表格

每一个表格都应有表标题和表序号。表序号一般按章编排，如第 2 章第 4 个表的序号为"表 2.4"。表标题和表序之间应空一格，表标题中不能使用标点符号，表标题和表序号居中置于表上方（黑体小 4 号，数字和字母为 Times New Roman 粗体小 4 号）。引用表格应在表标题的右上角加引文序号。

表与表标题、表序号为一个整体，不得拆开排版为两页。当页空白不够排版该表整体时，可将其后文字部分提前，将表移至次页最前面。

统计表一律采用开口表格的标准格式，具体见公式图表示例。

（十六）图

插图应与文字内容相符，技术内容正确。所有制图应符合国家标准和专业标准。对无规定符号的图形应采用该行业的常用画法。

每幅插图应有图标题和图序号。图序号按章编排,如第 1 章第 4 幅插图序号为"图 1.4"。图序号之后空一格写图标题,图序号和图标题居中置于图下方,用小 4 号宋体。引用图应在图标题右上角标注引文序号。图中若有分图,分图号用(a)、(b)等置于分图下、图标题之上。

图中的各部分中文或数字标示应置于图标题之上(有分图者置于分图序号之上)。

图与图标题、图序号为一个整体,不得拆开排版为两页。当页空白不够排版该图整体时,可将其后文字部分提前,将图移至次页最前面。

对坐标轴必须进行文字标示,有数字标注的坐标图必须注明坐标单位。

具体见公式图表示例。

(十七) 注释

注释是对论文中特定名词或新名词的注解。注释可用页末注或篇末注的一种。选择页末注的应在注释与正文之间加细线分隔,线宽度为 1 磅,线的长度不应超过纸张的三分之一宽度。同一页类列出多个注释的,应根据注释的先后顺序编排序号。字体为宋体 5 号,注释序号以"①、②"等数字形式标示在被注释词条的右上角。页末或篇末注释条目的序号应按照"①、②"等数字形式与被注释词条保持一致。

(十八) 参考文献

参考文献的著录应符合国家标准,参考文献的序号左顶格,并用数字加方括号表示,与正文中的引文标示一致,如[1],[2]……。每一条参考文献著录均以"."结束。具体各类参考文献的编排格式如下:

1. 文献是期刊时,书写格式为:

[序号] 作者.文章题目[J].期刊名,出版年份卷号(期数):起止页码.

2. 文献是图书时,书写格式为:

[序号] 作者.书名[M].版次.出版地:出版单位,出版年份:起止页码.

3. 文献是会议论文集时,书写格式为:

[序号] 作者.文章题目[M]//主编.论文集名.出版地:出版单位,出版年份:起止页码.

4. 文献是学位论文时，书写格式为：

［序号］作者.论文题目［D］.保存地：保存单位,年份.

5. 文献是来自报告时，书写格式为：

［序号］报告者.报告题目［R］.报告地：报告会主办单位,报告年份.

6. 文献是来自专利时，书写格式为：

［序号］专利所有者.专利名称：专利国别,专利号［P］.发布日期.

7. 文献是来自国际、国家标准时，书写格式为：

［序号］标准归口单位.标准名称：标准代号［S］.出版地：出版单位,出版年份.

8. 文献来自报纸文章时，书写格式为：

［序号］作者.文章题目［N］.报纸名,出版日期(版次).

9. 文献来自电子文献时，书写格式为：

［序号］作者.文献题目［文献类型标识/文献载体标识］.电子文献的可获取地址,发表或更新日期/引用日期(可以只选择一项).

电子参考文献建议标识：

［DB/OL］——联机网上数据库(database online)

［DB/MT］——磁带数据库(database on magnetic tape)

［M/CD］——光盘图书(monograph on CD-ROM)

［CP/DK］——磁盘软件(computer program on disk)

［J/OL］——网上期刊(serial online)

［EB/OL］——网上电子公告(electronic bulletin board online)

（十九）附录

论文附录依次用大写字母"附录 A、附录 B、附录 C……"表示,附录内的分级序号可采用"附 A1、附 A1.1、附 A1.1.1"等表示,图、表、公式均依此类推为"图 A1、表 A1、式(A1)"等。

（二十）印刷与装订顺序

毕业论文应按以下顺序装订：封面→学术声明→中文摘要→英文摘要→目录→正文→参考文献→致谢→附录

附录 H 武汉大学本科生毕业论文(设计)书写印制规范

封面示例：

学号＿＿＿＿＿＿
密级＿＿＿＿＿＿

（黑体 5 号）

武汉大学本科毕业论文

（1 号宋体居中）

Altera DDR IPCore 在海量图像无级缩放硬件实现系统中的应用

（2 号黑体居中，标题行间距为 32 磅）

院（系）名称：XXX XXX
专 业 名 称：XXX XXX
学 生 姓 名：XXX
指 导 教 师：XXX　　教授

（宋体小 3）

二〇〇八年六月

学术声明示例：

郑 重 声 明
（宋体粗体 2 号居中）

本人呈交的学位论文，是在导师的指导下，独立进行研究工作所取得的成果，所有数据、图片资料真实可靠。尽我所知，除文中已经注明引用的内容外，本学位论文的研究成果不包含他人享有著作权的内容。对本论文所涉及的研究工作做出贡献的其他个人和集体，均已在文中以明确的方式标明。本学位论文的知识产权归属于培养单位。

（宋体 4 号）

本人签名：_____   日期：_____

中文摘要示例：

摘　　要
(黑体小 2)

　　目前对于 CCD 相机捕获的卫星图像的浏览和动态缩放这个比较棘手的问题的解决方案大多是通过对原始图像进行分割,然后分块显示。这些方法实现起来相对比较容易,开发成本也比较低,但是局限性非常之大,使浏览极为不便,移植性也较差。在本项目中为了解决海量图像方面的这个技术瓶颈,提出了大容量缓存加无级缩放算法的方案。
　　　　　　(宋体小 4)
　　　　　　……
　　　　　　……
　　　　　　……

关键词：关键词 1;关键词 2;关键词 3
(黑体小 4)　　　　(宋体小 4)

英文摘要示例：

ABSTRACT
（Times New Roman 小 2 加粗）

This paper is carried out on the basis of the 211 project-Ssmi-physical simulation system for ship motion control. ……

（**Times New Roman** 小 4 号）

……

……

……

Key words：motion control；autopilot；neural；GIS
（Times New Roman 体小 4 加粗）

目录示例：

目　　录
（黑体小 2）

1　绪论
1.1　研究背景 ……………………………………………… 1
1.2　图像处理领域的研究现状 …………………………… 1
1.3　本课题的研究内容 …………………………………… 2
1.3.1　Altera MegaCore 管理和使用 ………………… 5

（各章的名称黑体 4 号，其余宋体小 4）

……

……

……

3　关于海量图像无级缩放
3.1　概述 …………………………………………………… 35
3.2　无级缩放算法原理 …………………………………… 37
3.3　无级缩放算法的 PC 模拟 …………………………… 39

……

……

3.5　本章小节 ……………………………………………… 45

……

结论 ……………………………………………………… 57
参考文献 ………………………………………………… 59
致谢 ……………………………………………………… 62
附录 ……………………………………………………… 72

（结论、参考文献、致谢及附录黑体 4 号）

论文章节标题示例:

1　绪论(黑体小2)

(章标题段前为 0.8 行、段后为 0.5 行)

1.1　概述(黑体4号)

IP(Intellectual Property)就是常说的知识产权,IPCore(知识产权核)则是指用于产品应用的专用集成电路(ASIC)或者可编程逻辑器件(PGA)的逻辑块或数据块。

(宋体小 4,正文行间距固定为 23 磅,字符间距为标准)

……

……

……

1.4.1　DDR IP Core 的时序性描述(黑体小4号加粗)
1.4.1.1　对 DDR SDRAM 的初始化时序(黑体小4号加粗)

通过 DDR IPCore 对 DDR 和 DDR2 SDRAM 进行初始化是有分别的,由于在本次项目设计过程中实际采用的是 DDR SDRAM,因此本文仅仅对前者的初始化时序进行讨论。

(宋体小 4 号)

公式、图文示例:

(1) 公式示例:

$$f(x,y) = [f(1,0) - f(0,0)]x + [f(0,1) - f(0,0)]y$$
$$+ [f(1,1) + f(0,0) - f(0,1) - f(1,0)]xy + f(0,0) \tag{1.1}$$

$$f = (1 - \Delta Y) \times [a00 \times (1 - \Delta X) + a01 \times \Delta X] + \Delta Y \times [a10 \times (1 - \Delta X) + a11 \times \Delta X] \tag{1.2}$$

(2) 表示例:
普通表示例:

表 1.1　Altera 可提供的基本宏功能单元

类　型	描　述
算术组件	包括累加器、加法器、乘法器和 LPM 算术函数
门	包括多路复用器和 LPM 门函数
I/O 组件	包括时钟数据恢复(CDR)、锁相环(PLL)、双数据速率(DDR)、千兆位收发器块(GXB)、LVDS 收发器和发送器、PLL 重新配置和远程更新宏功能模块
存储器	包括 FIFO Partitioner、RAM 和 ROM 宏功能模块
存储组件	存储器、移位寄存器宏模块和 LPM 存储器函数

（表标题中文黑体小 4 号、数字及字母 Times New Roman 粗体小 4 号，表内容宋体或 Times New Roman 体 5 号）

统计表示例:

表 3.1　某地 1980 年不同年龄男性调查者 HBsAg 阳性率

年龄组(岁)	调查数	阳性数	阳性率
0—	726	31	4.27%
10—	1392	115	8.26%
20—	735	59	8.03%
30—	574	57	9.93%
40—	463	27	5.83%
50—	232	10	4.31%
60—	112	4	3.57%
合计	4234	303	7.16%

公式、图文示例:

(3) 图示例:

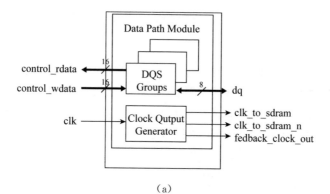

(a)

图 1.2 数据通道模块内部结构

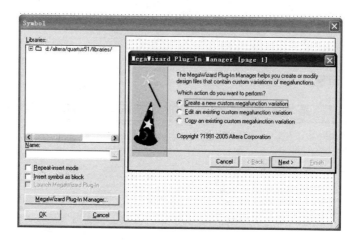

(b)

图 2.2 进入 Symbol 操作界面

参考文献示例：

参考文献(黑体小2)

[1] 戴军,袁惠新,俞建峰.膜技术在含油废水处理中的应用[J].膜科学与技术,2002,22(1):59-64.

[2] 毛峡,孙赟.和谐图案的自动生成研究[M]//第一届中国情感计算及智能交互学术会议论文集.北京：中国科学院自动化研究所,2003:277-281.

[3] 王湛.膜分离技术基础[M].北京：化学工业出版社,2000:14-21,30.

[4] 张志祥.间断动力系统的随机扰动及其在守恒律方程中的应用[D].北京：北京大学数学学院,1998.

[5] World Health Organization. Factors regulating the immune response: report of WHO Scientific Group[R]. Geneva: WHO, 1970.

[6] 河北绿洲生态环境科技有限公司.一种荒漠化地区生态植被综合培育种植方法：中国,01129210.5[P].2001-10-24.

[7] 汉语拼音正词法基本规则：GB/T 16159-1996[S].北京：中国标准出版社,1996.

[8] 毛峡.情感工学破解"舒服"之谜[N].光明日报,2000-04-17(B1).

[9] 陈剑.上博简《民之父母》"而得既塞於四海矣"句解释[EB/OL].简帛研究网站,(2003-01-18). http://www.bamboosilk.org/Wssf/2003/chenjian03.htm.

(宋体小4)

……

……

……

索　引

3R 原则,14.3.1
　　减少,14.3.1
　　替代,14.3.1
　　优化,14.3.1
H 指数,02.43
SI 词头,10.6.5

A

阿拉伯数字,09.5.2/09.7.3/10.4.4/**10.5.1/10.5.3**
案例分析,**03.41**/08.1.6/**08.2.4**
案例分析法,03.41/**08.2.4**
　　解释型案例分析,08.2.4
　　例证型案例分析,08.2.4
　　描述性案例分析,08.2.4
　　评价型案例分析,08.2.4
　　实验型案例分析,08.2.4
　　探索型案例分析,08.2.4
案例研究,03.41/**08.1.6**/08.2.4
案例研究法,**03.41**/08.1.6/**08.2.4**
暗引,04.9/11.1.2

B

白色文献,03.18
版本项,11.3.2
版权,05.17/**06.29**/11.3.2
半报道文摘,06.33/**09.3.1**
半报道摘要,06.33/**09.3.1**
半结构访谈,03.34
报道/指示性文摘,**06.33**/09.3.1
报道/指示性摘要,06.33/**09.3.1**
报道性文摘,06.33

报道性摘要,06.33/**09.3.1-2**
曝光式批评,16.2
被定义项,10.1.1-2
比较分析法,03.30/08.2.3
　　动态比较法,08.2.3
　　分组比较法,08.2.3
　　平行比较法,08.2.3
比较学科,02.6/**02.7**/02.8/02.11/08.2.3
比较研究法,03.30/08.2.3
边缘科学,02.8
边缘学科,02.8
编,06.24/**06.26**/11.3.2
编译,06.24/**06.28**
编者,06.16
编著,06.24/**06.27**/11.3.2
标点符号,09.2.2/**10.4**
标目注释,11.4.2
标题,06.15/**09.2**/09.5/09.7.4
　　副标题,09.2.2
　　正标题,09.2.2
标引,11.4.3
标引深度,11.4.3
表,09.5.3/**09.7.7**
表面效度,03.35
表题,09.7.7
表头,09.7.7
并列第一作者,06.20/**12.1.3**
博士学位授予标准,15.4.1
不当署名,05.15

索 引

C

参见参照,**11.4.2**/11.4.4
参考文献,04.13/**04.14**/**11.3**/13.2.2
  引文参考文献,11.3
  阅读型参考文献,11.3
参考文献列表,11.3
参考文献条目格式,11.3.1
参考文献著录,11.3
参考文献著录规则,11.3
参与观察,03.36/**03.48**
参与者,03.45
参照,04.16/**11.4.2**/11.4.4
查新,03.14/13.1
查新点,13.1.1/**13.1.2**
查新服务,03.14/13.1
查新机构,13.1
查新委托人,13.1
拆分发表,05.18
阐释性研究,08.1
阐释学,03.44
抄袭,05.1/**05.8**/05.14/**07.3**/11.1.1/16.2
  翻译抄袭,05.8/07.3
  片段抄袭,05.8/07.3
  全文抄袭,05.8/07.3
  引用抄袭,05.8/07.3
  自我抄袭,05.8/07.3
  组合型抄袭,05.8/07.3
超学科,02.6/02.12
诚实,04.6/**07.1.1**
重复发表,**05.17**/12.2.2/**12.2.3**
抽样调查,03.31/**08.2.5**
  非随机(概率)抽样,03.31/**08.2.5**
  随机(概率)抽样,03.31/**08.2.5**
出版项,11.3.2
  出版地,11.3.2
  出版日期,11.3.2
  出版者,11.3.2

创新点,12.2.2
创新之处,12.2.2
次要责任者,11.3.2
篡改,05.1/**05.11**/**07.6**
  篡改实验数据、调查材料,07.6.1
  删除实验数据、调查材料,07.6.2
  修改图片,07.6.3

D

打假式批评,16.2
大师的批评,16.2
代表性成果,15.2.2
代表作,15.2.2
代表作评价,15.2.2
单盲评议,15.2.1
单位符号,10.6.4
单位名称,10.6.3
单向匿名评审,15.2.1
单一案例分析,08.2.4
单一著作权人,06.3
导论,09.6
德尔菲法,03.46
低水平重复研究,05.5
地图,09.7.6
第一手资料,03.17
第一作者,**06.20**/06.21/**12.1.3-4**
  并列第一作者,06.2/12.1.3
  共同第一作者,06.2/12.1.3
典型抽样,08.2.5
典型调查,03.31/08.2.5
调查评议,15.2.1
调查研究法,03.31/08.2.5
定理编号,09.7.8
定量研究,**03.47**/08.1
定性研究,03.32
定义,03.11/**10.1.1-3**
  被定义项,10.1.1-2
  定义联项,10.1.1
  定义项,10.1.1

377

定义规则,10.1.2
定义过宽,10.1.2
定义过窄,10.1.2
定义类型,03.11/10.1.1
  内涵定义,03.11/10.1.1
  外延定义,03.11/10.1.1
动态比较法,08.2.3
独立伦理委员会,02.25/14.1
独立权利要求,13.3.4
杜威十进分类法,02.14
多阶段抽样,08.2.5

E

二次文献,03.17/**03.19**/03.20

F

发表权,06.29/**06.31**
发明,06.11/**13.3.1**/13.3.3-4
翻译,**06.28-29**/07.3.3
  编译,06.28
  节译,06.28
  全译,06.28
  译述,06.28
  译写,**06.28**/10.2.2
  摘译,06.28
  综译,06.28
翻译抄袭,05.8/07.3
范式,01.19/**03.54**/08.1.2
范型,03.54
方法论,03.24/08.1.5
方法论研究,08.1.5
访谈,**03.33**/03.34-35
访谈法,**03.33**/03.34-35
  半结构访谈,03.34
  非结构访谈,03.34
  焦点小组访谈,03.35
访问学者,01.4
非参与观察,03.48
非单一著作权人,06.3
非结构访谈,03.34

非匿名评审,15.2.1
非随机(概率)抽样,03.31/08.2.5
  典型抽样,08.2.5
  滚雪球抽样,08.2.5
  配额抽样,08.2.5
  任意抽样,08.2.5
  重点抽样,08.2.5
分层抽样,08.2.
分割发表,05.18
分行式,11.4.5
分类号,06.35
分组比较法,08.2.3
风险,14.1.4
辅文,10.5.4
  后辅文,10.5.4
  前辅文,10.5.4
附录,**06.39**/09.9/10.5.4/11.4.3
复合术语,03.12/10.1
副标题,09.2.2
副题名,11.3.2

G

改编者,06.16
概率抽样,08.2.5
概念,**03.1**/03.11/09.6.3/10.1.1
  上位概念,03.11/**10.1.1**
  下位概念,03.11/**10.1.1**
高被引论文,02.44
高访问论文,02.45
高引用次数,02.43
个案调查,03.31/08.2.5
个案研究,03.31/03.41/**08.1.6**
更新日期,11.3.2
工作条件,12.2.2
公表权,06.31
公告日期,11.3.2
公共知识仓库,12.3.2
公开评议,15.2.1
公然剽窃,05.9

公式编号,09.7.8
公正,04.6/**07.1.3**
功过分明,16.3
共同第一作者,06.20/**12.1.3-4**
共同通讯作者,12.1.3-4
关键词,**06.34/09.4**/10.5.4/13.1.2
关键科学问题,13.2.2
观察法,03.48
  参与观察,03.36/**03.48**
  非参与观察,03.48
观点剽窃,07.4.1
观念偏好,16.1
归纳法,03.25/**03.27**
规范,**03.54**/04.5
规律性研究,08.1
滚雪球抽样,08.2.5
国际学术诚信中心,04.6
过度引用,05.14/11.1.1

H

汉字数字,10.5.2/10.5.3
合著,**06.17**/06.18
合著者,**06.18**/06.30
核心期刊,02.41
核心主题因素,06.34/09.4.1-2
核心作者,06.22
赫尔辛基宣言,14.2.1
黑色文献,03.18
横断科学,02.11
横断学科,02.11
横向比较法,08.2.3
横向科学,02.11
横向课题,13.2.1
横向学科,02.6/02.11
后测,08.2.6
互为文本性,03.39
互文性,03.39
话语分析,**03.38**/03.39
话语分析法,**03.38**/03.39

灰色文献,03.17/**03.18**
汇编者,06.16
会议论文,03.18/**06.8**/12.2.3
会议评议,15.2.1
获取和访问路径,11.3.2
获益,14.1.4

J

机构审查委员会,14.1
机构知识库,02.39
基本观点,13.2.2
基本思路,13.2.2
基础研究,03.1-2/08.1
计量单位,10.5.1/**10.6**
技术进展报告,06.10
技术路线,13.2.2
技术剽窃,05.9
继受著作权人,06.30
夹注,04.15/11.2.3
假设,03.7/**03.13**/09.6
假说,03.13
价值中立,01.20
间接引用,04.9/11.1.2
肩注,11.24
减轮德尔菲法,03.46
减少,14.3.1
简称,**10.3**/10.6.3
简单术语,03.12/10.1
见参照,**11.4.2**/11.4.4
交叉科学,02.6
交叉学科,02.6
  超学科,02.6/**02.12**
  比较学科,02.6/**02.7**
  边缘学科,02.6/**02.8**
  横断学科,02.6/**02.11**
  软学科,02.6/**02.9**
  综合学科,02.6/**02.10**
交互参照,11.4.2
焦点小组访谈,03.35

379

脚注,04.13/**04.15**/**11.2.1**/11.2.2
揭露式批评,16.2
节译,06.28
结构式访谈,03.34
结构性摘要,09.3.1-2
解释型案例分析,08.2.4
借用术语,03.12/10.1
经典,**06.2**/11.2.3
就事论事,16.3

K

开放存取,02.38
开放获取,02.38
开放式访谈,03.34
开题报告,03.9
看不见的学院,02.18
科技报告,06.10
  技术进展报告,06.10
  专题技术报告,06.10
  组织管理报告,06.10
  最终技术报告,06.10
科技查新,03.14/13.1
科学,**01.2**/02.2-12/03.1/03.15/03.22
科学诚信,04.6/07.1
科学方法,**03.22**/08.2
科学分类,02.2
科学共同体,01.5
科学技术报告,06.10
科学技术要点,13.1.2
科学精神,01.8
科学数据,03.15
科学探究,03.24
科学研究,03.1
科学研究活动,03.1
科学引文索引,02.40
科研,03.1
科研查新,03.14
科研诚信,04.6/07.1
科研道德,04.1

科研课题,13.2
  横向课题,13.2.1
  自立课题,13.2.1
  纵向课题,13.2.1
科研伦理,04.2/07.2
科研项目,13.2
控制组,03.49/08.2.6
框图,09.7.6
括号,10.4.1
  方括号,**10.4.1**/11.3.1
  方头括号,10.4.1
  六角括号,10.4.1
  圆括号,**10.4.1**/11.3.1

L

类比分析法,03.30/08.2.3
类号,06.35
理论,**01.3**/03.1-2/03.37/08.1/**08.1.4**/09.1.2
理论价值,09.1.2
理论检验,08.2.4
理论研究,**03.2**/08.1/**08.1.4**/15.4.3
历史的方法,03.29/08.2.2
历史方法,03.29/08.2.2
历史研究法,03.29/08.2.2
例证型案例分析,08.2.4
连接号,10.4.2
  短横线,10.4.2
  浪纹线,10.4.2
  一字线,10.4.2
连排式,11.4.5
量,10.6.1
量化研究,03.47
量性研究,03.47
列举式定义,10.1.1
漏引,05.13/11.1.1
伦理审查,**02.24**/02.25/**14.1**
伦理审查委员会,02.25/14.1
伦理委员会,02.25/14.1

论述分析,03.38
论文重复性检测,02.46
论文结构,09.6.5
论文相似性检测,02.46
罗马数字,10.5.4

M

盲评,02.34
盲审,02.34
眉题,11.4.5
眉线,11.4.5
描述性案例分析,08.2.4
描述性文摘,**06.33**/**09.3.1**
描述性摘要,06.33/**09.3.1**
描述性研究,08.1
民主决策,15.2.1
敏感性,14.2
明引,04.8/07.4.5/**11.1.2**
目次,09.5
目次页,09.5
目录,09.5

N

内涵定义,03.11/10.1.1
内容分析,03.40/11.4.1
内容分析法,03.40
拟解决的问题,13.2.2
匿名评审,02.34/15.2.1
年鉴,06.14
捏造实验或调查,07.5.4
虐待实验动物行为,14.3.2

P

配额抽样,08.2.5
片段抄袭,05.8/07.3
剽窃,**05.9**/07.3/**07.4**/11.1.1/16.2
  观点剽窃,07.4.1
  数据剽窃,07.4.2
  图片或音视频剽窃,07.4.3
  研究(实验)方法剽窃,07.4.4
  他人未发表成果剽窃,07.4.5
品评式批评,16.2

平行比较法,08.2.3
评价型案例分析,08.2.4
普查,03.31/08.2.5

Q

前测,08.2.6
前言,09.5/**09.6**
请求书,13.3.3-4
求同比较法,08.2.3
求异比较法,08.2.3
全称,10.3
全角序号,11.1.4
全文抄袭,05.8/07.3
全译,06.28
权利要求书,13.3.3-4
群体案例分析,08.2.4

R

人文精神,01.9
人文科学,02.4
人文主义,01.9
任意抽样,08.2.5
软科学,02.6/**02.9**/02.10
软学科,02.6/**02.9**/02.10

S

三次文献,03.17/03.19/**03.20**
三角互证,03.42
删除实验数据、调查材料,07.6.2
善待实验动物,14.3.1
善待实验动物规范,14.3.2
善待实验动物原则,14.3.1
伤害,**14.1.4**/14.3.1
商榷,16.2
商榷式批评,16.2
上位概念,03.11/10.1.1
设计要点,13.3.4
社会调查法,03.31/08.2.5
  抽样调查,03.31/08.2.5
  典型调查,03.31/08.2.5
  个案调查,03.31/08.2.5

381

普查,03.31/08.2.5
社会公平,03.45
社会科学,02.5
社会网络分析,03.53
社会网络分析法,03.53
社会转化,03.45
实践意义,09.1.2
实事求是,16.3
实验动物,04.4/**14.3**
实验动物伦理,04.4/14.3
实验方法剽窃,07.4.4
实验型案例分析,08.2.4
实验研究,**03.49**/08.2.6
实验研究法,03.49/**08.2.6**
实验组,03.49/08.2.6
实用新型,06.11/**13.3.1-4**
实证性研究,08.1.3
适当引用,**04.12**/05.14
适度引用,**04.12**/05.14
示意图,09.7.6
释义,04.9/11.1.2
释义性注释,04.15/11.2
受试者,04.3/**14.1-2**
书面调查法,03.50
书名号,10.4.3
书评,06.13/16.2
署名,05.15/06.16/06.19/06.32/
　　09.8.1/**12.1**
署名权,06.29/**06.32**/**12.1.1-4**
署名失范,12.1.4
署名顺序,**06.19**/**12.1.3**/12.1.4
署名资格,12.1.1/**12.1.2**
术语,**03.12**/09.4.1/**10.1**
　　复合术语,03.12/10.1
　　简单术语,03.12/10.1
　　借用术语,03.12/10.1
　　许用术语,10.1.3
　　优先术语,10.1.3

数据分析,**03.51**/08.1.3/08.1.5
数据分析法,03.51
数据管理,12.3
　　数据保存,12.3.1
　　数据共享,12.3.2
数据剽窃,07.4.2
数码,10.5
数字,10.5
　　阿拉伯数字,10.5.1/10.5.3
　　汉字数字,10.5.2/10.5.3
　　罗马数字,10.5.4
数字对象标识符,06.36
数字对象唯一标识符,06.36/11.3.1-2
双盲评审,02.34
双盲评议,15.2.1
双向匿名评审,15.2.1
顺序编码制,**04.17**/**11.1.3-4**/11.3.3
说明书,06.11/**13.3.3-4**
说明性摘要,06.33/**09.3.1**
硕士学位授予标准,15.4.1
素描图,09.7.6
随机(概率)抽样,03.31/08.2.5
　　纯随机抽样,08.2.5
　　多阶段抽样,08.2.5
　　分层抽样,08.2.5
　　系统抽样,08.2.5
　　整群抽样,08.2.5
缩略语,10.3
缩写,10.3
索引,02.40/**04.16**/**11.4**
索引词,09.4/**11.4.2**/11.4.3
索引的种类,11.4.1
　　文献篇目索引,11.4.1
　　文献内容索引,11.4.1
　　专门索引,11.4.1
　　综合索引,11.4.1
索引的结构,11.4.2
　　参照,11.4.2

索引款目,11.4.2
　　助检标志,11.4.2
索引款目,04.16/**11.4.2**/11.4.4-5
　　标目注释,11.4.2
　　索引标目,11.4.2
　　索引副标目,11.4.2
　　索引出处,11.4.2
　　限义词,11.4.2
索引条目,11.4.2
索引项,11.4.3

T

他人未发表成果剽窃,07.4.5
探索型案例分析,08.2.4
提要,**06.33/09.3**/10.5.4
题名,**06.15/09.2**/9.5.1/11.3.1-2/13.2.3
　　副题名,13.3.2
　　正题名,13.3.2
题名的提炼方法,09.2.1
　　范围式,09.2.1
　　立论式,09.2.1
　　问题式,09.2.1
题名索引,04.16/11.4.1
题名项,11.3.2
题目,06.15/09.2
替代,14.3.1
田野调查,03.36
田野调查方法,03.36
田野工作,03.36
通信评议,15.2.1
通信作者,**06.21/12.1.3**/12.1.4
通讯作者,**06.21/12.1.3**/12.1.4
同侪审查,02.31/**02.33/15.2.1**/15.3
同行评审,02.31/**02.33/15.2.1**/15.3
同行评议,02.31/**02.33/15.2.1**/15.3
　　单盲评议,15.2.1
　　公开评议,15.2.1
　　双盲评议,15.2.1
同情的理解,16.1/16.3

同情之理解,16.1/16.3
同异共用比较法,08.2.3
同语反复,10.1.2
投稿,05.17/**12.2**
投稿程序,12.2.1
投稿信,12.2.1
图,09.5.3/09.7.2/**09.7.6**
　　地图,09.7.6
　　框图,09.7.6
　　示意图,09.7.6
　　素描图,09.7.6
　　坐标图,09.7.6
图片或音视频剽窃,07.4.3
图书分类,**02.13**/02.15/06.35
图题,09.5.3/**09.7.6**
推理,**03.25**/03.26-27
推论,**03.25**/03.26-27
　　无效推论,03.25
　　有效推论,03.25

W

外观设计,06.11/**13.3.1-4**
外延定义,03.11/10.1.1
威妥玛式拼音法,10.2.1
伪引,**05.12**/11.1.1
伪造,**05.10/07.5**/07.6
　　捏造实验或调查,07.5.4
　　虚构发表作品、专利、项目,07.5.4
　　伪造履历、论文,07.5.4
　　伪造实验样品、数据,07.5.4
伪注,05.12
尾注,04.13/**04.15/11.1.4/11.2.2**
文档相似性检测,02.46
文后注,04.13/**04.15**
文献,02.13/**03.16**/03.17-20/03.28/
　　04.13-14/08.1.1/08.2.1/11.3
文献分类,**02.13**/02.15/06.35
文献计量法,15.2
文献类型标识,11.3.2

文献类型代码,11.3.2
文献内容索引,11.4.1
文献篇目索引,11.4.1
文献研究法,03.28/08.2.1
文献载体标识,11.3.2
文献载体代码,11.3.2
文献综述,03.8/**03.21/08.1.1**
文献综述性研究,08.1.1
文摘,03.19/**06.33/09.3.1-2**
  报道性文摘,06.33/09.3.1-2
  报道/指示性文摘,06.33/09.3.1-2
  指示性文摘,06.33/09.3.1-2
文摘法,15.2
文中注,04.15/11.2.3
问卷调查,03.50
问卷调查法,03.50
无形学院,02.18

X

系统抽样,08.2.5
析出文献,11.3.1-2
下位概念,03.11/10.1.1
显性主题,09.4.1
限定词,11.4.2
限义词,11.4.2
项目申请,13.1-3
效度,02.48
信度,02.47
信任,04.6/**07.1.2**
行动研究,03.45
行动研究法,03.45
修改图片,07.6.3
虚构发表作品、专利、项目,07.5.4
许用术语,10.1.3
叙事分析,03.43
叙事分析法,03.43
绪论,09.6
选题,**03.4**/03.9/**09.1**/09.6.1/13.2.2/
 15.4.2

选题背景,09.6.1
选题的意义,09.6.1
选题的缘由,09.6.1
选题原则,09.1
  创新性原则,09.1.1
  价值性原则,09.1.2
  可行性原则,09.1.3
学风,01.21
学士学位授予标准,15.4.1
学术,01.1
学术霸权,05.3
学术报告,02.20
学术标准,01.12/**02.30**
学术不端,**05.1/05.2/**
学术炒作,05.4
学术成果,01.19/02.26/02.31/02.33/
 02.39/**06.4**/11.1.1/15.1-2
学术诚信,04.6/07.1
学术传统,**01.7**/07.4.5
学术创新,**01.19**/05.5/**09.1.1**
学术道德,**04.1**/04.2
学术独立,01.10
学术范式,03.54
学术风气,**01.21**/05.4
学术腐败,05.2
学术共同体,**01.5**/02.1/02.27/04.2/
 04.5/07.1/07.2
学术观点,01.17
学术管理,02.29
学术规范,04.2/**04.5**/07.2
学术海报,06.12
学术合作,02.21
学术环境,01.6
学术会议,**02.19**/06.8/06.12
学术活动,**02.16**/02.29
学术积累,01.18
学术绩效,02.26
学术监督,02.28

384

学术讲座,02.20
学术奖励制度,02.27
学术交流,**02.17**/02.19
学术精神,01.8
学术伦理,**04.2**/04.5/**07.2**/11.1.1
学术论文,06.4/**06.6**/06.34/09.1/
　09.7.2/12.3/15.1/15.4.2
学术论著,15.4.2
学术民主,01.13
学术泡沫,05.6
学术批评,02.37/16.1-3
　　曝光式批评,16.20
　　打假式批评,16.20
　　大师的批评,16.20
　　揭露批评,16.20
　　品评式批评,16.20
　　商榷式批评,16.20
　　职业的批评,16.20
　　自发的批评,16.20
学术平等,**01.12**/01.13
学术评价,02.31/02.32/**15.1-4**
学术评价标准,15.4
学术评价制度,**02.32**/15.2.2
学术侵权,05.7
学术权力,**01.16**/05.2-3
学术权利,01.15
学术权益,**01.14**/02.23
学术商榷,02.36/16
学术生态,**01.6**/02.36
学术生态环境,01.6
学术失范,05.1
学术史研究,08.1.2
学术水平,02.30/**02.35**/15.1-2
学术水准,02.35
学术思想,01.17
学术问责制,02.23
学术研究,**03.1-3**/08.1/14.1
学术演讲,**02.20**/06.12

学术责任,02.22
学术争鸣,01.13/**02.36**
学术制度,02.1
学术著作,**06.5**/12.3
学术专著,**06.4-5**/15.4.2
学术自由,**01.11**/01.13
学术自主性,15.2.1
学位论文,03.9/03.17/06.4-5/**06.7**/
　09.1/09.2.2/09.3.2/09.4/09.5-7/
　09.7/11.1.3-4/15.4.1
学者,**01.4**/01.5
　　访问学者,01.4
循环定义,10.1.2

Y

研究报告,03.17/**06.9**/06.10/15.4.4
研究背景,09.6.1
研究诚信,04.6/07.1
研究对象,**03.6**/13.2.2
研究法,**03.23**/03.26-53/**08.2**/09.6.6/
　13.2.2
研究方法,**03.23**/03.26-53/**08.2**/09.6.6/
　13.2.2
　　案例分析法,08.2.4
　　比较研究法,08.2.3
　　历史研究法,08.2.2
　　社会调查法,08.2.5
　　实验研究法,08.2.6
　　文献研究法,08.2.1
研究方法剽窃,07.4.4
研究基础,13.2.2
研究框架,13.2.2
研究类型,08.1
　　案例分析研究,08.1.6
　　方法论研究,08.1.5
　　理论性研究,08.1.4
　　实证性研究,08.1.3
　　文献综述性研究,08.1.1
　　学术史研究,08.1.2

研究目标,13.2.2
研究内容,09.6.5/13.2.2
研究设计,03.5
研究思路,13.2.2
研究条件,13.2.2
研究问题,03.7
研究综述,**03.8**/09.6.4/13.1
演绎法,03.25/**03.26**
页码,10.5.4/11.1.4/**11.3.1-2**
页眉,11.4.5
页下注,04.13/**04.15**/**11.2.1**
一次文献,**03.17**/03.19/06.4
一稿多投,05.16/12.2.2
译述,06.28
译写,06.28/10.2.2
译者,06.16
因变量,**03.13**/03.49/**08.2.6**
引文,**03.52**/**04.13**/**11.1**/11.2/11.3.2
引文标注,**11.1.3-4**/11.2.1-3
　　顺序编码制,**04.17**/**11.1.3-4**/**11.3.3**
　　著者-出版年制,**04.18**/**11.1.3-4**/
　　　11.2.3/**11.3.3**
引文参考文献,11.3
引文分析,03.52
引文分析法,03.52
引文性注释,04.15/11.2
引言,**09.6**/09.7
引用,**04.7**/04.8-13/05.12-14/07.3.4/
　11.1/11.3
　　间接引用,04.9/11.1.2
　　直接引用,04.8/11.1.2
　　转引,**04.10**/**11.1.1**/**11.1.2**
引用抄袭,05.8/07.3
引用规范,11.1.1
引用伦理,11.1.1
引用日期,11.3.2
引用文献,**04.13**/**11.1**/11.3
隐性主题,09.4.1

应用研究,03.3/08.1
影响因子,02.42
勇气,04.6/07.1.6
优化,14.3.1
优先术语,10.1.3
有效推论,03.25
元典,06.1-2
元学科,02.12
原始文献,**03.17**/04.10
原始著作权人,06.3
阅读型参考文献,11.3

Z

再循环欺骗,07.3.5
责任,02.22/04.6/**07.1.5**
责任方式,06.24/11.3.2
责任者,**06.16**/**11.3.1-2**/**12.1.3**
　　编者,06.16
　　改编者,06.16
　　合著者,06.16/**06.18**
　　汇编者,06.16
　　译者,06.16
　　主编者,06.16
　　著者,06.16
责任作者,12.1.3
扎根理论,03.32/**03.37**
扎根理论方法,03.32/**03.37**
摘要,**06.33**/**09.3.1-2**/13.3.3
　　报道性摘要,06.33/**09.3.1-2**
　　结构性摘要,09.3.1-2
　　指示性摘要,06.33/**09.3.1-2**
摘译,06.28
整群抽样,08.2.5
正标题,09.2.2
正题名,11.3.2
正文,06.39/**09.7**/09.9
证据三角形,**03.42**/08.1.6
知情同意,**04.3**/07.2.2/12.1.2/12.2.1/
　14.1.1-2/**14.2**

386

知情同意书,14.2.2
知情同意原则,14.1.2/**14.2.1**
知人论世,16.3
直接引用,04.8/11.1.2
职业的批评,16.2
指示性文摘,06.33/**09.3.1-2**
指示性摘要,06.33/**09.3.1-2**
质的研究,03.32
质性研究,03.32
致谢,**06.38/09.8.2**/12.1.4
中国图书馆分类法,**02.15**/06.35
中国图书馆图书分类法,02.15
中图法,02.15
中图分类号,06.35
重点抽样,08.2.5
主编者,06.16
主题词,09.40
主题索引,04.16/11.4.1
主题因素,06.34/09.4.1-2
主要责任者,**06.20/11.3.1-2/12.1.3**
助检标志,11.4.2
注解,04.15/11.2
注释,**04.15**/05.12/06.23/07.3.2/**11.2**/11.4.2
　　释义性注释,04.15/11.2
　　引文性注释,04.15/11.2
注释和参考文献体系,04.17/**11.1.3**
著,06.24/**06.25**/11.3.2
著录格式,11.3.1
著录符号,11.3.1
著录项目,11.3.1-2
著者,**06.16**/11.3.2
著者-出版年制,**04.18/11.13-4**/11.2.3/11.3.3
著者索引,04.16/11.4.1
著作方式,**06.24**/11.3.2
著作权,05.7/06.16/06.18/**06.29-30**/06.32/11.1/12.1.1/12.1.3/12.2.2

著作财产权,06.29
著作人身权,06.29
著作权人,06.18/**06.30**/12.1.3/12.2.2
著作所有人,06.3
　　单一著作权人,06.3
　　非单一著作权人,06.3
　　继受著作权人,06.3
　　原始著作权人,06.3
专家,**01.4**/15.2.1
专家函询法,03.46
专家决策,15.2.1
专家预测法,03.46
专利,03.14/**06.11**/13.1.1-2/**13.3**
专利类型,13.3.1
　　发明,13.3.1
　　实用新型,13.3.1
　　外观设计,13.3.1
专门索引,11.4.1
专题技术报告,06.10
专有名词,10.2
专著,06.4/**06.5**/11.4/15.4.2
转述,11.1.2
转引,**04.10**/11.1.1/**11.1.2**
资料性文摘,06.33/**09.3.1**
资料性摘要,06.33/**09.3.1**
自变量,**03.13**/03.49/**08.2.6**
自发的批评,16.2
自立课题,13.2.1
自然科学,02.3
自我抄袭,05.8/07.3
自我复制,07.35
自我剽窃,05.9/07.3.5
自引,**04.11**/11.1.1
自由词,09.40
综合科学,02.10
综合评价法,15.2
综合索引,11.4.1
综合学科,02.10

综译,06.28
纵横结合比较法,08.2.3
纵向比较法,08.2.3
纵向课题,**13.2.1**/15.4.3
组合评议,15.2.1
组合型抄袭,05.8/07.3
组织管理报告,06.10
最低保存年限,12.3.1
最终技术报告,06.10
尊重,04.6/**07.1.4**/16.1
作品,**06.3**/06.16/06.18/06.24/06.29-32/07.3.1/10.4.3/12.1.1-4/15.2.2/16.1
作品署名顺序,12.13
作者,05.15/**06.16**/06.18-23/06.30-32/06.37/**09.8**/12.1
作者-出版年引用体系,04.1.8/11.1.3-4
作者贡献声明,06.37/09.8.1
作者贡献说明,09.8.1
作者署名顺序,06.19
作者注,06.19/**06.23**
坐标图,09.7.6